# 基于典型场景的新型储能适用技术及运营机制

李琼慧　何永胜　时智勇　王彩霞　黄碧斌　胡　静　叶小宁
樊　昊　陈　宁　史梓男　冯凯辉　闫　湖　张　栋　吴　鹏　｜著

机械工业出版社
CHINA MACHINE PRESS

本书面向碳达峰碳中和背景下新型储能发展和应用的需求，详细介绍了面向电网典型应用场景的新型储能适用技术，以及典型应用场景新型储能优化配置的模型和方法，结合部分国家新型储能发展实践，提出了我国新型储能市场化运营机制。内容力求通俗易懂，兼具专业性和科普性。本书可供从事新型储能技术、高比例新能源电力系统以及能源电力行业科研院所的相关研究人员阅读，也可供高等院校相关专业的广大师生学习参考。

**图书在版编目（CIP）数据**

基于典型场景的新型储能适用技术及运营机制/李琼慧等著.
—北京：机械工业出版社，2023.3（2024.7重印）
ISBN 978-7-111-72439-1

Ⅰ.①基… Ⅱ.①李… Ⅲ.①储能-研究-中国 Ⅳ.①TK02

中国国家版本馆 CIP 数据核字（2023）第 074475 号

机械工业出版社（北京市百万庄大街22号 邮政编码100037）
策划编辑：胡 颖 责任编辑：胡 颖
责任校对：贾海霞 张 薇 封面设计：王 旭
责任印制：常天培
北京机工印刷厂有限公司印刷
2024 年 7 月第 1 版第 3 次印刷
184mm×260mm·16 印张·357 千字
标准书号：ISBN 978-7-111-72439-1
定价：99.00 元

电话服务 网络服务
客服电话：010-88361066 机 工 官 网：www.cmpbook.com
010-88379833 机 工 官 博：weibo.com/cmp1952
010-68326294 金 书 网：www.golden-book.com
**封底无防伪标均为盗版** 机工教育服务网：www.cmpedu.com

# 序　言

新型储能是构建新型电力系统的重要技术和基础装备，对推动能源绿色转型、保障国家能源安全以及促进能源高质量发展具有重要意义。新型储能是指除抽水蓄能外，符合国家环保等要求的可循环电能存储、释放的储能系统和设施，具有精准控制、快速响应和布局灵活等优点，美国、英国和德国等主要发达国家均将新型储能作为战略性新兴产业，积极推动其发展和应用。我国一直以来高度重视新型储能发展，近年来，国家和地方政府出台了一系列政策支持，鼓励新型储能技术和产业的发展，特别是"碳达峰碳中和"目标提出后，新型储能技术在构建清洁低碳、安全高效能源体系方面的重要地位和作用更加突出。

"十三五"以来，在政府、企业和科研机构等多方共同努力下，我国新型储能发展取得重要进展，基本实现了由研发示范向商业化初期的过渡。多种新型储能技术在电力系统各个环节和各场景得到了初步应用，部分领域实现了商业化运营。面向电网应用场景，特别是新型大容量储能技术在调峰调频、提升波动性电源并网特性和利用水平、保障电网安全可靠运行等方面进行了有益探索，相关工程项目在江苏、河南、青海和甘肃等省份建成投运，为后期大规模应用积累了丰富的经验。

本书从新型储能技术的基本认识出发，结合国内外能源转型的形势和我国实现"双碳"目标对提升系统灵活性需求，重点阐述了新型大容量储能在电力系统中的典型应用场景，提出了面向电网典型应用场景的新型大容量储能适用技术；针对高比例新能源电力系统中系统调峰、系统调频以及电网拥塞管理等典型应用场景，提出了新型储能优化配置模型，并结合案例进行了应用研究；在分析部分国家新型储能发展实践经验的基础上，结合实际提出我国新型储能市场化运营机制。本书内容丰富、观点鲜明，对推动新型储能技术在电力系统的应用以及制定配套政策等，具有重要的借鉴和参考价值。

本书作者为国网能源研究院有限公司新能源与储能技术领域研究团队的成员，长期从事新能源与储能规划、运营、政策与市场机制等相关研究工作，曾承担国家发展改革委、国家能源局和国家电网有限公司等委托的多项相关课题研究。本书在近年多项研究成果的基础上结合新型储能发展新形势、新热点著作而成，对关注新型储能技术发展和应用的广大读者具有重要的参考价值，相信能源电力行业的相关从业人员也会从中得到启发。

# 前　言

新型储能是构建新型电力系统的重要技术和基础装备，是实现"碳达峰碳中和"目标的重要支撑，对推动能源绿色转型、应对极端事件和保障能源安全、促进能源高质量发展、支撑应对气候变化目标实现具有重要意义。当前，电力系统中新型储能已初具规模，应用领域不断拓展，新型储能已成为新型电力系统不可或缺的重要组成部分，开展基于典型应用场景的新型储能适用技术、优化配置及运营机制研究，对于推动我国新型储能的发展及应用意义重大。

国网能源研究院有限公司是从事软科学研究及重大决策咨询服务的综合性能源研究机构，长期从事能源电力发展战略规划和政策研究。2009 年以来，国网能源研究院有限公司参与了国家发展改革委、国家能源局组织的新型储能应用关键技术及相关政策研究，受政府部门和企业委托进行了大量相关课题研究，积累了丰富的经验，形成了一系列成果。如参与了国家五部委印发的《关于促进储能技术与产业发展的指导意见》的编制，作为专家单位参与国家发展改革委、国家能源局《能源技术革命创新行动计划（2016—2030 年）》的讨论，参与编制了国家电网有限公司《关于促进电化学储能健康有序发展的指导意见》等。编写本书的目的，希望与关注新型储能技术与产业发展的社会各界分享研究成果，并为相关政府部门、能源电力及相关行业从事新型储能研究及应用工作的有关人员、高等院校相关专业的师生提供参考。

本书主要内容分成六篇，包括 18 章。第一篇为"认识篇"，阐述新型大容量储能的基本定义、发展历程和国内外发展现状，重点分析了能源转型下电力系统发展面临的形势以及新型储能在能源转型中的功能作用和基本定位，展望了新型储能未来发展前景。第二篇为"技术及应用篇"，分析了新型大容量储能的技术类型以及经济技术指标，重点是构建了基于电网典型应用场景的新型储能综合评价方法，从系统调峰、新能源并网、系统调频和电网拥塞管理四个场景进行新型储能技术适用度评估。第三篇为"优化配置篇"，针对高比例新能源电力系统中储能应用需求，结合系统调峰、系统调频以及电网拥塞管理三个典型应用场景，研究提出了新型储能优化配置模型，并开展实证研究。第四篇为"实践篇"，详细介绍了美国、英国和澳大利亚三国新型储能激励政策、市场机制和发展实践，以及我国新型储能产业政策发展历程及项目实践。第五篇为"运营机制篇"，在分析新型储能市场机制及价格政策、参与电力市场现状以及国内外储能电站市场化价格形成机制的基础上，提出了新型储能市场化运营模式和价格机制。第六篇为"案例篇"，收录了我国已建成和正在建设的十项典型新型储能项目。

本书得到了国家电网有限公司科技项目"适用于电网的新型大容量储能技术综合评

估（KY-SG-2016-204-JLDKY）""面向电网的储能电站优化配置及控制策略研究"和"面向电网的储能应用市场机制及价值评估关键技术研究"的大力支持，在此深表谢意。在本书的编写过程中，得到了国家电网有限公司、中国电机工程学会、江苏省电力公司、辽宁省电力公司、河南省电力公司、青海省电力公司、甘肃省电力公司、国电南瑞、华中科技大学和中关村储能产业技术联盟等机构以及相关领导和专家的大力支持和帮助，在此一并致谢！

限于作者水平，虽然对书稿进行了反复研究推敲，但难免仍会存在疏漏与不足之处，恳请读者谅解并批评指正！

著者

2022 年 3 月于北京

# 目　　录

# 第二篇 技术及应用篇

# 第三篇　优化配置篇

## 第四篇　实　践　篇

## 第五篇　运营机制篇

## 第六篇　案　例　篇

# 第一篇
## 认 识 篇

# 第 1 章 储能定义及其发展历程

## 1.1 储能定义及分类

广义的储能简而言之为能量的存储，如储油、储气、储煤、储电、储热和蓄冷等。储能一方面为了能源安全与应急，保障能源的价格稳定；另一方面提高能源利用效率，保障能源供需平衡。储能可以是能量介质的直接存储，如储油、储气，也可以通过能量转换，使得能量以另一种适当的形式存储在介质中，如电能与势能、动能和热能的转换。

储能技术包括本体技术和系统集成技术，本体技术是储能技术的基础，系统集成技术是储能技术走向应用市场的桥梁。

### 1.1.1 储能本体技术

目前国际上还没有统一规范的储能技术的定义和分类，一些机构和组织提出了储能的定义和分类，既有共同之处，也有差异。

**（1）国际电工委员会**

国际电工委员会（International Electrotechnical Commission，IEC）对储能的定义为：储能是通过设备或者物理介质，将能量存储起来，并在需要时释放出来。见表 1-1，具体包括：

1）机械类。包括抽水蓄能、压缩空气储能和飞轮储能。

2）电化学类。包括各种二次化学，具体有锂离子电池、铅蓄电池、熔融盐电池、镍氢电池和液流电池。

3）电气类。包括超级电容器和超导储能。

4）热储能。包括高温熔融盐储热、冰蓄冷等采用相变材料和热化学材料的储能技术等。

5）化学类。如氢能、合成天然气等，作为二次能源载体，将能量存储在化学燃料中。

表 1-1　储能技术的分类

| 分类 | 技术类型 | 特点 |
|---|---|---|
| 机械类 | 抽水蓄能 | 采用水、空气等作为储能介质，介质之间不发生化学变化 |
| | 压缩空气储能 | |
| | 飞轮储能 | |
| 电化学类 | 铅蓄电池 | 储能介质为各种化学元素，充放电过程伴随储能介质的化学反应 |
| | 锂离子电池 | |
| | 液流电池 | |
| | 熔融盐电池 | |
| | 镍氢电池 | |
| 电气类 | 超级电容器 | 响应速度快，短时间可释放大功率电能，循环次数多 |
| | 超导储能 | |
| 热储能 | 高温熔融盐储热 | 采用相变材料和热化学材料储能 |
| | 冰蓄冷 | |
| 化学类 | 氢能 | 作为二次能源载体，将能量存储在化学燃料中 |
| | 合成天然气 | |

**（2）国际能源署**

国际能源署（International Energy Agency，IEA），定义储能为一种可以存储能量并将其释放从而提供能量或功率服务的技术。IEA 将储能技术分为电储能和热储能，具体包括：

1）机械类。包括抽水蓄能、压缩空气储能和飞轮储能。

2）电化学类。包括锂电池、钠电池、铅酸电池和液流电池。

3）电气类。包括超级电容和超导储能。

4）化学类。包括氢能和合成天然气。

5）热储能。包括显热储能、潜热储能和热化学储能。

**（3）AECOM Australia Pty Ltd**

澳大利亚可再生能源署（Australian Renewable Energy Agency，ARENA）曾授权 AECOM Australia Pty Ltd 做一份关于储能的研究报告，AECOM Australia Pty Ltd 在报告中将储能定义为：在一段时间内，能够将能量以某种形式存储，并在需要时释放出来的一种技术。具体包括：

1）机械类。包括抽水蓄能、压缩空气储能和飞轮储能。

2）电化学类。包括传统电池、高温电池和液流电池。

3）电气类。包括超级电容和超导储能。

4）化学类。包括氢能和甲烷。

5）热储能。包括熔融盐储能和冷却装置。

**（4）国家部委相关文件中的定义**

2016 年，国家发展改革委、国家能源局印发关于《能源技术革命创新行动计划（2016—2030 年）》的通知（发改能源〔2016〕513 号），在先进储能技术创新战略方向上将储能技术分为三类，分别为储热/储冷技术、物理储能技术和化学储能技术。储热/储冷技术包括新型高温储热技术、大容量热化学储能技术；物理储能技术包括超临界压缩空气储能技术、飞轮储能技术和高温超导储能技术等；化学储能技术包括锂离子储能电池技术、钠硫电池、全钒液流电池、铅炭电池技术、液态金属电池技术和新概念化学储能（镁基电池、氟离子电池等）技术。

2017 年 9 月，国家五部委联合发布的《关于促进储能技术与产业发展的指导意见》（发改能源〔2017〕1701 号）在描述储能技术时包含了抽水蓄能、压缩空气储能、飞轮储能，超导储能、超级电容、铅蓄电池、锂离子电池、钠硫电池、液流电池、储热、储冷和储氢技术。储能按照技术类别大致可以分为电化学储能（锂离子、铅蓄电池、钠硫、液流和储氢等）、机械储能（抽水蓄能、压缩空气和飞轮等）、电磁场储能（超导、超级电容等）和相变储热（熔融盐储热等）。

2021 年 7 月，《国家发展改革委 国家能源局关于加快推动新型储能发展的指导意见》正式出台，首次提出了新型储能概念，将抽水蓄能与新型储能并列，文件编制说明中指出，新型储能指除抽水蓄能外的新型电储能技术。

**（5）电储能的定义及内涵**

本书研究重点为电能存储技术，不涉及储氢、储热能技术。综合相关研究机构的定义，可将电储能定义为：通过一种介质或者设备，将电能量形式用同一种或者转换成另一种能量形式存储起来，基于未来应用需要以电能量形式释放出来的循环过程。根据技术类型的不同，可分为物理（机械）储能、电化学储能、电磁储能和其他前沿储电技术四种类型。

1）物理（机械）储能。包括抽水蓄能、压缩空气储能和飞轮储能。

2）电化学储能。包括铅蓄电池、锂离子电池、液流电池、钠硫电池和镍氢电池。

3）电磁储能。包括超级电容和超导储能。

4）其他前沿电储能技术。包括金属离子电池和金属-空气电池等。

## 1.1.2 储能集成技术

**（1）储能产业链**

储能产业链包括上游原材料、中游电池技术与系统集成和下游市场与应用。目前，我国储能的产业链条已初步形成，上游原材料和中游电池技术与系统集成相对成熟，而下游市场与应用则仍以示范和技术验证为主，在个别领域已出现初具商业化雏形的项目。

**（2）系统集成技术**

系统集成是整个储能产业链中游的关键一环，是连接上游原材料、储能本体技术与下游市场的桥梁。具体来看，系统集成技术主要包括：电池成组技术、电池管理系统

（BMS）、能量转换系统（PCS）以及监控系统等。

1）电池成组技术。一般是将多个单体电池组成模块，然后以模块串并联的方式组成电池组。目前，常用的电池组合方式有两种，即先并后串和先串后并。在实际的应用场景中，需根据不同的电池规格设计不同的连接方式，以使成组后的电池组性能达到最优。

2）电池管理系统（BMS）。BMS$^{\ominus}$是电池保护和管理的核心部件，关系到整个电池系统的安全、稳定与可靠运行。BMS主要通过对电池组的各种参数（单体或模块电池电压、温度和电流等）进行实时在线测量，在此基础上进行电池荷电状态（SOC）的实时在线估算，同时实施必要的控制，使电池系统在最优状态下运行，对于延长电池使用寿命、保障系统安全运行起到关键作用。电池管理系统从结构上可以分为分布式和集中式两种方案，分别适用于不同电池结构形式。

3）能量转换系统（PCS）。PCS是连接各种储能设备与电网之间不可或缺的关键设备，根据不同应用技术的要求，PCS可很好地满足储能型变流系统直流储能设备与交流电网之间的双向能量传递的需求。

4）能量管理系统。能量管理系统是整个储能系统的高级控制中枢，负责管理整个储能系统的运行状态。能量管理系统通过对电池、BMS、PCS及其他配套辅助设备等进行全面监控，实时采集有关设备运行状态及工作参数，并上传至上级调度层，同时结合调度指令和电池运行状态进行功率分配，实现储能系统优化运行。

此外，能量管理系统还是连接电网调度和储能系统的桥梁：一方面接收电网调度指令；另一方面把电网调度指令按能源管理策略分配至各个储能支路，同时监控整个储能系统的运行状态，分析运行数据，确保储能系统处于良好的工作状态。

## 1.1.3　新型储能

适用于电网的新型储能，是指除抽水蓄能以外的符合国家环保等要求，可循环电能存储、释放的储能系统和设施，是适用于电网、功率等级较大及综合性能优越的新型储能系统。

考虑适应高比例新能源的新型电力系统发展的需要，针对储能在系统调频辅助服务、分布式发电及微电网、可再生能源并网和延缓输配电设备投资等领域应用的需要，从功率/能量、技术进步潜力和能量转化效率等三个维度进行选择。

1）从功率/能量特性来看，储能在电网中的应用主要分为功率型和能量型两大类，为满足高比例新能源接入的需要，要求储能技术集成功率等级达到兆瓦级。

2）从技术进步潜力来看，着眼于先进性，要求储能技术在未来有较大的技术进步的潜力。

3）从能量转化效率来看，系统能量转化效率应不低于50%。

---

$\ominus$　以动力电池为例，BMS成本大致占整个电池组成本的15%。

石墨烯超级电容电池、双碳电池、纳米微电池和有机电池等尚处于概念设计阶段，不作为本书研究重点。

本书所指的新型储能技术，主要区别于电子产品中的蓄电池，不包含基站电池，可以定义为适用于电网、功率等级较大、综合性能优越以及除抽水蓄能外的电储能技术。基于以上三个维度的综合比选，由于压缩空气储能、飞轮储能、铅蓄电池、锂离子电池、液流电池和钠硫电池六大项储能技术已处于示范或商业应用阶段，能量转换效率均超过60%，具备兆瓦级应用条件，因此本书将这六大项储能技术作为新型大容量储能技术的代表重点研究。

## 1.2　储能在电力系统中应用的历程

储能的概念源于居安思危，是在人类有目的地存储能量的过程中形成的。最原始的储能可以追溯到史前社会，当时人们将石块搬运到高处，用石块攻击入侵者。这种存储机械能的方式便是最早的储能形式之一。随着人类社会的不断发展，储能被赋予了时代的特征。不同时代人类对能源的依赖和需求不同，促使储能的内容和形式发生相应的变化。18世纪末期，第一块电池——"伏特电堆"的出现，使人们第一次把储能与"电"联系到了一起。之后，随着"工业革命"的爆发，特别是"第二次工业革命"后，在人类生产生活中开始广泛使用电力，人们对电能的依赖不断增强，能够储存电能的电池成为便捷的电力来源，电池技术的开发利用也就成为储能系统的核心内容。抽水蓄能是电力系统最早使用的储能技术，进入20世纪以来，得益于新能源的规模化开发利用，新型储能技术开始进入电力系统，成为构建智能电网的关键技术之一。纵观国内外储能发展历史，新型储能在电力系统的应用大致可以分为三个阶段：

**第一阶段，物理储能技术蓬勃发展，并投入商业运营。** 1949年国际上首次提出了利用压缩空气储能，国内外相继开展了大量相关研究。1978年第一台商业运行的压缩空气储能机组在德国 Hundorf 诞生。1991年第二座压缩空气储能电站在美国 McIntosh 投入运行，至今仍在运行。20世纪60年代美国提出了飞轮储能技术，美国国家航空航天局（NASA）为了解决航空发射领域中能量的问题，将飞轮储能系统应用于航空发射领域。20世纪90年代末期在卫星电力与姿态控制集成系统、转子制造工艺和飞轮磁悬浮等方面取得很大进展。目前 NASA 研究中心已经成功研制了三代用于卫星姿态控制的飞轮储能系统并得到应用。美国 Beacon Power Corporation 致力于将飞轮储能用于电力系统中，目前研制的由200个单机容量25kW·h、功率100kW 和转速16000r/min 的飞轮子系统组成的5MW·h 飞轮储能矩阵已在纽约电网投入运营。

**第二阶段，电化学储能技术优势显现，并开始应用于电力系统。** 美国研究发现电化学储能参与调频的效率是火电机组的27倍，在2007年美国通过的"890法案"要求区域电力市场允许储能等非传统发电电源参与 AGC 调频市场；2011年推出的"755法案"解决了储能系统参与 AGC 调频的合理回报问题。目前电化学储能参与调频辅助服务市场，在储能技术水平迅猛发展的同时，也在不断创新商业化运营模式。美国是全球较早将电化学储能应用于电力系统调频的国家，也是目前拥有参与调频的电化学储能项目最多的国家，拥有全球近半的示范项目。表 1-2 总结了美国近几年储能参与调频辅助服务的示范工程。日本在 2000 年以后分别建立了两座 6MW/48MW·h 的电池储能系统来改善电力系统运行的稳定性；2004 年又建立了 9.6MW/57.6MW·h 的钠硫电池储能系统，用于紧急事故备用和改善系统的稳定性，该项目是目前全球容量最大的钠硫电池储能系统。

我国电化学储能的发展起始于 2000 年前后，锂离子电池、液流电池等电化学储能技术最早进入商业化研发，经过 10 年左右的基础研究，电化学储能技术开始走出实验室，进入示范应用阶段。从 2016 年开始，部分商业化的电化学储能示范项目开始部署建设，我国电化学储能系统开始应用于电力系统。

表 1-2　美国具备调频功能的储能示范工程

| 储能类型 | 安装地点 | 系统规模 | 投产时间 |
|---|---|---|---|
| 铅酸电池 | 美国夏威夷 Maui | 1.5MW×15min | 2012 年 |
| | 美国夏威夷 Koloa | 1.5MW×15min | 2014 年 |
| | 美国夏威夷 Lanai | 1.125MW×15min | 2014 年 |
| | 美国科罗拉多州 Auora | 1.5MW×15min | 2014 年 |
| | 美国得克萨斯州 Notrees | 1.5MW×15min | 2015 年 |
| | 美国阿拉斯加州 Kodiak | 3MW×15min | 2015 年 |
| | 美国博灵顿 Vermont | 0.25MW×4h | 2015 年 |
| | 美国西弗吉尼亚州 Elkins | 32MW×0.25h | 2011 年 |
| 全钒液流电池 | 美国纽约 Johnson Vity | 8MW×0.25h | 2011 年 |
| | 美国纽约 Queens | 100MW×1.5h | 2014 年 |
| 锂离子电池 | 美国密歇根州 Detroit | 1MW×2h | 2014 年 |
| 钠离子电池 | 美国宾夕法尼亚州 Pittsburgh | 14MW×4h | 2016 年 |
| 钠硫电池 | 美国明尼苏达州 Luverne | 1MW×7h | 2012 年 |
| 超级电池 | 美国宾夕法尼亚州 Lyon Station | 3MW×0.25h | 2014 年 |
| 飞轮储能 | 美国纽约州 Stephen Town | 20MW | — |

**第三阶段，电化学储能在电力系统的广泛应用。**日本要求公用事业太阳能独立发电厂与电网企业配建电化学储能或从供应商购买辅助服务等，实现平滑太阳能发电出力以及维护电网频率稳定，有效促进日本储能产业的发展。英国在配电网侧的电化学储能应用较为广泛，英国已经投运的电化学储能项目单个储能的容量在 0.005~10MW 之间，多采用锂离子电池为主的储能技术。根据英国商业能源与大多产业战略部（BEIS）的预计，

到 2050 年，应用智能灵活性技术，如电化学储能，需求侧响应和互联网技术能够帮助英国电力系统节省 170 亿~400 亿英镑，英国将成为全球储能增速最快、最具吸引力的市场之一。2013 年，德国确立了光伏配置储能的补贴政策，该政策将为用户提供相当于配置储能设备成本的 30% 的补贴，并通过德国发展银行（RfW）对购买光伏储能设备的单位或个人提供低息贷款。对于新安装的光储系统最多可补贴 600 欧元/kW，对于改造光储系统最多可补贴 660 欧元/kW。Fraunhofer ISE 的研究表明，一个四口之家配备一个 5kW 的太阳能光伏发电设施以及一个 4kW·h 的储能系统，可以降低 60% 的网购电；仅配备光伏系统而不配置储能，则只能降低 30% 的网购电。

## 1.3 储能在电力系统应用环节分类

储能已在电力系统发输配用各个环节得到示范应用，由于国内外市场环境、应用场景不同，对储能的应用场景分类方式也存在多种界定方式和统计口径。

**（1）国内外研究机构对储能在电力系统中的应用分类**

国外对储能在电力系统中的应用多基于电力市场机制，按照理论或实际应用情况下有明确市场价值的应用场景进行分类。

美国能源部和电科院（DOE/EPRI）联合出版的《储能手册》上将储能应用分为五大类 18 小类，五大类应用分别为电能量服务（削峰填谷、电力供应）、辅助服务（调频、旋转备用和电压支撑等）、输电设施服务、配电设施服务和用户能量管理服务。

美国可再生能源实验室（NREL）以参与市场价值界定了电网侧储能的范围，包括削峰填谷、调频辅助服务、应急备用和综合服务。

美国桑迪亚国家实验室在给 DOE 做的一项电网侧储能报告中将储能应用分为供电、辅助服务、电网服务、终端用户和新能源并网五类，其中应用于电网服务的储能功能包括输电保障、缓解输电阻塞、延缓输配电设备升级和变电站场内电源。

我国中关村储能产业技术联盟（CNESA）参照美国储能项目分类，对储能项目的统计按照电源侧、辅助服务、电网侧、用户侧和集中式可再生能源并网五种应用进行区分，见表 1-3。

表 1-3 CNESA 储能应用分类

| 应用领域类型 | 应用领域界定范围 |
| --- | --- |
| 电源侧 | 安装在火电厂、燃气电站、水电、生物质和核电等电源侧，以储能+传统机组联合运行的方式，提供辅助动态运行服务，提高传统机组运行效率，延缓新建机组的功效；安装在电力系统中，以独立储能电站形式，提供电力调峰服务、参与容量市场等 |
| 辅助服务 | 安装在电力系统中，与机组联合或以独立储能电站形式参与辅助服务交易，提供调频、备用、黑启动和电压支持等服务。与储能联合参与辅助服务交易的机组类型包括火电机组、燃气轮机等传统机组以及大型风电场/光伏电站等新能源发电场站 |

（续）

| 应用领域类型 | 应用领域界定范围 |
|---|---|
| 电网侧 | 安装在变电站或其附近，提供缓解电网阻塞、延缓输配电升级及提高输配电网供电安全性、弹性、灵活性、稳定性与可靠性等服务 |
| 用户侧 | 安装在工业园区、商业楼宇、市政机关、关键场所、建筑楼宇、学校、社区、海岛、军方和偏远地区等用户侧，提供峰谷价差套利、需量电费管理、需求响应、提高供电可靠性以及提高电能质量等服务 |
| 集中式可再生能源并网 | 安装在大型光伏电站、风电场或风/光电站中，提供平滑新能源发电出力、跟踪计划出力、减小弃风弃光、价格套利，提高新能源发电场站并网运行的稳定性，提供无功/电压支撑等服务 |

**（2）我国电力系统中储能应用场景分类**

我国一般根据储能在电力系统中的应用环节不同，将其分为电源侧、用户侧和电网侧三大类应用类型，差异在于储能的接入位置所属的投资界面不同。如图 1-1 所示。

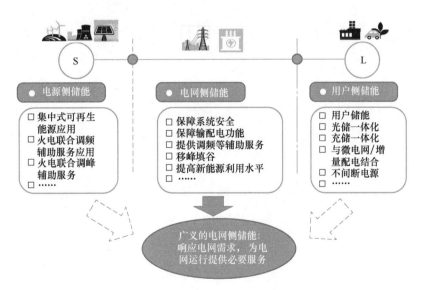

图 1-1　电力系统中储能应用场景

电源侧储能是指装设并接入在常规电厂、风电场和光伏电站等电源厂站内部的储能系统，主要承担联合火电机组调峰调频、联合集中式可再生能源发电并网运行等功能。

用户侧储能是指在用户内部场地或邻近建设，并接入用户内部配电网的储能系统，主要以市场化方式为用户提供削峰填谷、需量管理、备用电源和光储一体化运行等功能。

电网侧储能是指在已建变电站内、废弃变电站内或专用站址等地区建设，直接接入公用电网的储能系统，主要承担事故安全备用、优化电网结构、解决电网阻塞、增强电网调节能力、延缓电网投资、参与系统调峰调频及改善电能质量等功能。

由于储能具有电能双向流动、能量随时充放的特点，在电源侧、电网侧、用户侧以及微电网内建设的储能设施，均会对电网产生一定影响。因此，上述按照接入位置所属投资界面定义的电网侧储能，属于狭义的电网侧储能定义，而广义的电网侧储能是指独立储能，指具备独立计量、控制等技术条件，接入调度自动化系统可被电网监控和调度，符合相关标准规范和电力市场运营机构等有关方面要求，具有法人资格的新型储能项目。

# 第2章 国内外储能发展现状

## 2.1 全球储能发展现状

根据中关村储能联盟的初步统计，截至 2020 年底，全球已投运储能项目装机容量为 191.1GW。其中，抽水蓄能装机容量为 172.5GW，装机占比为 90.3%；电化学储能装机容量为 14.2GW，装机占比为 7.5%；熔融盐储热、压缩空气和飞轮合计占比仅为 2.2%，如图 2-1 所示。相对于其他新型储能技术而言，电化学储能连续多年保持快速增长态势，近五年的年复合增长率（2016—2020 年）达到 63%。

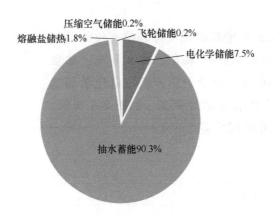

图 2-1　2020 年底全球储能装机构成

### 2.1.1 地域分布

**（1）累计装机规模**

截至 2020 年底，全球已投运电化学储能装机规模排名前十的国家依次是中国、美国、韩国、英国、德国、日本、澳大利亚、加拿大、阿联酋和意大利。这十个国家的电化学储能的规模合计占全球总规模的 94%。其中，中国电化学储能装机规模达到了 3269.2MW，超越美国成为全球电化学储能装机容量最大的国家，具体如图 2-2 所示。

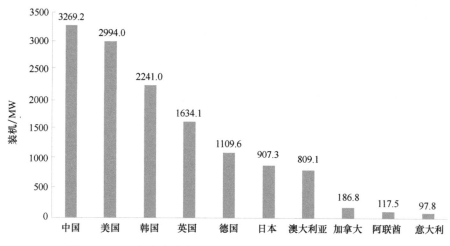

图 2-2　2020 年底全球电化学储能累计装机容量排名前十国家

**（2）新增装机规模**

2020 年全球新增电化学储能装机容量为 4679.5MW，主要分布在中国、美国和欧洲，分别新增 1559.6MW、1403.5MW 和 524.7MW，三者合计占全球总新增规模的 86%，如图 2-3 所示。

2020 年，电化学储能新增装机规模排名前十位的国家依次是中国、美国、英国、德国、韩国、澳大利亚、加拿大、爱尔兰、意大利和印尼，这十个国家新增电化学储能装机容量合计占全球总新增规模的 95%，如图 2-4 所示。中国新增装机连续第三年位居榜首。

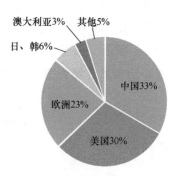

图 2-3　2020 年新增电化学储能装机分布

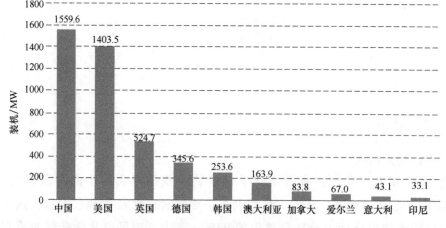

图 2-4　2020 年底全球电化学储能新增装机容量排名前十国家

从应用场景来看，中国新增电化学储能主要集中在新能源场站侧，新增容量超过

580MW。美国主要集中在配电网，2020 年相继投运了 LS Power 和 Vistra Energy 两个规模分别为 250MW/250MW·h 和 300MW/1200MW·h 的大容量电池储能项目，其中 Vistra Energy 是目前全美乃至全球最大的电池储能项目。英国取消了对电池储能项目的容量限制，批准了英格兰和威尔士的容量为 50MW 和 350MW 以上的储能项目，正式拉开了英国大容量电化学储能建设的序幕。德国以户用储能为主，已经安装了 30 多万套家用电池储能系统。

## 2.1.2  技术类型

从全球已投运的电池储能项目的技术类型来看，锂离子电池占据绝对主导地位，锂离子电池项目规模自 2015 年首次超过钠硫电池之后，一直处于快速增长态势。截至 2020 年底，全球锂电池累计装机规模达到 12102.8MW，首次突破 10GW 大关，在电化学储能中的占比也首次超过 90%，如图 2-5 所示。近几年锂离子电池装机占比持续走高，已从 2015 年占比为 56%，增加到 2020 年的 92%，2015—2020 年复合增长率达到 107%，如图 2-6 所示。

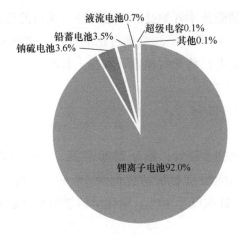

图 2-5　2020 年全球电化学储能累计装机构成

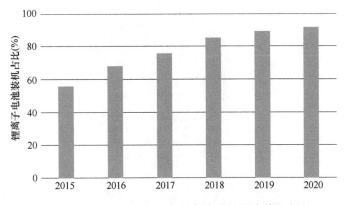

图 2-6　2015—2020 年锂离子电池项目累计装机占比

2020 年，锂离子电池新增装机规模也居电化学电池首位，新增规模达 4648.9MW，占全部电化学储能新增容量的比例为 98.3%，连续四年占比超过 90%，如图 2-7 所示。

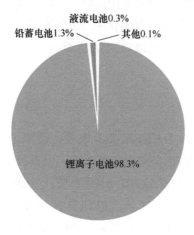

图 2-7　2020 年全球电化学储能新增装机构成

与此同时，长时非锂储能技术开始受到广泛关注。从目前已投运的锂电项目来看，全功率放电时长很难超过 4h。随着新能源电量占比的提升，市场对长时储能技术的需求激增，一些政府部门和储能企业已将长时储能计划提上日程。

## 2.2　中国储能发展现状

根据中关村储能联盟的初步统计，截至 2020 年底，中国已投运储能项目的累计装机容量为 35.6GW，占全球储能装机容量的比例为 18.60%。其中，抽水蓄能装机容量为 31.79GW，占比 89.30%，首次低于 90%；电化学储能的累计装机容量为 3269.2MW，占比 9.20%，如图 2-8 所示。

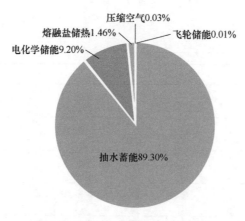

图 2-8　2020 年中国储能装机构成

2020 年，中国新投运储能项目装机容量为 3160.6MW，占全球储能新增总容量的 49%。其中，电化学储能的新增投运规模最大，为 1559.6MW，从 2018 年开始，电化学储能的每年新增规模均超过 600MW，如图 2-9 所示。

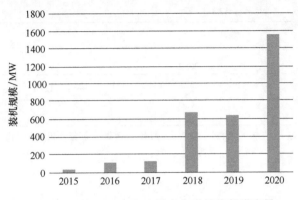

图 2-9　2015—2020 年中国电化学储能新增容量

2020 年，中国飞轮储能在应用上取得新突破。国内首个"飞轮+锂电混合储能"项目在新能源场站调频领域得到了成功应用，验证了多种储能装置联合平抑风功率波动的可行性。项目位于山西右玉县的老千山风电场，包括 1MW 飞轮和 4MW 锂离子电池，在电网频率出现扰动时先由飞轮储能装置承担出力，在飞轮储能装置不能满足要求时，锂电池储能在功率或能量上进行补充。这样可以最大限度减少锂电装置的动作次数，提高整体系统使用寿命。

2020 年，中国多个规模化压缩空气储能项目的部署与建设取得进展，河北、山东、江苏、河南、甘肃、内蒙古、陕西和山西等省市均有百兆瓦级的压缩空气储能项目加快推进和建设。包括华能、中广核新能源、葛洲坝、开滦集团和中煤新能源等在内的发电集团、能建集团和地方能源公司等都在布局压缩空气储能项目。此外，压缩空气储能技术也入选了工信部《首台（套）重大技术装备推广目录（2019 年版）》，其中要求压缩空气储能每套额定功率≥100MW，系统效率≥65%，寿命≥30 年，为加快推进技术应用指明了方向。

## 2.2.1　地域分布

截至 2020 年底，中国累计投运电化学储能容量排在前十的省（区、市）分别是江苏、广东、青海、安徽、河南、西藏、新疆、内蒙古、山东和北京，均超过 100MW。其中，江苏、广东累计装机规模已超过 500MW，如图 2-10 所示。

2020 年，中国新投运电化学储能容量排在前十的省（区）分别是广东、青海、江苏、安徽、山东、西藏、甘肃、内蒙古、浙江和新疆，均超过 100MW，十个省（区）新增装机规模占全部新增装机规模的 86%，其中，广东、青海和江苏新增装机规模超过 200MW，见表 2-1。

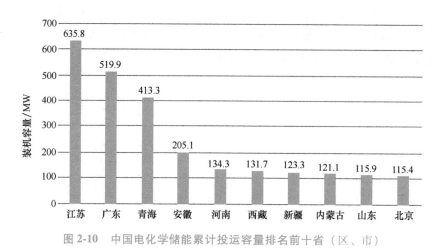

图 2-10　中国电化学储能累计投运容量排名前十省（区、市）

表 2-1　2020 年中国新投运电化学储能装机容量排名前十的省（区）

| 排名 | 省（区） | 装机规模/MW |
| --- | --- | --- |
| 1 | 广东 | 292.3 |
| 2 | 青海 | 244.8 |
| 3 | 江苏 | 200.6 |
| 4 | 安徽 | 168.4 |
| 5 | 山东 | 99.6 |
| 6 | 西藏 | 85.0 |
| 7 | 甘肃 | 74.0 |
| 8 | 内蒙古 | 66.5 |
| 9 | 浙江 | 60.4 |
| 10 | 新疆 | 53.0 |

## 2.2.2　技术类型

截至 2020 年底，中国已投运的电化学储能项目中锂离子电池的累计装机容量最大，为 2902.4MW，占全部电化学储能容量的比例接近 88.8%。近几年，锂离子电池在电力储能领域一直保持高速增长态势，年复合增长率（2016—2020 年）为 105%。铅蓄电池占比排名第二，占比为 10.2%，如图 2-11 所示。

2020 年，新增电化学储能中锂离子电池占比最高，新投运容量首次突破吉瓦级大关，达到 1.5GW，如图 2-12 所示。

锂离子电池在电源侧应用规模最大。从各主流技术应用分布来看，锂离子电池在新能源场站和电源辅助服务领域应用规模最大，占比分别达到 49% 和 59%。此外，2020 年锂离子电池在电源侧应用单个项目规模再创新高，青海海南州多能互补外送基地储能配置规模和江苏昆山储能电站储能配置规模均突破百兆瓦。

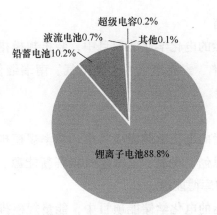

图 2-11　截至 2020 年底中国累计投运电化学储能技术类型构成

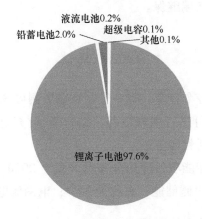

图 2-12　2020 年中国新投运电化学储能技术类型构成

全钒液流电池在电源侧应用取得新突破，项目规模大多在兆瓦级以上。包括新疆建设的国内光伏侧最大的全钒液流储能项目——阿瓦提全钒液流储能电站，一期项目 7.5MW/22.5MW·h 已投运；大唐国际瓦房店镇海电网友好型风电场 10MW/40MW·h 全钒液流储能项目；国电投驼山风电场 10MW/40MW·h 全钒液流储能项目等。

铅蓄电池在电网侧实现创新应用。河北饶阳源网荷储一体化风光储充示范工程，采用了退役铅蓄电池进行活化再利用，实现了退役废旧电池活化技术应用的试点落地；湖州 110kV 金陵变 10kV 储能电站项目，既是国内首座电网侧铅蓄电池储能项目，又是浙江省首座电网侧电化学储能项目。

## 2.2.3　重点企业

### （1）储能电池制造商

2020 年，中国新增投运的电化学储能项目装机容量排名前十的厂商依次为宁德时代、力神、海基新能源、亿纬动力、上海电气国轩新能源、南都电源、赣锋电池、比亚迪、中航锂电和国轩高科。

**（2）储能逆变器提供商**

2020 年，中国新增投运的电化学储能项目中，装机规模排名前十位的储能变流器提供商依次为阳光电源、科华、索英电气、上能电气、南瑞继保、盛弘股份、科陆电子、许继、英博电气和智光储能。

**（3）储能系统集成商**

2020 年，中国新增投运的电化学储能项目中，功率规模排名前十位的储能系统集成商依次为阳光电源、海博思创、平高、上海电气国轩新能源、猛狮科技、科华、南都电源、科陆电子、南瑞继保和库博能源。

2020 年，中国新增投运的电化学储能项目中，能量规模排名前十位的储能系统集成商依次为海博思创、阳光电源、上海电气国轩新能源、猛狮科技、平高、科华、南都电源、库博能源、科陆电子和南瑞继保。

## 2.3 储能在电力系统各环节应用现状

储能可应用于电力系统各个环节，其中安装在电源侧可联合新能源运行，以及提供调频辅助服务；安装在用户侧可进行削峰填谷，结合光伏/充电站/微电网；安装在电网侧可提高电网运行安全性、灵活性等。

从全球已投运的电化学储能项目应用分布看，截至 2020 年底，电源侧储能应用规模最大，占比 52%；其次为用户侧储能，占比为 34%；电网侧电化学储能装机占比为 14%，如图 2-13 所示。

从中国已投运的电化学储能项目的应用分布看，截至 2020 年底，电源侧储能应用规模最大，达到 1554.6MW，占比为 47.5%，其中新能源发电侧应用占比 26.9%，辅助服务领域占比 20.6%；其次为用户侧，电化学储能应用占比为 34.6%；在电网侧的电化学储能应用占比为 17.9%，如图 2-14 所示。

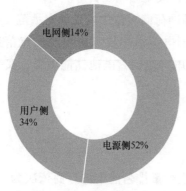

图 2-13　截至 2020 年底全球电化学
储能项目的应用规模分布

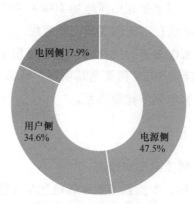

图 2-14　2020 年底中国电化学
储能应用规模分布图

## 2.3.1　储能在电源侧应用

电源侧储能指装设并接入在常规电厂、风电场和光伏电站等电源厂站计量出口内的储能系统，主要承担联合火电机组调峰调频、联合集中式可再生能源发电并网运行等功能。

**（1）新能源场站应用**

在新能源电站配置储能，具有平滑新能源出力、跟踪计划发电指令和减少弃风弃光等作用，提升新能源场站的主动支撑能力。我国电源侧储能与集中式新能源联合运行模式已在青海、河北和新疆等地的新能源场站落地应用，典型工程有张北国家风光储输示范工程（含 70MW 储能）及鲁能海西多能互补集成优化示范工程（含 50MW/100MW·h 储能）。

以青海共享储能项目为例，当日 10:00~16:00 光伏高峰时段，龙源格尔木光伏电站和国投华靖格尔木光伏电站使用原有弃光电量对储能系统充电，减少弃光电量，提高了新能源的消纳能力；夜间 19:00~21:00 光伏低谷时段，储能电站以恒定功率放电，光伏电站和储能电站分摊该时段储能电站的并网发电收益。

**（2）常规电厂应用**

在火电厂安装电储能装置，利用储能毫秒级快速、稳定和精准的充放电功率调节特性，储能装置与火电机组联合调频，可提升传统火电机组调频性能指标。

提供调频辅助服务模式主要集中在山西和广东等地区，例如山西大同煤矿集团公司恒北电厂（火电装机 2×33 万 kW）配置了 9MW/4.478MW·h 磷酸铁锂电池储能。储能和火电的联合可以有效降低火电机组运行强度，提高机组调频性能指标。以京玉电站为例，通过配置储能后 AGC 的性能指标显著提升，平均调节速率 6MW/min，平均速率指标 $k_1 =$ 1.4488，平均调节精度为 0.6399MW，平均精度指标 $k_2 = 1.8060$，平均响应时间为 33.6s，平均响应时间指标 $k_3 = 1.4402$，平均综合指标 $k_p$ 提升至 3.0928。

## 2.3.2　储能在电网侧应用

电网侧储能指直接接入公用电网的储能系统，包括电网替代型储能技术和独立储能，主要承担保障故障或异常运行下的系统安全、提供调频及辅助服务、提高系统灵活性、提高新能源利用水平和保障输配电安全运行等功能。

保障故障或异常运行下的系统安全：主要应用于大规模直流馈入的受端地区，典型工程包括江苏镇江 101MW/202MW·h 储能示范工程、河南 100.8MW/125.8MW·h 储能示范工程。

提高系统灵活性和新能源利用水平：主要应用于系统调峰能力不足，缺乏灵活性调节资源、高比例新能源接入、高渗透率分布式电源接入以及负荷特性波动较大地区。电网侧储能参与系统调峰可采用"一充一放""两充两放""多充多放"等模式。典型工程：大连液流电池储能调峰电站国家示范项目，总规模为 200MW/800MW·h；甘肃网域大规模电池储能国家试验示范项目，规划接入电网侧的规模为 120MW/480MW·h。

提供调频辅助服务：与传统发电机组相比，储能电池提供调频服务响应，爬坡速度快，且具有很高的调节精度，可灵活地在无输出状态以及满放电状态（或充电状态）间转换，动作正确率高，从而避免火电机组响应 AGC 信号时出现向相反方向调节等错误动作。相比负荷跟踪，系统调频对调节资源的响应速度要求更高，一般达到秒级响应，且可频繁运行，年运行次数可达 4000 次以上。

## 2.3.3 储能在用户侧应用

用户侧储能指在用户计量出口内投资建设的储能系统，主要以市场化方式为用户提供削峰填谷、需量管理、备用电源和光储一体化运行等功能。

通过电化学储能的峰值调节和负荷均衡可以实现用户侧需求响应的功能，帮助电力用户降低高峰负荷用电量，目前主要有分布式储能和电动汽车两种应用形式。分布式储能包括光储或独立储能等用户侧储能装置，可以降低或转移高峰负荷实现需求侧响应，也可在峰谷电价、需量电价机制较为完备地区为用户节约电费。随着电动汽车规模的快速增加，电动汽车逐步成为用户侧规模化的储能资源，通过合理、有序的管理其充电行为来实现为电网提供需求响应服务。

原则上单个并网点分布式储能接入的功率在不超过其最大用电负荷的前提下，安装限额可根据并网点电压等级确定。220V 电压等级并网点允许接入分布式储能总功率为 8kW及以下；380V 电压等级并网点允许接入分布式储能总功率为 8~400kW 及以下；10kV 电压等级并网点允许接入分布式储能总功率为 400kW~6MW；35kV、66kV、110kV 电压等级并网点允许接入分布式储能总功率为 6~20MW；单个并网点分布式储能系统持续放电时间为 2~4h。

我国用户侧储能主要应用于一般工商业与大工业用户，适用于江苏等峰谷价差较高省份，典型工程包括无锡新加坡工业园 20MW/160MW·h 储能项目和江苏淮胜电缆0.5MW/1.37MW·h 储能项目。用户侧储能应用场景见表 2-2。

表 2-2　用户侧储能应用场景

| 应用名称 | 定义 |
| --- | --- |
| 峰谷套利模式 | 用户通过安装储能装置，可利用峰谷价差套利降低电量电费，参与需求响应实现用电负荷改变，并可作为应急供电提高可靠性 |
| 光储一体化模式 | 储能装置与分布式光伏电站组成用户侧光储系统，可存储上网余电，平滑光伏出力波动 |
| 充储一体化模式 | 储能装置与充电桩组成充储一体化系统，主要是在拥有充电设施的用户内部配置储能装置，作为充电设施和电网之间能量/功率的缓冲，赚取峰谷电价差收益 |
| 与微电网/增量配电结合模式 | 在微电网/增量配电中安装储能装置，可提高供电可靠性和电能质量，支持高比例分布式可再生能源接入，支撑微电网离网运行 |
| 备用电源模式 | 储能作为数据中心、5G 基站及其他高可靠性用户的备用电源 |

# 第 3 章 储能在电力系统中的功能及定位

## 3.1 电力系统发展面临的新形势

在能源转型以及实现"碳达峰、碳中和"的大背景下，以高比例新能源为特征的电力系统发展面临新的挑战。

**（1）大规模新能源集中接入电网，系统调峰矛盾突出，电力系统灵活性资源不足的矛盾突出**

根据统计数据，我国"三北"地区在冬季往往出现大风期、供热期重叠，日最大风力约60%出现在负荷低谷期间，其中，宁夏、蒙东、甘肃、蒙西和冀北日最大风力约85%以上出现在负荷低谷期间，反调峰特性突出。受供热期火电机组以热定电的影响，冬季供热期系统调峰能力较非供热期下降10%~35%，风电消纳与系统调峰矛盾日益加剧。从供应看，电源侧灵活资源潜力挖掘不足，常规火电改造推进滞后，抽水蓄能等灵活调节电源建设周期长，清洁能源可提供灵活性资源不确定性强，导致灵活性资源供应结构问题突出。特别是火电灵活性改造进度迟缓，严重滞后规划规模。截至2019年底，"三北"地区火电灵活性改造规模仅完成电力发展"十三五"规划目标的25%左右。主要原因包括：火电灵活性改造后参与辅助服务市场边际收益下降；火电企业改造积极性下降；电煤价格波动幅度较大；煤电企业生存压力加剧；推动灵活性改造动力不足。

**（2）电力系统呈现"双高"特征，影响电网安全的因素日益增多，保障大电网运行安全的压力持续加大**

随着大量常规机组被风电、光伏发电等新能源替代，电网形态及运行特性发生显著变化，呈现日趋显著的"高比例新能源"和"高比例电力电子设备"特点（简称"双高"）。

高比例新能源接入后电力系统调节和抗扰动能力严重下降；系统故障极易导致新能源大规模脱网；大规模新能源特高压直流外送下，电力电子设备交互作用使得电网稳定形态更加复杂，系统振荡风险加剧。"双高"电力系统带来的电力电子化特征降低了系统抗扰动和故障抵御能力。

近年来，新能源引发的电网安全事故时有发生，国外典型高比例新能源地区甚至出现由于新能源导致的大规模停电的极端事故，见表3-1。2016年9月南澳大停电和2019年8月英国大停电显示，由于新能源等电力电子设备弱支撑性和低抗扰性，发生大规模脱网并引发连锁故障，最终导致大停电事故，影响数百万人，给经济社会造成重大损失。

表 3-1  近年来国际停电事故

| 序号 | 国家/地区 | 时间 | 事故影响 |
|---|---|---|---|
| 1 | 土耳其 | 2015.3.31 | 全国80个省市出现电力中断，是1999年以来最为严重的停电事故 |
| 2 | 美国 | 2015.4.7 | 华盛顿8000用户和马里兰州2万用户停电，国务院发生数分钟停电 |
| 3 | 克里米亚 | 2015.11.21 | 近200万人受到影响 |
| 4 | 乌克兰 | 2015.12.23 | 电力中断数小时，伊万诺-弗兰科夫斯克地区约70万人受到影响 |
| 5 | 日本 | 2016.10.12 | 东京11个区共计58.6万户停电 |
| 6 | 俄罗斯远东 | 2017.8.1 | 布列亚水电站5台机组停运，约150万用户受到影响 |
| 7 | 中国台湾地区 | 2017.8.15 | 停电范围波及台北、新北等17个市县，受影响用户达668万 |
| 8 | 委内瑞拉 | 2019.3.7 | 超过全国一半地区完全停电，且持续超过6h |
| 9 | 阿根廷乌拉圭 | 2019.6.16 | 波及巴西、巴拉圭和智利部分地区，约4800万人受到影响 |
| 10 | 美国纽约 | 2019.7.13 | 美国纽约曼哈顿中城和上西区出现大面积停电，4万用户被迫断电 |
| 11 | 印度尼西亚 | 2019.8.4 | 印尼首都雅加达全城及西爪哇省、中爪哇省和东爪哇省多地遭遇大规模停电，超过3000万人受到影响 |
| 12 | 英国伦敦 | 2019.8.9 | 英格兰及威尔士大片地区停电，影响近100万人 |

随着我国电网中新能源占比的持续提升，高比例新能源引发的电网安全运行风险进一步增大。

**（3）冬季、夏季高峰用电负荷快速增长，电力系统面临新的电力电量平衡难题，保供应压力加大**

高比例新能源电力系统运行机理和平衡模式发生深刻变化，电力供应保障与新能源消纳问题交织共存。高比例新能源以及新能源发电出力的波动性和不确定性，使得电力系统运行机理和平衡模式发生深刻变化，随着新能源占比提升，新能源小发期间电力供应不足和大发期间消纳困难的问题将频繁交替出现。特别是在极热无风、连续阴雨等特殊天气下，新能源对高峰电力平衡支撑有限，增加了系统供应安全风险。

从统计数据看，季节上的大风期和冬夏用电高峰期不一致，夏冬季高负荷期，新能源出力近六成的时间处于装机容量的 15% 以下，造成电力平衡紧张；从日内电力供应看，极热无风、晚峰无光，发电能力与实际用电需求不匹配，晚峰时段新能源七成的时间处于装机容量的 15% 以下。极端场景下，负荷激增，叠加新能源出力不足，从而造成缺电。如 2020 年末寒潮期间，湖南用电负荷快速增长，但超八成风电机组因冰冻无法发电，晚高峰发电出力不足装机容量的 2%，甚至出现瞬时为零的情况。

近年来，高比例新能源电力系统因调节能力不足导致的停电、限电事件时有发生。2017 年 2 月南澳停电和 2020 年 8 月美国加州高温停电均因极端天气下新能源出力锐减，系统供应能力不足所致。我国东北、内蒙古等地区曾发生用电高峰时段供电紧缺，局部地区出现弃风、弃光等问题，均与新能源出力波动、电力系统调节能力不足有关。

**（4）随着分布式电源快速增加，对配电网的承载能力和智能化水平要求越来越高**

目前我国配电网发展还存在一些普遍性问题：中压配电网的网架结构薄弱；主、次网架不清晰；多分段多互联的网络连接未形成；设备技术性能落后；配电自动化水平整体偏低；配电网供电可靠性较低；线路损耗率较高。随着新能源、分布式电源和多元化负荷的接入，一方面，配电网在分布式能源反送电时呈现高电压，重载情况下呈现低电压，电能质量问题突出；另一方面，配电网由"无源"变为"有源"，潮流由"单向"变为"多向"，呈现出愈加复杂的"多源性"特征。配电网迫切需要建成为"源网荷"协调运行系统，自适应调节网络、发电及负荷，充分消纳电源出力，降低净负荷峰谷差，提高设备运行效率，为用户提供高可靠性、高电能质量的供电服务和增值服务，实现传统配电网向主动配电网的升级。

## 3.2 储能在电力系统中的作用

随着新型储能的基础研究和技术验证日益受到全球各国的普遍重视，储能技术进步加快，新型储能技术不断涌现，储能示范项目在全球蓬勃开展起来，储能已经广泛应用于电力系统发、输、配、用等各个环节，在电力系统的应用价值也得到越来越多的认可和重视。储能已成为构建高比例可再生能源电力系统不可或缺的关键技术。

在发电侧，可再生能源与储能的融合应用是近期储能大规模、大容量应用的主战场，也是储能的重要增长点；在电网侧，储能技术将有助于电网实现精细化管理，有利于电力系统的高效率、低成本运行，将成为电网领域不可或缺的技术支撑；在用户侧，储能可以帮助用户降低用电费用、实现灾备，"源网荷储一体化"政策将通过优化整合区域电源侧、电网侧和负荷侧资源，构建"源网荷储"高度融合的新型电力系统发展路径，促进用户的生产、工作、生活和交通的深度融合。

### 3.2.1 储能在电源侧的作用

**（1）提高新能源消纳能力**

以风电和光伏为代表的新能源在不同时域具有不同程度的间歇性，通过储能与风电或光伏的联合运行可以时移新能源弃电时段电量，提高系统消纳能力。储能与风电联合运行时，储能在限电时段吸收风电出力并在非限风电时段释放，从而提高联合体的收益。储能系统在风电出力低于功率限值时放电，储能系统此阶段将充电电量放出后，就处于停用的状态，直到风电出力上限再次上升到功率限值以上，或者功率限值取消时再重新投入使用。储能与光伏联合运行时，储能可以储存光伏白天多余的发电量，并通过夜间向负荷释放，当储能的电量不足时，通过市电的方式向负荷供电。

**（2） 跟踪波动性电源计划出力**

如图 3-1 所示，跟踪计划出力是指根据计划出力曲线控制储能系统的充放电过程，使得新能源场站实际输出功率尽量接近计划出力，从而增加新能源场站发电输出功率预测精度，提高新能源的利用率以及新能源并网主动支持能力。

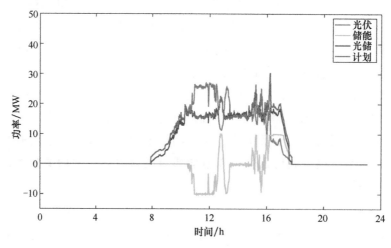

图 3-1　储能光伏电站跟踪计划曲线

**（3） 平滑波动性电源发电出力**

平滑新能源发电输出，是指通过对储能系统进行频繁充放电操作，平滑新能源场站短时⊖输出，使其输出的爬坡率和爬坡幅度满足电网调度要求，减少由于新能源发电出力的随机性和不稳定性对并网特性或供电质量的影响。

**（4） 联合火电机组调频**

通过与现有发电厂联合运行，提高常规电源频率响应特性，提供调频等辅助服务功能。从储能应用于调频辅助服务获取的收益（辅助服务补偿费用）来看，主要包括一次调频考核费用、AGC 调节考核费用以及 AGC 调节补偿费用三部分。根据储能参与电力辅助服务市场的形式不同，储能与常规火电厂联合运营，提供调频辅助服务是现阶段最有可能在电力市场获得收益的模式。

电化学储能系统能量、功率和快速响应率可以等效代替电力系统中传统同步机组的机

---

⊖　风力发电的波动性分为短时波动和长时波动。前者主要由秒到分钟时段内的阵风造成的湍流所致；后者是由风速变化引起的小时到天时段内的功率波动。

械转动惯量，通过快速调频的方式实现对电力系统惯量的支撑。未来在高比例可再生能源电力系统中，新能源场站配置储能还可支撑风电和光伏发电虚拟同步运行，使新能源场站具备一定虚拟惯性。电化学储能作为虚拟同步机（Virtual Synchronous Generator，VSG），基于预先设计的惯性常数 $H$ 和阻尼系数 $D$ 等效系数，电化学储能具备在系统突发频率变化时与传统同步机具有相同功效，实现惯量支撑。

### 3.2.2　储能在电网侧的作用

**（1）在大电网中的作用**

1）参与系统调峰。储能可以根据电网负荷特性，灵活进行充放电双向调节，具备 2 倍于自身装机容量的调峰能力，可作为解决"三北"地区调峰能力不足和新能源消纳困难的重要手段；另外，由于布置灵活，储能也可用于解决东中部局部地区用电高峰期供电紧张问题，降低负荷峰值。

2）提供快速调频资源。储能可提供优于常规燃煤机组的一次调频、AGC 等辅助服务，实现新能源的负荷跟踪/爬坡控制等多种功能，解决新能源出力随机性、间歇性问题，提供新能源高比例系统短时调频资源，提升新能源高渗透率下的电网稳定性。

3）提升交直流通道输送能力和效益。储能系统快速的有功及无功调节能力，有利于提升系统暂态频率稳定性。在特高压直流输电两端及交流受端近区配置储能进行暂态支撑，可减小交流故障引发的直流输电线路换相失败概率和范围，提升通道输送能力和经济效益。

4）优化潮流分布和缓解通道阻塞。通过储能运行状态切换，可以有效优化输电通道潮流分布，特别是在预测电网安全边界可能产生弃风弃光时，快速精准调节储能状态，缓解断面潮流越限和输电通道阻塞。

5）增加电网精准调控手段。以分布式形式接入电网不同节点的储能系统（如江苏和河南电网侧储能系统分别从 8 个和 16 个节点接入电网），通过多模式协调控制，既可整体对电网调节进行辅助优化，也可单点对局部电网进行调节支援，实现对电网运行的精准优化控制。

**（2）在配电网中的作用**

1）提升供电可靠性。结合储能对配电网进行灵活性规划，为部分单电源负荷配置储能装置并进行可靠性支撑，当配电网发生故障时，储能能够在短时内维持终端用户用电需求，避免电网故障修复过程中的供电中断，保证供电可靠性。

2）作为应急备用电源。分布式储能具有很强的灵活性，能够在出现各类突发事件时作为应急电源，实现按需调配，保证危急时刻局部重要地区电网供电的安全性和可靠性。适量的储能可以在分布式发电单元不能正常运行的情况下起备用作用。如在分布式太阳能系统不能发电的夜间，分布式风电系统在无风的情况下或者其他类型的分布式发电系统检修的情况下等，储能可以起到备用电源的作用。

3）延缓或替代配电设施改造升级。储能电站特别是分布式储能设施通过优化调用可有效提高配电设备利用率，延缓为满足短时最大负荷或网络阻塞而新增的电网建设投资。在负荷增长缓慢且季节性临时负荷较大的地区，可利用储能代替配电网升级改造。

4）解决偏远地区供电问题。在微电网中配置储能设施，可解决大电网无法延伸覆盖的偏远山区、海岛等的供电问题；储能配合分布式电源一体化建设，可有效解决配电网薄弱地区的低电压问题。

5）稳定系统输出，改善供电电能质量。与未采用储能装置的分布式发电单个用户相比，采用储能装置后用户的负荷曲线变得更加平滑、稳定。此时由分布式发电系统提供所需的平均负荷，储能提供短时峰值负荷。同时储能也能解决分布式电源中电压脉冲、涌流、电压跌落和瞬时供电中断等动态电能质量问题，对系统起稳定作用。

6）微电网和分布式发电广泛应用的关键支撑技术。一方面，提升分布式电源接入比例，实现有效解决分布式电源接入后引起的高、低电压问题；另一方面，与分布式电源组成微电网，通过分布式电源、储能和用户的协调控制实现三者的优化运行，提高用户电能质量，同时保障大电网短时故障下的可靠供电。

### 3.2.3 储能在用户侧的作用

目前储能系统在用户端的主要应用方式是分布式电源和储能的联合运行。通过分布式电源、储能和用户的协调控制实现三者的优化运行，提高用户电能质量，同时保障大电网短时故障下的可靠供电。分布式储能具有很强的灵活性，能够在应对各类突发事件时作为应急电源，实现按需调配，保证危急时刻局部重要地区电网供电的安全性和可靠性。其作用主要体现三个方面。

一是针对传统负荷，实施主导削峰填谷、需求响应和需量管理等。削峰填谷适用于峰时段用电量大的用户，是目前占比最大的商业化应用，通过"谷充峰放"降低用电成本，工作示意图如图 3-2a 所示；需求响应通过响应电网调度、帮助改变或推移用电负荷获取收益；需量管理则通过削减用电尖峰、降低需量电费获取收益，工作示意图如图 3-2b 所示。

二是开展光储一体、充储一体应用，提高分布式新能源开发利用规模。光储一体针对已有或新建光伏系统的用户，平滑光伏出力波动，减少对电网的冲击；"昼存夜用"，增加光伏发电自用比例，最大限度地降低弃光率，促进光伏消纳。充储一体适用于拥有充电站或充电设施的用户，是充电设施和电网之间能量/功率的缓冲，减少充电功率对电网的冲击，在充电用电有峰谷电价的地区降低用电成本。

三是提升供电可靠性，应用于不间断电源（UPS）和通信基站备用电源。UPS 适用于各类需要不间断供电的用户，通信基站需要配置备用电源，保证关键负荷用电。铅炭电池和锂离子电池现在已开始进入这一领域，与传统铅酸电池比，锂离子电池具有能量密度高、放电性能好和维护简单等优点。

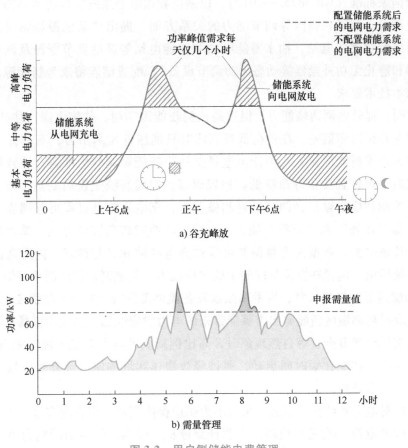

图 3-2　用户侧储能电费管理

## 3.3　储能在电力系统应用的功能定位

储能是新型电力系统的关键支撑技术和重要基础装备，对推动能源绿色转型、保障国家能源安全以及促进能源高质量发展具有重要意义。储能能够为电力系统运行提供调峰、调频、备用、黑启动和需求响应支撑等多种服务，是提升传统电力系统灵活性、经济性和安全性的重要手段；储能能够显著提高风、光等可再生能源的利用水平，支撑分布式电力及微电网，是推动主体能源由化石能源向可再生能源更替的关键技术；储能能够促进能源生产消费开放共享和灵活交易，实现多能互补，是构建新型电力系统、推动电力体制改革和促进能源电力新业态发展的关键技术。

**（1）储能是实现大规模新能源并网和利用的重要灵活性资源**

一方面，提高新能源涉网性能，使得新能源具备可调度性。通过储能技术实现新能源发电功率的平滑输出，有效调控新能源发电所引起的电网电压、频率及相位的变化，降低新能源发电输出电压波动对电网造成的影响，保障大规模风电及光伏发电并网的安全性，提高新能源的消纳能力。同时，新发布的《电力系统安全稳定标准》已由电力行业

27

标准升级为国家标准（GB 38755—2019），以适应我国电力系统发展的实际需求。在电源与电力系统调峰、调频和调压等调节能力的关系方面，提出"新能源场站应提高调节能力，必要时应配置燃气电站、抽水蓄能电站和储能电站等灵活调节资源及调相机、静止同步补偿器和静止无功补偿器等动态无功调节设备"。配置储能将成为新能源场站履行电源义务的基本技术要求。

另一方面，提升电网调峰能力，促进高比例新能源利用。传统电源往往建设周期长、进行调节时存在延迟和偏差，在负荷低谷调峰时只能压低技术出力，不具备"填谷"能力，为适应大规模新能源接入，须让出电量空间为新能源调峰做准备，导致机组利用率下降、爬坡启停频繁且设备寿命降低。相较而言，储能系统建设周期短，布置灵活，能够实现精准控制和稳定输出，调节延迟和偏差小，充电和放电过程可分别表现为负荷和电源同时具备"顶峰"和"填谷"能力，短时响应性能和爬坡能力强，单位容量储能调节速率优于传统电源。新型大容量储能可通过弃电存储和参与调峰，提升高比例新能源接入电力系统后电力电量在空间和时间上的平衡能力，促进高比例新能源消纳利用。

**（2）储能是保障极端天气、突发事故以及各类供需失衡下电力可靠供应的重要手段**

储能可应对局部地区新能源出力骤降带来的电力供应问题。当发生雷暴、洪水、台风和沙尘等极端天气或日全食等自然现象时，高比例新能源电力系统出现新能源机组脱网、停运或出力骤降，储能在短时间启动，通过释放快速爬坡的能力弥补供电缺口，为其他备用电源投入创造条件。

储能可应对电力系统突发事故带来的电力供应保障问题。因自然灾害、人为和机械设备故障等导致的电源、输配电线路发生非计划停机、停运，针对短时电力供应失衡，储能可对重要供电场所（如医院、交通系统和数据中心等）提供应急供电。

**（3）储能是保障"双高"电力系统安全稳定运行的重要支撑技术**

提供电力系统惯量支撑及一次调频。在高比例新能源和大容量直流接入地区，储能可解决高比例新能源和大容量直流接入可能带来的大功率不平衡量的冲击问题，提升同步电网的惯量支撑以及在电网大扰动后期的一次调频能力，有效降低电网频率越限和失稳风险。

纳入安控系统，提供紧急功率支撑。将储能纳入安控系统，可为系统提供紧急功率支援，提高交直流混联大区电网的稳定性，保障电网安全稳定运行，减小切负荷风险，一定程度上等效于释放馈入直流的输电能力。

作为快速调频资源，降低电网的调频容量。随着未来可再生能源电力在电网中的比重增加，电网中必须配备快速响应的电力资源，才能保证电力系统安全可靠运行。而区域内的调频资源越能快速、准确地响应电网的调度指令，则对系统越安全有利。从储能技术本身所具有的特性来看，储能具有快速（毫秒级）、精确控制充放电功率的能力，与传统调频手段相比，储能应用于电网调频具有一定的竞争优势。有报告指出，同等规模下，储能进行调频的效率是水电机组的1.7倍，是燃气机组的2.7倍，是火电机组和联合循环机组的近20倍。从实际项目的运行效果上看，储能可以有效降低电网的调频容量需求。

当大量常规机组容量从调频应用中解放出来时，既能提升机组的运行效率和使用寿命，又能促进其他辅助服务市场和能量市场的竞争。例如，美国的 PJM 电力调频市场，在系统频率控制指标和总体调频补偿费用不变的前提下，储能参与调频市场，降低了系统整体调频容量的 30%。

**（4）储能是提高输配电设施利用效率和经济性的重要解决方案**

满足地区短时尖峰负荷供电，释放电力输配电资源潜力。为了应对电网负荷峰谷差日益扩大和高峰负荷的不断增加，电网企业需要持续投资发输配电系统来满足尖峰负荷的需求，导致系统整体负荷率和资产的综合利用率偏低。利用先进大容量储能满足尖峰负荷供电需求，可延缓为满足短时最大负荷或网络阻塞而新增的电网建设投资。扩容配置简单灵活，将成为未来电网保障峰荷供电、节约基建投资及提高输变电设备利用率的刚性需求。储能尖峰供电示意图如图 3-3 所示。

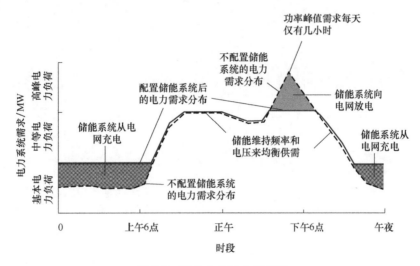

图 3-3　储能尖峰供电示意图

**（5）储能是分布式能源系统的重要组成单元**

电力储能系统是分布式能源系统的关键组成部分。分布式能源系统采用大量小型分布式发电单元，具有能源综合利用效率高和低污染等优点。但同时，由于线路和运行等原因造成的系统故障率会高于常规大型集中式电力系统，并且由于系统的容量较小，系统负荷的波动也将大幅增加。因此，采用储能系统作为备用电源和负荷平衡装置是分布式能源系统必须考虑的要素。

储能也是微电网、光储和光储充等新型能源利用系统的重要组成部分，是未来用户侧与电网灵活友好互动的关键技术，是推动用户端用能新模式、新业态和新技术发展的基础。

# 第二篇
## 技术及应用篇

# 第 **4** 章 典型新型大容量储能技术及发展趋势

## 4.1 先进压缩空气储能

### （1）技术特性与性能参数

压缩空气储能是一种能够实现大容量和长时间电能存储的电储能技术。传统压缩空气储能技术是基于燃气轮机技术发展起来的，与燃气轮机工作原理不同的是，压缩空气储能的压缩机和透平不同时工作，从而能够实现在用电低谷时通过压缩空气储存电能，在用电高峰时释放高压空气做功发电。传统压缩空气储能不是一项独立的技术，必须同燃气轮机电站配套使用，依赖燃烧化石燃料提供热源。

压缩空气储能技术具有容量大、储能周期长、经济性能好及运行寿命长等优点，适合用于电网调峰、备用以及可再生能源并网等领域。但是，传统大型压缩空气储能系统的能量转换效率低，对化石燃料依赖度高且对储气洞穴有较高要求，大大限制了其推广与应用。

为了解决传统压缩空气储能的一些问题，摆脱对化石燃料和地下洞穴等资源条件的限制，先进绝热压缩空气储能技术、液化空气储能技术、超临界压缩空气储能技术与可再生能源耦合的压缩空气储能技术等已成为现阶段国内外研发的重点方向和领域，不过这些技术目前基本还处于关键技术研究突破、实验室样机或小容量示范阶段。

传统压缩空气储能系统规模可以达到数百兆瓦，效率在 50% 左右，功率成本为 5600～8000 元/kW，能量成本为 2000～2500 元/（kW·h）（地质条件恶劣会导致成本增加）。不依赖化石燃料和地理资源条件的新型压缩空气储能规模在几兆瓦到百兆瓦之间，但功率密度和能量密度显著提升，能量转换效率可达 60% 以上，功率成本略高，在 12000～15000 元/kW 之间。压缩空气储能技术性能参数见表 4-1。

### （2）国内外技术发展及应用现状

世界上早期投入商业运行的两座大规模压缩空气储能电站，第一座是 1978 年投入商业运行的德国 Huntorf 电站，目前仍在运行中。机组的压缩机功率为 60MW，释能输出功率为 290MW，系统将压缩空气存储在地下 600m 的废弃矿洞中，矿洞总容积达 $3.1 \times 10^5 m^3$，压缩空气的压力最高可达 10MPa。机组可连续充气 8h，连续发电 2h。冷态起动至满负荷约需 6min，在 25% 负荷时的热耗比满负荷时高 211kJ，其排放量仅是同容量燃气轮机组的 1/3，但燃烧废气直接排入大气。该电站在 1979—1991 年期间共起动并网 5000 多次，平均可用率为 86.3%，容量系数平均为 33.0%~46.9%。

表 4-1　压缩空气储能技术性能参数

|  | 技术成熟度 | 能量密度/（W·h/L） | 功率密度/（W/L） | 能量转换效率（%） | 功率等级/MW | 持续放电时间/h | 自放电率（%/月） |
|---|---|---|---|---|---|---|---|
| 传统 | 商用 | 3~6 | 0.5~2.0 | 48~52 | 5~300 | 1~24 | 1 |
| 超临界 | 示范 | 90~100 | 6~30 | 52~65 | 1.5~100 | 1~24 | 1 |

|  | 服役年限 | 循环次数 | 起动时间/min | 响应速度/min | 功率成本/（元/kW） | 能量成本/[元/(kW·h)] | 运维成本/（元/kW） |
|---|---|---|---|---|---|---|---|
| 传统 | 30~50 年 | 上万次 | 6 | 1 | 6500~7000 | 2200~2500 | 65~100 |
| 超临界 | 30~50 年 | 上万次 | 6 | 1 | 6500~7000 | 2000~2500 | 160~200 |

数据来源：CNESA 专家委员会，压缩空气储能为 4h 系统，2019。

第二座是于 1991 年投入商业运行的美国亚拉巴马州的 McIntosh 压缩空气储能电站。其储气洞穴在地下 450m，总容积为 $5.6 \times 10^5 \ m^3$，压缩空气储气压力为 7.5MPa。该储能电站压缩机组功率为 50MW，发电功率为 110MW，可以实现连续 41h 空气压缩和 26h 发电，机组从起动到满负荷约需 9min。该机组增加了回热器用以吸收余热，提高了系统效率。该电站由亚拉巴马州电力公司的能源控制中心进行远距离自动控制。

另外，日本、意大利和以色列等国有压缩空气储能电站正在建设。而俄罗斯、法国、南非、卢森堡、韩国和英国都有实验室在进行研究压缩空气储能技术。

中国压缩空气储能技术研究虽然起步较晚，但发展很快。中国科学院工程热物理研究所在国际上首次提出并自主研发了超临界压缩空气储能系统，已建成 1.5MW 超临界压缩空气储能示范系统；清华大学正在安徽芜湖建设 5 万 kW 绝热压缩空气储能工程；中盐金坛正在常州建设 6 万 kW 盐穴绝热压缩空气储能工程；中储国能在张家口庙滩建设 100MW 压缩空气储能项目。截至 2020 年底，我国投运的压缩空气储能项目容量为 11.5MW。2020 年 6 月，中国科学院工程热物理研究所储能研发中心完成百兆瓦膨胀机的加工、集成和性能测试，标志着我国压缩空气储能大规模低成本应用取得重要突破。

**（3）关键技术及发展方向**

压缩空气储能系统的关键技术包括高效压缩机技术、膨胀机技术、燃烧室技术、储热技术、储气技术和系统集成与控制技术等。其中，压缩机和膨胀机是压缩空气储能系统核心部件，对整个系统的性能具有决定性影响。

技术突破方向：突破 10MW/100MW·h 和 100MW/800MW·h 的超临界压缩空气储能系统中宽负荷压缩机、多级高负荷透平膨胀机和紧凑式蓄热（冷）换热器等核心部件的结构与强度设计技术；突破大规模先进恒压压缩空气储能系统、太阳能热源压缩空气储能系统和利用 LNG 冷能压缩空气储能系统等新型系统的优化集成技术与动态能量管理技术；突破压缩空气储能系统集成及其与电力系统的耦合控制技术。

压缩空气储能技术发展方向：带储热的压缩空气储能技术、液态空气储能技术、超临界空气储能技术、与燃气蒸汽联合循环的压缩空气储能技术以及与可再生能源耦合的压缩空气储能技术等。具体包括：改进燃气轮机循环，应用回热技术；应用联合循环技术；机组和电站的大型化、自动化；用于分布式能量系统及热、电、冷联供，应用微型、小型燃气轮机组成的微型或小型压缩空气储能电站，可在投入较少的情况下，调节峰谷差，保证供电质量；进一步发展存储空间。

压缩空气储能技术的应用将向三个方向发展：一是小型化。与可再生能源发电系统匹配，有效减弱可再生能源先天性不稳定的影响；二是大型化。适用于电网，为地区的供电稳定性和安全性提供服务；三是微型化。特别是在生产工艺有大量余热又消耗大量电能的大型企业，建造微型超临界压缩空气储能系统，利用峰谷电价，减少企业生产成本。

总的来说，压缩空气储能技术基本成熟，是可与抽水蓄能方式相媲美的大规模储电技术。由于储电规模大，成本低，在风力发电、光伏发电快速发展的大背景下，压缩空气储能技术已经获得广泛的认可，不同形式的压缩空气储能将获得长足发展，以满足电网、用户不同级别的储电需求。压缩空气储能发展目标见表 4-2。

表 4-2  压缩空气储能发展目标

| 储能技术 | 2030 年目标 |
| --- | --- |
| 压缩空气储能 | 重点研发用于高温储热的绝热材料，要求：稳定，耐热，便宜，高热容量，良好的导电性和长寿命<br>实现百兆瓦级系统的集成与示范，推进产业化<br>液化气系统投资成本降至 210~280 美元/（kW·h）之间 |

预计到 2025 年，实现大型压缩空气关键技术研究突破和小型压缩空气储能分布式示范应用，效率达到 70%，能量成本降至 1800~3000 元/（kW·h）；预计到 2030 年，实现 10MW 级产业应用和百兆瓦级示范，效率达到 80%，成本降至 800~1000 元/（kW·h）。

## 4.2  飞轮储能

**（1）技术特性与性能参数**

飞轮储能是利用互逆式双向电机（电动机/发电机）实现电能与高速旋转飞轮的机械能之间相互转换的一种储能技术。飞轮储能非常适用于电力调频、轨道制动能量回收和企业级 UPS 等领域。但是飞轮储能系统的能量密度低，只可持续几秒至几分钟，不适宜能量型应用，且由于轴承的磨损和空气的阻力，具有一定的自放电现象。高速飞轮储能技术的性能参数见表 4-3。

表 4-3　高速飞轮储能技术性能参数

| 技术成熟度 | 能量密度/<br>（W·h/kg） | 功率密度/<br>（W/kg） | 能量转换<br>效率（%） | 功率等级/MW | 持续放电时间 | 自放电率<br>（%/月） |
|---|---|---|---|---|---|---|
| 商用 | 32 | 4500 | >95 | 0～20 | 秒至分钟 | 100 |
| 服役年限 | 循环次数 | 起动时间/ms | 响应速度/ms | 功率成本/<br>（元/kW） | 能量成本/<br>［元/(kW·h)］ | 运维成本/<br>（元/kW） |
| 20 年 | 百万次以上 | <2 | <2 | 1700～2000 | 44000～450000 | 50～100 |

数据来源：CNESA 专家委员会，2019。

**（2）国内外技术发展及应用**

近 20 多年来，全球飞轮储能技术的研究和开发主要集中在美国、欧洲和日本，在飞轮基础理论研究、相关原材料研究和制造、飞轮储能产品的工业化开发和制造及飞轮储能解决方案等方面，这些地区较其他国家和地区都远远领先，但飞轮储能技术尚在示范应用的初期。

美国是在飞轮储能领域中投资最多、规模最大、进展最快的国家。美国 Active Power 公司的 100～2000kW Clean Source 系列 UPS、Pentadyne 公司的 65～1000kV·A VSS 系列 UPS、Beacon Power 公司的 25MW Smart Energy Matrix、波音公司 Phantom 工厂的采用高温超导磁浮轴承的 100kW/5kW·h 飞轮储能装置以及 SatCon Technology 公司的 315～2200kV·A 系列 Rotary UPS 已经开始应用于电力系统稳定控制、电力质量改善和电力调峰等领域。美国的 Viata Tech Engineering 公司也将飞轮引入到风力发电系统，实现全频调峰，飞轮机组的发电功率为 300kW。

欧洲国家中，对飞轮技术研究最深入的是德国和英国，此外包括法国、意大利等国也在飞轮技术领域有较大的投入。德国 20 世纪 80 年代就已经开始进行飞轮储能技术和产品的研究；1996 年，Piller 公司推出了基于低速钢质飞轮储能技术的 UPS；2005 年，德国教育及研究部资助了 250kW/5kW·h 研究项目。英国很早就在飞轮的研究和应用领域进行了尝试，2001 年 4 月，Urenco 集团英国公司与伦敦地铁、保富铁路有限公司及西伯特电力网合作开展商业化应用的试验，此后还在纽约地铁、里昂地铁和中国香港城市巴士试验飞轮产品，用作电力调压和制动能量回收。

日本在高强度碳纤维材料、高温超导材料等方面具有很高的研究和制造水平，客观上为飞轮技术的发展提供了很好的支持。日本对飞轮储能技术的研究开展得很早，至今全球最大的飞轮储能就是日本 1984 年建设的 215MW/1.1MW·h 的飞轮系统。1992 年日本在一家钢铁公司试验 26.5MW/58kW·h 的磁悬浮飞轮储能系统，用于缓解冲击负荷对电网的影响。此外，几乎是在开展传统飞轮技术研究的同时，日本多家研究机构和企业也在开展超导磁悬浮飞轮的研究，并在 20 世纪八九十年代陆续推出低温超导磁悬浮和高温超导磁悬浮飞轮储能实验系统。除了日本企业界对飞轮技术投入大量资源以外，日本 NEDO 从 1993 年开始至今一直对日本企业的飞轮研究项目进行资金支持。

我国在飞轮技术和产品方面较国际领先水平还有较大差距，尤其在超导磁悬浮技术方面的差距更大。近年来，国内一些公司和研究机构也投入了飞轮储能商业化产品的研究，包括深圳飞能和北京奇峰聚能等公司。2014年6月，中国电力科学研究院与华中科技大学共同完成了基于复合材料的1.3kW·h/15000r/min飞轮储能样机的研制和相关试验，为飞轮储能技术在电网中的应用和推广奠定了基础。国内沈阳微控新能源技术有限公司、北京泓慧国际能源技术发展有限公司和中核西南物理研究所等都有部分飞轮产品投入示范应用，主要集中在石油钻井行业、轨道交通领域和UPS备用电源等。

**（3）关键技术及发展方向**

关键技术：从提高飞轮的转速和降低飞轮旋转时的损耗方面考虑，飞轮储能的关键技术与挑战主要集中在三方面，包括磁悬浮轴承、高强度复合材料（一般为高强度的碳素纤维）和电力电子技术。

技术突破方向：发展10MW/1000MJ飞轮储能单机及阵列装备制造技术。突破大型飞轮电机轴系、重型磁悬浮轴承、大容量微型控制器以及大功率高效电机制造技术；突破飞轮储能单机集成设计、阵列系统设计集成技术。

未来，飞轮储能技术主要在企业级UPS、轨道交通制动能量回收、电网频率调节、卫星和空间站姿态控制等领域发挥重要作用，特别是飞轮与电池储能组成的混合储能系统在电储能领域的应用前景可期。

飞轮储能发展目标见表4-4。

表4-4　飞轮储能发展目标

| 储能技术 | 2030年目标 |
| --- | --- |
| 飞轮储能 | 减少摩擦损耗，同时提高转速度，以提高储能容量（>10kW·h）大规模的工程示范<br>耐受强离心力的高强度复合材料<br>转子制造成本降至30000元/（kW·h）以下 |

预计到2025年，实现100kW~1MW级电能质量（不间断电源）商业应用，效率达到85%，功率成本降至1400~1700元/kW；预计到2030年，实现兆瓦级飞轮系统在调频辅助服务等领域的示范，效率达到90%，成本降至1000~1400元/kW。

## 4.3　先进铅蓄电池

**（1）技术特性与性能参数**

铅蓄电池是指电极由铅及其氧化物制成，电解液是硫酸溶液的一种蓄电池。传统铅蓄电池的开发与应用已有100多年的历史，是最早规模化使用的二次电池，产业链相对成熟，具有价格低廉、技术成熟、工作温度宽、性能可靠、适应性强并可制成密封免维护结构等优点，已在交通运输、通信、国防和航空等领域得到成熟应用。但由于深度、快速和大功率放电时，可用容量下降，具有能量密度低、循环寿命低（低于800次）及易造成环境污染等缺点，制约了其在电力系统的广泛应用。

近年来，许多企业正在致力于开发性能更加优异的先进铅蓄电池，将具有超级活性的碳材料添加到铅蓄电池的负极板上，使其循环寿命比传统铅蓄电池高很多，已经开发的电池类型包括铅炭电池、超级电池等，适用于电网级储能、削峰填谷和备用电源等应用。传统铅蓄电池和以铅炭电池为代表的先进铅蓄电池的主要性能参数见表4-5。

铅炭电池兼具传统铅酸电池与超级电容器的特点，能够大幅度改善传统铅酸蓄电池各方面的性能，其技术优点是：①充电倍率高；②循环寿命长，是普通铅酸电池的4~5倍；③安全性好；④再生利用率高（可达97%），远高于其他化学电池；⑤原材料资源丰富，成本较低，为传统铅酸电池的1.5倍左右。

表 4-5　铅蓄电池的主要性能参数

| | 技术成熟度 | 能量密度/<br>(W·h/kg) | 功率密度/<br>(W/kg) | 能量转换<br>效率（%） | 功率等级/MW | 持续放电时间 | 自放电率<br>(%/月) |
|---|---|---|---|---|---|---|---|
| 传统铅蓄电池 | 商用 | 30~40 | <150 | 70~85 | 0~20 | 分钟至小时 | 1 |
| 铅炭电池 | 示范 | 40~50 | 150~500 | 70~85 | 0~20 | 分钟至小时 | 1 |
| | 服役<br>年限 | 循环次数①<br>/次 | 起动时间/s | 响应速度/ms | 功率成本/<br>(元/kW) | 能量成本/<br>[元/(kW·h)] | 运维成本/<br>(元/kW) |
| 传统铅蓄电池 | 5 年 | 200~800 | <1 | <10 | 500~1000 | 500~1000 | 15~50 |
| 铅炭电池 | 5~8 年 | 1000~3000 | <1 | <10 | 6400~10400 | 800~1300 | 192~520 |

① 放电深度为60% DOD 时的循环次数，适用的充放电倍率范围为 0.2C-1C。

数据来源：CNESA 专家委员会，传统铅蓄电池为1h 系统，铅炭电池为8h 系统，2019。

### (2) 国内外技术发展及应用

美国、日本对铅蓄电池的研发投入力度较大，特别是铅炭电池。目前国际上关于铅炭电池技术研究的代表性机构是澳大利亚联邦科学及工业研究组织（CSIRO）、美国东宾公司、日本古河公司与日立公司等。铅炭电池是 CSIRO 在 2004 年首先提出的，之后日本古河公司和美国东宾公司获得 CSIRO 的专利授权，开始超级蓄电池的研究开发工作。2011年在美国能源部（DOE）资助下，宾夕法尼亚州 Lyon Station 储能示范项目中采用了东宾公司的 3MW/1~4MW·h 铅炭超级电池储能系统，用于对美国 PJM 电网提供 3MW 的连续频率调节服务；澳大利亚新南威尔士州汉普顿风电场也采用了 500kW/2.5MW·h 铅炭超级电池储能系统，用于平滑风力发电波动。

国内在铅炭电池研究上起步较晚，代表性研究机构主要有中国电力科学研究院、解放军防化研究院和浙江南都电源公司等单位。2013 年中国电力科学研究院和浙江南都电源公司合作对铅炭电池关键碳材料作用机理及匹配技术进行了初步探索。

铅炭电池虽然优点显著，但也存在一些问题。一是碳材料的种类和添加量尚不明确。不同碳材料由于粒径、比表面积、孔隙率和导电性等不同，在铅炭电池中发挥的作用也不相同，但是目前对于这些因素的影响效果仍然没有明确的定论，需要深入的探索。二是负极析氢反应缩短电池循环寿命。在铅炭电池负极中加入低析氢过电位的碳材料，会引发充放电过程中负极剧烈的析氢反应，导致电解液干涸，电池循环寿命缩短。三是工艺有待进一步优化。比如：碳材料密度远远小于铅粉，两者的结合将增加负极板孔隙率，导致极板发生不同程度的氧化；碳材料与活性物质铅混合不均匀影响涂膏的稳定性等。

**（3）关键技术及发展方向**

铅蓄电池的关键技术包括板栅合金的制备技术、板栅分区设计、活性物质与电解液的配比和超强壳体材料的制备技术等。对于以铅炭电池为代表的先进铅蓄电池，主要挑战在于由碳材料引入所产生的一系列问题，包括碳材料析氢（容易引发电池失水造成失效）、渗碳和自放电等问题。

铅蓄电池未来的主要发展方向在于优化电池关键原材料的制备技术，改进电池结构设计和制造工艺，提升电池工况适用范围等；在新型铅蓄电池方面，铅炭电池、超级铅蓄电池和水平铅蓄电池等技术有望使铅蓄电池在储能密度和循环寿命上有所突破，也是未来主要的发展趋势。近期重点突破比能量 $>55W \cdot h/kg$、循环寿命 $>5000$ 次（80%DOD）的铅炭储能电池技术。

预计到2025年，铅炭电池系统集成后应用成本可降至 $1000 \sim 1200$ 元/（$kW \cdot h$）；预计到2030年，可实现高性能铅炭电池商业化应用，效率达到 86% $\sim$ 90%，成本降至 $800 \sim 900$ 元/（$kW \cdot h$）。

## 4.4 锂离子电池

锂离子电池是指以含锂的化合物做正极，在充放电过程中，通过锂离子在电池正负极之间的往返脱出和嵌入实现充放电的一种二次电池。锂离子电池具有储能密度高、充放电效率高、响应速度快和产业链完整等优点，是最近几年发展最快的电化学储能技术。目前，锂离子电池几乎已成为世界上应用最为广泛的电池储能技术，可以应用在电力系统发、输、配、用的各个环节。近年来，锂离子电池技术发展很快，特别是电动汽车的快速发展，加速了锂离子电池的规模化生产，使其价格迅速下降，在电力系统中的应用也越来越多。

随着技术的发展，锂离子电池已形成多种体系，包括钴酸锂电池、锰酸锂电池、磷酸铁锂电池、钛酸锂电池、三元材料锂电池和聚合物锂电池等。钴酸锂电池已广泛地应用在手机、笔记本计算机等小型移动设备上；锰酸锂电池是热门的电动汽车电池备选技术，在全球的动力电池领域占有重要地位；磷酸铁锂电池是目前应用最多的电动汽车电池技术之一，也是电化学储能的热门技术之一。

锂离子电池是能量比最高的一类化学电池储能技术，有多种材料可以用于它的正极和负极，而在电力系统中应用较多的锂离子电池主要包括磷酸铁锂电池、钛酸锂电池和镍钴锰酸锂电池。其中，磷酸铁锂电池具有稳定性高、安全性好和循环寿命长等优点，是目前国内最热门的动力电池技术之一，也是电力系统应用最多的锂电技术；钛酸锂电池虽然目前成本较高，但因其有安全性高、循环寿命长和倍率高等优点，有可能成为未来锂离子电池发展的方向；镍钴锰酸锂电池的能量密度和功率密度均较高，在车用动力电池领域应用较多，近年来在调频辅助服务等领域中的应用也逐渐增多。主要的性能参数见表4-6。

表 4-6　锂离子电池性能参数

| | 技术成熟度 | 能量密度/<br>(W·h/kg) | 功率密度/<br>(W/kg) | 能量转换<br>效率(%) | 功率等级/MW | 持续放电时间 | 自放电率/<br>(%/月) |
|---|---|---|---|---|---|---|---|
| 磷酸铁锂电池 | 示范-商用 | 150 | 1500~2000 | 90~95 | 0~32 | 分钟至小时 | 1.5 |
| 钛酸锂电池 | 示范-商用 | 110 | 3000 | >95 | 0~32 | 分钟至小时 | 2 |
| 镍钴锰酸锂电池 | 示范-商用 | 220 | 3000 | >95 | 0~32 | 分钟至小时 | 2 |

| | 服役年限/年 | 循环<br>次数①/次 | 起动时间 | 响应速度 | 功率成本/<br>(元/kW) | 能量成本/<br>[元/(kW·h)] | 运维成本/<br>(元/kW) |
|---|---|---|---|---|---|---|---|
| 磷酸铁锂电池 | 8 | 3000~5000 | 毫秒级 | 毫秒级 | 3200~5800 | 1600~2900 | 96~290 |
| 钛酸锂电池 | 10 | 6000 | 毫秒级 | 毫秒级 | 9000 | 4500 | 270~450 |
| 镍钴锰酸锂电池 | 8 | 5000~6000 | 毫秒级 | 毫秒级 | 4000~5000 | 2000~2500 | 120~250 |

① 放电深度为 80% DOD 时的循环次数，适用的充放电倍率范围为 0.5C~5C。

资料来源：CNESA 专家委员会，2018。

**(1) 国内外技术发展及应用**

日本企业在锰酸锂电池领域开发应用最早，技术最为领先，包括索尼、三洋（已和松下合并）和日产 AESC 公司等都在大力发展锰酸锂电池；韩国企业在锰酸锂电池领域投入巨大，紧跟日本企业，三星 SDI 和 LG 化学已经具备相当的实力。以比亚迪、力神和比克等企业为代表的中国企业积极投入了磷酸铁锂电池的生产，但就产品性能方面，北美企业的产品目前仍然全球领先，标志性企业是美国 A123 公司，该公司的产品在低温性能、倍率性能和循环寿命等方面明显领先于其他企业的产品。

锂离子电池已广泛应用在电力系统的各个环节，包括发电侧保证大规模可再生能源的稳定输出，电网侧参与调频辅助服务，配电网及用户侧调节峰值负荷、节省电力成本，此外还可以用于电动汽车的动力电池（或者退役电池），作为一种储能单元应用于电力系统。

在目前世界各国的锂离子电池储能示范工程中，除了安全隐患问题，锂离子电池还存在的主要问题仍然是寿命和成本问题，主要原因是由于目前用于储能示范工程的锂离子电池仍是针对电动汽车应用的动力电池技术需求而开发的，以动力电池本体为基础开发面向电力系统的应用技术（包括储能电池成组技术以及监控技术等），并未涉及电池本体的针对性研发，因此导致电池本体性能与应用在寿命、成本及安全性方面的需求差距较大。

**(2) 关键技术及发展方向**

锂离子电池技术研发方向主要集中在进一步提高其使用寿命和安全性、降低成本，正负极材料、快充技术、半固态电池技术是当前技术研发的重点。其中，电极材料是锂离子电池的关键技术，与电池成本和性能密切相关。

在正极材料方面，从短期发展来看，高镍主流材料为 NCM811，随着对能量密度要求的进一步提升，Ni88、Ni90、Ni92 等正极材料已实现研发和量产，Ni96 等超高镍产品（镍含量≥90%）正在研发中。高镍/超高镍搭配硅碳新型负极，电芯的质量能量密度达到了 350~400W·h/kg。在负极材料方面，纳米硅碳负极材料实现了高首效、长寿命、低膨胀。在半固态电池研发方面，蔚来发布了基于原位固态化技术的 150kW·h 的动力锂电池技术，电芯能量密度达 360W·h/kg 以上。北京卫蓝新能源与浙江锋锂开发的混合固液电解质锂离子储能电池也达到了一万次的循环寿命，并实现了 100kW·h 的小型储能系统的示范。

在未来锂离子电池的发展中，需要进一步发展比容量高、循环性能优异且成本低廉的关键电极材料，优化正极、负极和电解质溶液的匹配技术和电池制造工艺，显著提升锂离子电池的循环寿命和安全特性，进一步降低电池成本。

预计到 2025 年，锂电池可实现百兆瓦级储能系统的商业应用，磷酸铁锂电芯成本降至 600~800 元/(kW·h)，系统集成后的应用成本为 1000~1500 元/(kW·h)，电站全寿命周期度电成本为 0.4~0.6 元/(kW·h)；预计到 2030 年，系统成本降至 700~1000 元/(kW·h)。

## 4.5 液流电池

### (1) 技术特性与性能参数

液流电池是通过可溶电堆在惰性电极上发生电化学反应而完成储电放电的一类电池。与其他二次化学电池不同，一方面液流电池须使用泵来保证电池的正常运行；另一方面液流电池的功率和容量分别由电堆大小和电解液中活性物质的数量来决定。

液流电池具有安全性高、寿命长、规模大等优点，在大规模储能领域具有良好的应用前景。液流电池主要包括全钒液流电池、锌溴液流电池、铁铬液流电池和多硫化钠/溴液流电池四种类型。前两类的应用较多，其中，全钒液流电池的寿命长，循环次数可达10000 次以上，但能量密度和功率密度与其他电池相比要低，响应时间没有优势；相比全钒液流电池，锌溴液流电池则具有能量密度高、成本低及可频繁进行深度放电等优点，但也存在因电极反应产生络合物而引起自放电率高的问题。这两类液流电池的主要性能参数见表 4-7。其中，全钒体系发展比较成熟，具备兆瓦级系统生产能力，已建成多个兆瓦级工程示范项目。

表 4-7 液流电池的性能参数

| | 技术成熟度 | 能量密度/<br>(W·h/kg) | 功率密度/<br>(W/kg) | 能量转换<br>效率（%） | 功率等级/MV | 持续放电时间 | 自放电率/<br>(%/月) |
|---|---|---|---|---|---|---|---|
| 全钒液流电池 | 示范 | 7-15 | 10-40 | 75~85 | 0.03~10 | 分钟至小时 | 低 |
| 锌溴液流电池 | 示范 | 65 | 200 | 75~80 | 0.05~2 | 分钟至小时 | 10 |
| | 服役年限/年 | 循环次数/次 | 启动时间 | 响应速度 | 功率成本/<br>(元/kW) | 能量成本/<br>[元/(kW·h)] | 运维成本/<br>(元/kW) |
| 全钒液流电池 | 15 | >10000 | 秒级 | 毫秒级 | 17500~19500 | 3500~3900 | 175~585 |
| 锌溴液流电池 | 10 | 5000 | 秒级 | 毫秒级 | 12500~15000 | 2500~3000 | 375~750 |

数据来源：CNESA 专家委员会数据，均为 5h 系统。

全钒液流电池具有如下优点：一是安全性好，在常温、常压条件下工作，无潜在的爆炸或着火危险；二是电池使用寿命长，钒电池活性物质存在于液体中，充放电时无其他电池常有的物相变化，可深度放电而不损坏电池；三是性能优良，能量效率可达75%~80%，启动速度快，运行过程中充放电状态切换只需要0.02s；四是设计灵活，输出功率取决于电池堆的大小，储能容量取决于电解液储量和浓度，功率和容量独立设计；五是运维成本低，系统可全自动封闭运行，无污染，维护操作简单，不需要贵金属做电极催化剂。

**（2）国内外技术发展及应用**

全钒液流电池主要应用于调峰、大规模可再生能源并网、不间断电源和应急电源等领域。经过20多年的发展，钒电池到目前已经基本形成稳定的技术体系，先后有一些企业推出了工业化或者准工业化的产品，并已经有了一些实际的应用案例。全球范围内能够提供工业化钒电池产品的厂商有日本住友电工、美国 UniEnergy Technology、美国 Imergy Power 和国内的大连融科等。2005 年，日本住友电工公司在 Subaru 风电场安装 4MW/6MW·h 储能系统；2010 年以来，北京普能公司 500kW/1MW·h 和 2MW/8MW·h 全钒液流电池系统分别应用在张北国家风电检测中心和国家风光储输示范项目一期工程；2012 年 7 月，住友电工公司在日本横滨建造了一座由峰值功率 200kW 聚光型太阳能发电设备（CPV）和一套 1MW/5MW·h 全钒液流电池储能系统构成的并与外部商业电网连接的电站。2013 年，大连融科公司 5MW/10MW·h 全钒液流电池系统应用在龙源电力股份有限公司卧牛石风电场。

锌溴液流电池则主要应用在用户侧领域，包括工/商业用户、偏远地区和军方等，美国 ZBB 是该技术的代表厂商，在中国也设立了合资公司——安徽美能，专注于部署国内锌溴液流电池项目。

目前，全钒液流电池主要应用在对储能系统占地要求不高的大型可再生能源发电系统中，用于跟踪计划发电、平滑输出等提升可再生能源发电接入电网能力。在全钒液流电池示范工程的应用中，国内外普遍面临能量效率低、成本高等问题，除此之外国内还需要解决系统可靠性和关键材料国产化等问题。

**（3）关键技术及发展方向**

全钒液流电池的技术突破主要集中在关键材料制备与成本控制方面，包括高稳定性电解液、高选择性低成本离子交换膜和高反应活性电极等。此外，关键材料的批量化制备能力，也是液流电池实现产业化的关键。

锌溴液流电池的技术突破主要集中在关键材料制备和系统集成工艺方面，包括：控制电解液组成；电堆设计及运行策略；集成工艺产业化过程中保证产品的一致性和可靠性。

目前液流电池主要技术发展趋势在于更高的电解液稳定性、更好的离子交换膜选择性、更强的电极反应活性、以及更低成本的批量化制备技术。从整体上看，液流电池在全球逐渐开展了多项电网级示范项目，作为调频、移峰等电力市场辅助服务设备，在关键时满足临时扩容需求应用，技术已经具备了一定的成熟度，但产品需要市场的进一步认可。

预计到 2025 年，可实现百兆瓦级储能系统的商业应用，系统集成成本降至 2800~3000 元/（kW·h）；预计到 2030 年，系统集成成本降至 2200~2500 元/（kW·h）。

## 4.6 钠电池

### （1）技术特性与性能参数

钠硫电池是熔融盐电池的一种。熔融盐电池是采用电池本身的加热系统把不导电的固体状态盐类电解质加热熔融，使电解质呈离子型导体而进入工作状态的一类电池，也称为热电池。其电解质是两元或多元熔融盐共熔体，在常温下不导电，电池处于非工作状态，这也是其与一般水溶液电解质化学电池的主要差异。熔融盐电池只有电池处在特定的条件下，例如某些熔融盐电池在温度达 300℃ 以上时，电解质熔融以后，电池才进入工作状态，输出电能。

钠硫电池具有能量密度高、功率特性好和循环寿命长等优点，已发展成为兆瓦级化学储能技术中最成熟的一类技术、并已实现商业化运行。但由于它使用了易燃物质金属钠，又在高温（300~350℃）条件下运行，存在一定的风险。钠硫电池的性能参数见表 4-8。

表 4-8　钠硫电池性能参数

| 技术成熟度 | 能量密度/<br>（W·h/kg） | 功率密度/<br>（W/kg） | 能量转换<br>效率（%） | 功率等级/<br>MW | 持续放电时间 | 自放电率 |
|---|---|---|---|---|---|---|
| 商用 | 88 | 16.6 | 87 | 0~50 | 分钟至小时 | 0 |
| 服役年限/年 | 循环次数①/次 | 起动时间 | 响应速度 | 功率成本/<br>（元/kW） | 能量成本/<br>[元/（kW·h）] | 运维成本/<br>（元/kW） |
| 15 | 4500 | 毫秒级 | 毫秒级 | 13200~13800 | 2200~2300 | 390~690 |

① 满充满放时的循环次数。

数据来源：CNESA 专家委员会，钠硫电池为 33kW 模块，6h 系统。

钠离子电池是最接近锂离子电池的化学储能技术，虽然在储能密度、技术成熟度等方面同锂离子电池还有差距，但由于其资源丰富、低温性能好、充放电速度快等优点，特别是随着锂资源问题热度的提高，钠离子电池受到了储能领域的高度关注。

### （2）国内外技术发展及应用

目前只有日本实现了钠硫电池的商业化运行，虽然我国已在大容量钠硫电池关键技术上取得了一定突破，但离真正的产业化还有一定距离。

目前的钠硫电池储能技术还存在着不足，尤其是其运行温度必须维持在 300~350℃的苛刻的运行条件，需要附加供热设备来维持这一温度。钠硫电池运行费用低，同时对制造材料和电池结构的要求较高，使其拥有较高的制造成本，这成为阻碍钠硫电池发展的技术性障碍。不能准确地在线测量钠硫电池的充放电状态，也是钠硫电池运行控制的又一个困难。

钠电池中的水系钠离子电池和钠盐电池最有希望解决大规模储能应用的难题。中国科学院物理所、宁德时代、上海交通大学等单位长期致力于钠离子电池技术研发与产业化。2021 年，我国钠离子电池单体电池和电池系统关键技术方面取得了多项重要进展，包括低成本及高性能正负极核心材料制备放大技术、电解液/隔膜体系优选技术、电芯安全可靠性设计技术、高安全、高倍率和宽温电芯设计制造技术、电池正负极材料的评价技术、大圆柱及大方形铝壳电芯的制造工艺技术、电池的安全性设计与评价技术、电池大规模筛选及成组技术等，并建立了失效分析数据库。钠离子电池的能量密度已达到 145W·h/kg；2C/2C 倍率下循环 4500 次后容量保持率>83%。2021 年，中科海钠、钠创新能源等企业建成了百吨级钠离子电池正极、负极和电解液材料中试生产线，中科海钠还正在建设千吨级负极材料生产线和电芯线。宁德时代（CATL）发布了钠离子电池技术，预计能量密度可达 160W·h/kg，引起储能领域广泛关注。2021 年，在中国科学院 A 类战略性先导科技专项大规模储能关键技术与应用示范项目的支持下，中国科学院物理所与中科海钠在山西太原综改区推出了全球首套 1MW·h 钠离子电池光储充智能微网示范系统，并成功投入运行。此次钠离子电池示范系统的研制成功，以及宁德时代钠离子电池技术的发布，标志着我国钠离子电池技术已走在了世界前列。

**（3）关键技术及发展方向**

钠硫电池最为关键的技术是 Na-beta-Al$_2$O$_3$ 离子导电陶瓷管的制备技术，它是钠硫电池最核心的部件，也是决定钠硫电池能否研发成功的关键因素之一。此外，钠硫电池还面临着解决运行安全性、热量控制和管理、集成模块协调性和电源管理等问题的挑战。

钠硫电池未来的研究方向和发展趋势包括陶瓷管高质量与批量化生产、新型玻璃陶瓷技术、解决热量控制及管理问题，集成模块协调性以及电源管理等。

正极、负极和电解质材料作为钠离子电池的关键材料是当前基础研究的热点方向。正极材料研究主要分为三类：一是层状过渡金属氧化物（NaxMO$_2$）；二是聚阴离子类化合物；三是普鲁士蓝类正极材料，目前研究较多的为铁氰化物类，但该类材料结晶水难以去除，压实密度较低，制备过程污染大、规模化应用还面临一定难度。在负极材料方面，目前接近实用化的是硬碳材料。无定形碳基材料因资源丰富、综合性能优异，有望近期实现应用。零应变钛基材料也获得广泛关注，其中 Na0.66[Li0.22Ti0.78]O$_2$ 的可逆比容量约 110mA·h/g，循环性能优异。在电解质方面，目前仍沿用锂离子电池在有机溶剂中加入盐和添加剂的配方，因钠离子具有较低的溶剂化能，使得使用低盐浓度电解液进一步降低电池成本成为可能。此外，在正负极材料与电解质间获得离子传输性能好且电子绝缘的薄而致密的固体电解质界面膜也是研究的热点和重点。

预计到 2025 年，系统成本降至 2100～2200 元/(kW·h)；预计到 2030 年，系统成本降至 1500～2000 元/(kW·h)。

# 第 5 章 典型新型大容量储能技术经济特性比较

## 5.1 典型新型储能技术特性分析

对于电网应用而言，储能系统的基本技术特征体现在功率等级及储能时长上，储能的时移特性将改变传统电力系统即发即用时时平衡的特性，是储能技术价值的重要体现，是电储能特有的技术特征。

从面向电力系统的应用而言，储能技术至少需要达到兆瓦级、兆瓦时级的规模，在具体应用中，影响储能系统能量密度的储能设备体积和质量是重要的考虑因素。体积能量密度影响占地面积和空间，质量能量密度则反映了对设备载体的要求。

### （1）功率/能量指标

功率/能量指标主要用于反映储能储存和释放功率/能量的能力大小及能量密度，是评判储能技术在某个领域是否适用的一类重要考量指标。

指标主要包括质量功率密度、体积功率密度、质量能量密度、体积能量密度、输出功率上限、输出功率下限和输出能量上限等。指标的定义详见表 5-1。

表 5-1  储能功率/能量指标

| 序号 | 指标名称 | 定义 | 备注 |
|---|---|---|---|
| 1 | 质量功率密度/（W/kg） | 单位质量输出的功率 | 液流电池考虑电堆 |
| 2 | 体积功率密度/（W/L） | 单位体积输出的功率 | |
| 3 | 质量能量密度/（W·h/kg） | 单位质量所能输出的电能 | 液流电池考虑电解液 |
| 4 | 体积能量密度/（W·h/L） | 单位体积所能输出的电能 | |
| 5 | 输出功率上限/kW | 在应用系统中所能输出的最大功率 | |
| 6 | 输出功率下限/kW | 保证电池可以正常工作时的最低功率 | |
| 7 | 输出能量上限/（kW·h） | 在应用系统中所能输出的最大能量 | |
| 8 | 集成功率等级/MW | 储能系统的总功率，反映储能系统的额度功率等级 | |

### （2）静态技术特性指标

静态技术特性指标主要用于反映储能技术本体及系统的静态技术特性，是由储能技术本身的原理、结构和材料等决定的，而与其运行状态关系不密切。

指标主要包括最大充电速度、最大放电速度、循环寿命和服役年限。指标的定义详见表 5-2。

表 5-2　静态技术特性指标

| 序号 | 指标名称 | 定义 |
|---|---|---|
| 1 | 最大充电速度 | 标准工况条件下（室温 25℃，1atm）的最大充电速度（用 C 率表示） |
| 2 | 最大放电速度 | 标准工况条件下（室温 25℃，1atm）的最大放电速度（用 C 率表示） |
| 3 | 循环寿命/次 | 以电池的额定容量为标准，电池放电深度 100%时的充放电次数 |
| 4 | 服役年限/年 | 电池的工作年限 |

注：1atm=101.325kPa。

**（3）动态技术特性指标**

动态技术特性指标主要用于反映储能技术在运行过程中的动态技术特性，可以评价储能技术的运行特性。

指标主要包括起动时间、响应速度、运行温度、运行灵活性、系统可靠性和运行安全性。其中后三项指标为定性指标，指标的定义详见表 5-3。

表 5-3　动态技术特性指标

| 序号 | 指标名称 | 定义 |
|---|---|---|
| 1 | 起动时间/(s，ms，min) | 从停机状态到额定功率输出时所需的时间 |
| 2 | 响应速度/(s，ms，min) | 从空载状态到正常运行时的响应速度 |
| 3 | 运行温度/℃ | 保证电池正常工作的温度范围 |
| 4 | 运行灵活性 | 以系统响应电网调度的灵活程度作为评判标准 |
| 5 | 系统可靠性 | 以系统平均连续运行时间长短、故障发生频率多少等作为评判标准 |
| 6 | 运行安全性 | 在标准工况下和极端工况下，以电池系统本身以及对电网和工作人员引起安全问题的发生概率及严重程度作为评判标准 |

## 5.1.1　关键指标选取

考虑电力系统应用需求，选择集成功率等级、持续放电时间、充放电倍率、循环次数、响应速度和启动时间 6 个关键指标作为基于应用的储能本体技术性指标，详见表 5-4。

表 5-4　大容量储能关键技术性指标

| 指标名称 | 指标值 | 说明 |
|---|---|---|
| 集成功率等级 | 储能系统的总功率 | 反映储能系统的额度功率等级 |
| 持续放电时间 | 电池以一定电流连续放电的时间 | 反映储能系统运行过程中单次连续放电的时间 |

（续）

| 指标名称 | 指标值 | 说明 |
|---|---|---|
| 充放电倍率 | 电池在规定的时间内充满或者放出其额定容量所需要的电流值 | 反映电池的充放电速率 |
| 循环次数 | 在一定工况条件下，电池在一定放电深度条件下充放电次数 | 以充放电作为一个循环，该指标反映电池充放电的次数 |
| 响应速度 | 从空载状态到正常运行时的响应速度 | 反映储能系统从启动到运行至额定功率的速度 |
| 启动时间 | 从停机状态到额定功率输出时所需的时间 | 反映储能系统响应指令调动启动的能力 |

## 5.1.2 技术特性比较

目前，各种大容量储能的技术发展水平各有不同，在集成功率等级、持续放电时间、充放电倍率、循环次数、响应速度和启动时间等方面均有差异。几类典型大容量储能的关键技术性参数对比见表 5-5。

表 5-5 几类典型大容量储能的关键技术性参数对比

| 储能技术类型 | 功率等级/MW | 持续发电时间 | 自放电率/（%/月） | 循环次数*/次 | 起动时间 | 响应速度 |
|---|---|---|---|---|---|---|
| 传统压缩空气储能 | 5~300 | 1~24h | 1 | 上万 | 约 6min 级 | 约 1min 级 |
| 超临界压缩空气储能 | 1.5~100 | 1~24h | 1 | 上万 | 约 6min 级 | 约 1min 级 |
| 高速飞轮储能 | 0~20 | 毫秒至分 | 100 | 百万以上 | <2ms | <2ms |
| 传统铅蓄电池 | 0~20 | 秒至小时 | 1 | 约 1000 | <1s | <10ms |
| 铅炭电池 | 0~20 | 秒至小时 | 1 | 1250~2500 | <1s | <10ms |
| 锂离子电池 | 0~32 | 秒至小时 | 1.5~2 | >5000 | 毫秒级 | 毫秒级 |
| 全钒液流电池 | 0.03~10 | 秒至小时 | 低 | >10000 | 秒级 | 毫秒级 |
| 锌溴液流电池 | 0.05~2 | 秒至小时 | 10 | 5000 | 秒级 | 毫秒级 |
| 钠硫电池 | 0~50 | 毫秒至小时 | 0 | 4500 | 毫秒级 | 毫秒级 |

数据来源：CNESA 专家委员会，压缩空气储能为 4h 系统；铅蓄电池为 8h 系统，循环次数为 DOD 60%时的次数，适用的充放电倍率范围为（0.2~1）C；锂离子电池包含磷酸铁锂电池、钛酸锂电池和镍钴锰酸锂电池为 2h 系统，循环次数为 DOD 80%时的次数，适用的充放电倍率范围为（0.5~5）C；液流电池为 5h 系统；钠硫电池为 6h 系统，循环次数为满充满放时的次数。

## 5.2 典型新型储能的经济特性分析

经济性是影响储能应用和发展的关键性因素，不同应用场景对技术的性能、寿命和可靠性要求不同，对关键材料的规格要求也不同，进而存在成本差异。制造工艺的复杂性会增加成本下降的难度。

转换效率和循环寿命是两个重要经济性指标，直接影响储能系统总成本。低效率会增加有效输出的成本，低循环寿命因导致需要频繁的设备更新而增加总成本。

根据调研结果，反映储能的经济特性指标主要有功率投资成本、能量投资成本、运维成本和单次循环能量成本等。指标的定义详见表 5-6。

表 5-6　经济特性指标

| 序号 | 指标名称 | 定义 |
|---|---|---|
| 1 | 功率投资成本/(元/kW) | 全生命周期内单位功率的投资成本 |
| 2 | 能量投资成本/[元/(kW·h)] | 全生命周期内单位能量的投资成本 |
| 3 | 放电深度 | 电池放电量与电池额定容量的百分比，反映电池单次放出电量的比例，放电深度越深，电池寿命越容易缩短 |
| 4 | 能量自放电率/(%/月) | 在一段时间内，常温放置条件下，电池在没有使用的情况下，自动损失的电量占总容量的百分比 |
| 5 | 能量转换效率（%） | 全生命周期内的转换效率 |
| 6 | 系统效率（%） | 全生命周期内，包含 PCS、BMS 在内的整个系统的综合效率 |
| 7 | 运维成本/(元/kW) | 全生命周期内单位功率的运维投资 |
| 8 | 单次循环能量成本/[元/(kW·h·次)] | 储能单次充放电循环周期内的单位能量的投资成本 |

## 5.2.1　关键指标选取

从电力系统应用来看，功率成本、能量成本是需要关注的两个关键指标，此外，系统效率、放电深度和自放电率也是影响成本的关键因素，同时规模化的储能系统还要考虑相应的运行维护成本。

考虑电力系统应用需求，选择集成功率成本、能量成本、运维成本、系统效率、放电深度和自放电率 6 个关键指标作为基于应用的储能经济性指标，详见表 5-7。

表 5-7　储能经济性指标

| 指标名称 | 指标值 | 说明 |
|---|---|---|
| 功率成本 | 服役年限内单位功率的投资成本 | 反映以功率计算的储能系统建设投资成本 |
| 能量成本 | 服役年限内单位能量的投资成本 | 反映以能量计算的储能系统建设投资成本 |

（续）

| 指标名称 | 指标值 | 说明 |
|---|---|---|
| 运维成本 | 储能系统在服役年限内的运行维护成本 | 反映储能系统在运行期间所需要增加的成本 |
| 系统效率 | 储能系统满放电量与满充电量的比值 | 反映储能系统全生命周期内，包含 PCS、BMS 在内的整个系统的综合效率 |
| 放电深度 | 电池放电量与电池额定容量的百分比 | 反映电池单次放出电量的比例，放电深度越深，电池寿命越容易缩短 |
| 自放电率 | 在一段时间内，常温放置条件下，电池在没有使用的时，自动损失的电量占总容量的百分比 | 反映电池未进行充放电期间，电池由于内部发生副反应而引发的自损耗 |

## 5.2.2 经济性比较

能量转换效率：压缩空气储能和液流电池的能量转换效率相对较低，仅略高于 50%；高速飞轮储能、锂离子电池等能量转换效率比较高，均超过 90%；铅蓄电池、钠硫电池能量转换效率在 75%~85% 之间。

自放电率：高速飞轮储能自放电率很高，锌溴液流电池自放电率为 10%/月，钠硫电池不存在自放电，其他电池自放电率较低，仅为 1%/月~2%/月。

功率成本：全钒液流电池、锌溴液流电池和钠硫电池功率成本相对较高，目前功率成本均超过 10000 元/kW；其次为铅炭电池和压缩空气储能，功率成本为 6000~10000 元/kW；锂离子电池和飞轮储能功率成本可低于 3000 元/kW。

能量成本：飞轮储能能量成本相对比较高，超过 10 万元/(kW·h)；其他储能系统，如压缩空气储能、锌溴液流电池和钠硫电池等能量成本相对较低，为 320~4000 元/(kW·h)。

运维成本：钠硫电池、锌溴液流电池运维成本相对较高，高速飞轮、传统压缩空气储能和传统铅蓄电池运维成本最低，锂离子电池、铅炭电池运维成本相对较低。

几类典型大容量储能的经济性指标比较见表 5-8。

表 5-8　储能经济性指标比较

| 储能技术类型 | 能量转换效率（%） | 自放电率/（%/月） | 功率成本/（元/kW） | 能量成本/[元/(kW·h)] | 运维成本/（元/kW） |
|---|---|---|---|---|---|
| 传统压缩空气储能 | 48~52 | 1 | 5600~8000 | 320~640 | 65~100 |
| 新型压缩空气储能 | 52~65 | 1 | 12000~15000 | 3000~4000 | 160~200 |
| 高速飞轮储能 | > 95 | 100 | 1700~2000 | 100000~130000 | 50~100 |
| 传统铅蓄电池 | 70~85 | 1 | 500~1000 | 500~1000 | 15~50 |
| 铅炭电池 | 70~85 | 1 | 6400~10400 | 1300~1800 | 192~520 |
| 锂离子电池 | 90~95 | 1.5~2 | <400 | 1500~2000 | 96~450 |

（续）

| 储能技术类型 | 能量转换效率（%） | 自放电率/（%/月） | 功率成本/（元/kW） | 能量成本/[元/(kW·h)] | 运维成本/（元/kW） |
|---|---|---|---|---|---|
| 全钒液流电池 | 75~85 | 低 | >10000 | 3500~3900 | 175~585 |
| 锌溴液流电池 | 75~80 | 10 | >10000 | 2500~3000 | 375~750 |
| 钠硫电池 | 75%~85% | 0 | 13200~13800 | 2200~2300 | 390~690 |

## 5.3 典型新型储能的技术经济综合比较

### 5.3.1 综合性指标选取

综合技术特性指标主要反映储能技术的应用及环境等方面的特性。技术成熟度是决定储能能否规模化应用的关键因素；安全与可靠是电力系统应用的基本要求，兆瓦级、兆瓦时级规模的储能系统将对安全与可靠性提出更高的要求；配置灵活性、选址自由度决定储能的应用场景；环境友好度决定储能技术可持续发展能力。

面向应用的储能综合性指标包括技术成熟度、安全可靠、配置灵活性、选址自由度和环境友好度，具体见表 5-9。

表 5-9 综合技术特性指标

| 序号 | 指标名称 | 定义 |
|---|---|---|
| 1 | 技术成熟度 | 该技术所处的发展状态，按照美国 NASA 的 TRL 9 级标准，可分为基本原理研究、推测可能的应用、概念验证、实验室仿真试验、实际环境模拟试验、系统测试、示范应用、拟商业化和商业化 |
| 2 | 安全可靠 | 在标准工况和极端工况情况下，以电池系统本身以及对电网和工作人员引起安全问题的发生概率及严重程度作为评判标准 |
| 3 | 配置灵活性 | 以电池系统进行进一步配组及安装的难易程度作为评判标准（包括硬件和软件） |
| 4 | 选址自由度 | 以系统安装选址的难易程度，包括占地面积、空间、地理位置和环境等作为评判标准 |
| 5 | 环境友好度 | 在制造、安装、运行、维护和回收的全寿命周期内，以是否会对环境造成污染作为评判标准 |

从技术成熟来看，传统铅蓄电池和钠硫电池是最成熟的两类化学储能技术，均已实现商业化；高速飞轮储能、先进铅蓄电池、锂离子电池和液流电池比较成熟，其中高速飞轮储能在美国已有商业化运作的储能项目，后三类技术在电力系统中大多处于示范应用阶段，且已出现若干商业化运营的项目。

从安全可靠性方面看，传统铅蓄电池经过长期的累积，已发展成一种安全性好、可靠性高的电池体系；磷酸铁锂电池受温度和外部环境影响不大，安全性较好，是目前应用在电力系统最热门的锂离子电池之一；全钒液流电池中的钒元素稳定，安全性较高，不易发生爆炸；锌溴电池在使用过程中，一旦泄漏，则电解液中的溴很有可能挥发到空气中，对生物造成严重影响或伤害。

从选址自由度方面看，由于电化学储能技术对安装环境的要求较低，且对环境友好、易于组装，因此其对选址的外部环境基本没有要求。先进铅蓄电池不受选址限制，可以大规模应用于住宅、社区和微电网等领域；液流电池可以根据实际需求进行设计、组装及安装。

从环境友好度方面看，锂离子电池的制造和系统集成过程封闭操作，自动化水平高，对环境影响小；钠硫电池的原料不含重金属，生产制造过程对环境影响小，并且正常情况下，废旧电池中的钠和硫可实现回收；全钒电池的电解液可长期使用，无污染排放，对环境友好；铅蓄电池中的铅虽然会造成环境污染，但在正常操作过程中并不会外泄，并且可以通过建立回收体系控制污染。

几类典型新型储能的综合性指标评价见表5-10。

表5-10  储能综合性指标评价

| 储能技术类型 | 传统压缩空气储能 | 超临界压缩空气储能 | 高速飞轮储能 | 传统铅蓄电池 | 锂离子电池 | 全钒液流电池 | 锌溴液流电池 | 钠硫电池 | 超级电容 | 超导储能 |
|---|---|---|---|---|---|---|---|---|---|---|
| 技术成熟度 | 相对成熟 | 相对成熟 | 相对成熟 | 最成熟 | 成熟 | 比较成熟 | 比较成熟 | 最成熟 | 示范 | 不成熟 |
| 选址自由度 | 受地理条件限制 | 比较自由 | 很自由 | 很自由 | 很自由 | 自由 | 自由 | 一般 | 自由 | 自由 |
| 运行安全性 | 较高 | 高 | 高 | 较高 | 中 | 高 | 较高 | 高 | 高 | 高 |
| 环境友好度 | 燃烧化石燃料 | 环保 | 环保 | 一般 | 一般 | 环保 | 环保 | 环保 | 环保 | 环保 |
| 配置灵活性 | 灵活 | 灵活 | 很灵活 | 很灵活 | 很灵活 | 很灵活 | 很灵活 | 很灵活 | 很灵活 | 比较灵活 |

## 5.3.2  技术经济特性综合比较

储能技术种类众多，技术经济特性各异。现阶段，除了抽水蓄能外，尚没有任何一种技术在应用上占据绝对的优势。多种技术百花齐放、百家争鸣的局面仍将在一定时期内继续保持。

在物理储能技术方面，传统压缩空气储能具有容量大、服役年限长的优点，但同时又有地理条件要求严苛和化石燃料依赖度高等问题的限制，并不利于技术大规模的健康发展；飞轮储能具有功率密度高、能量转换效率高和服役年限长的优点，但同时又存在能量密度低、自放电现象严重的问题。

在化学储能技术方面，铅蓄电池、锂离子电池、液流电池和钠硫电池等在功率密度、能量密度、响应速度和配置灵活度等方面各具特点。具体说来，铅蓄电池的维护简单，可以灵活设计、配置和组装；以铅炭电池为代表的先进铅蓄电池克服了传统铅蓄电池的缺陷，在功率密度和能量密度上均得到大幅提升（增幅 20% ~ 50%），在可再生能源并网、电力调频和用户侧等领域均有示范项目。锂离子电池不仅是电化学电池中功率密度和能量密度最高的一类电池技术，而且可以提供兆瓦级的瞬时功率输出，特别适合用于电力调频等应用，目前锂离子电池已经在电力系统各个领域中都获得了广泛的应用。钠硫电池和液流电池均可以实现较高的储能容量，并且均能在短时间内释放出大量电能，在电网调峰、备用容量等领域应用机会较大。此外，液流电池具有独立的系统功率和容量，可以灵活配置，可通过添加或减少电解液罐进行合理配置，便于与其他储能技术根据实际需求进行组合设计。

典型大容量储能技术综合评估见表 5-11。

表 5-11　典型大容量储能技术综合评估

| 储能技术类型 | 特点 | 主要应用领域 |
| --- | --- | --- |
| 压缩空气储能 | 优点：容量大、工作时间长、经济性能好和使用寿命长<br>缺点：传统压缩空气能量转换效率低、地理条件要求严格和依赖化石燃料 | 电网调峰、可再生能源并网和备用容量 |
| 飞轮储能 | 优点：功率密度高、使用寿命长（可达 15 年）、不受充放电次数限制（10 万次以上）、便于安装维护和环境危害小<br>缺点：自放电率高、初始成本较高和能量密度低 | 电力调频、轨道交通能量制动回收和企业级 UPS |
| 先进铅蓄电池 | 优点：传统铅蓄电池的成本低、技术成熟；先进铅蓄电池的功率密度高、充放电速度快和寿命长<br>缺点：传统铅蓄电池的能量密度低、可充放电次数少和环境不友好；先进铅蓄电池在材料、技术和成本方面仍需进一步研究 | 可再生能源并网、调频、电力输配和分布式微电网 |
| 锂离子电池 | 优点：能量密度高、自放电小、循环寿命长和无记忆效应<br>缺点：需要复杂的电池管理和热管理系统，在大尺寸制造和成组后循环寿命等方面还存在一定问题，成本高 | 可再生能源并网、电力调频、电力输配、分布式微电网、电动汽车和制动能量回收 |
| 液流电池 | 优点：全钒电池容量大、能量转换效率高和寿命长；锌溴电池能量密度高、配置灵活<br>缺点：电极、隔膜和电解液等材料成本高、稳定性差 | 可再生能源并网、工/商业楼宇、军方和通信基站 |
| 钠硫电池 | 优点：材料成本低、比能量高和寿命长<br>缺点：运行温度高、腐蚀性强和安全性差 | 电网削峰填谷、大规模可再生能源并网和独立发电系统 |

# 第 6 章 基于应用的新型储能技术适用度评估

## 6.1 典型应用场景及对储能的技术需求

### 6.1.1 新型储能典型电网应用场景

**（1）系统调峰**

调峰是指为跟踪系统负荷的峰谷变化及新能源出力变化，并网主体根据调度指令进行的发用电功率调整或设备起停所提供的服务。

大容量新型储能系统参与调峰后，可以在负荷低谷时段充电，在负荷高峰时段放电，从而满足电力系统的调峰需求。储能规模化接入后，削峰填谷作用明显，可有效缓解东中部地区迎峰度夏供电紧张和东北地区供热季低谷新能源弃电等问题。近年来，东中部地区电网峰谷差加大，在夏季负荷高峰时段出现了不同程度的供电紧张问题，电网调峰压力巨大。东北地区冬季采暖季因热电机组以热定电，导致机组调峰能力不足，低谷时段新能源弃电时有发生。而储能具有双向调节能力，可实时调整充放电功率及充放电状态，具备 2 倍于自身装机容量的调节能力，规模化配置后，可提供高效的削峰填谷服务，有效缓解电网调峰压力。

**（2）系统调频**

调频是指电力系统频率偏离目标频率时，并网主体通过调速系统、自动功率控制等方式，调整有功出力减少频率偏差所提供的服务。调频分为一次调频和二次调频。一次调频是指当电力系统频率偏离目标频率时，常规机组通过调速系统的自动反应、新能源和储能等并网主体通过快速频率响应，调整有功出力减少频率偏差所提供的服务。二次调频是指并网主体通过自动功率控制技术，包括自动发电控制（AGC）、自动功率控制（APC）等，跟踪电力调度机构下达的指令，按照一定调节速率实时调整发用电功率，以满足电力系统频率、联络线功率控制要求的服务。

随着新能源电力接入比例的提升以及火电机组的大量退役，电网中必须配备快速响应的电力资源，才能保证电力系统安全可靠运行。储能具有快速（毫秒级）、精确控制充放电功率的能力，随着技术进步和成本降低，可作为大容量的调频资源，与抽水蓄能等共同参与系统调频。

**（3）新能源接入及消纳**

指在新能源场站配置的储能，通过平抑新能源发电出力波动、跟踪新能源发电计划出力，提升新能源的系统适应能力和支撑能力。平抑波动是通过配置储能降低新能源出力波动性和间歇性对系统备用、调度及安全运行等的影响。跟踪计划出力是根据发电计划跟踪误差，通过储能的充放电，使得新能源与储能的联合发电系统实际出力尽可能接近发电计划曲线。

新能源发电具有随机性、波动性和间歇性的自然属性，新能源场站配置储能系统可实现新能源发电出力的平滑输出，提升跟踪计划出力能力，增加新能源发电功率预测的准确性，提升系统支撑能力，提高新能源发电利用率。

**（4）电网拥塞管理**

储能参与线路拥塞管理指将储能系统安装在拥塞线路的送出端，当线路输电容量超过线路输电的安全容量发生线路拥塞时，储能系统充电，保证线路输电容量在其安全范围内；当线路输电容量低于线路的安全容量时，释放之前存储的电能。

储能参与配电网拥塞管理，可有效提高输变电设备利用率，延缓为满足短时线路拥塞而新增的输变电投资。传统配电网规划主要依靠新扩建变电站、新增配电台区以及更换截面更大的线路等措施，满足新增供电负荷需求。新型储能技术的应用，可以延缓配电网升级改造，尤其在负荷增长缓慢的农村地区，通过配置储能可满足季节性用电负荷需求，综合经济性更优。

**（5）分布式发电及微电网**

分布式发电系统及微电网配置储能系统，既可提高配电侧和用户侧的供电质量与可靠性，又可降低用户的用电成本，同时还可以用作备用电源。

配合分布式电源或微电网解决偏远地区供电问题。在微电网中配置储能设施，可解决大电网无法延伸覆盖的偏远山区和海岛等地区的供电问题。我国西藏和新疆等地还存在部分大电网无法延伸覆盖的地区，包括一些海岛也存在电网供电难问题。此类地处偏僻的区域远离大电网，且负荷很小，通过大电网延伸解决供电问题需要投入巨额成本。若充分利用当地资源，建设配置储能设施的微电网，可全面解决当地供电问题，具有良好的技术经济性。

**（6）系统调压**（系统无功平衡服务）

系统调压即无功平衡服务，系统调压是指为保障电力系统电压稳定，并网主体根据调度下达的电压、无功出力等控制调节指令，通过自动电压控制（AVC）、调相运行等方式，向电网注入/吸收无功功率，或调整无功功率分布所提供的服务。

自动电压控制是指利用计算机系统、通信网络和可调控设备，根据电网实时运行工况在线计算控制策略，自动闭环控制无功和电压调节设备，以实现合理的无功电压分布。

调相运行是指发电机不发出有功功率，只向电网输送感性无功功率的运行状态，起到调节系统无功、维持系统电压水平的作用。

**（7）事故应急及恢复**

事故应急及恢复服务包括稳定切机服务、稳定切负荷服务和黑启动服务。

稳定切机是指电力系统发生故障时，稳控装置正确动作后，发电机组自动与电网解列所提供的服务。

稳定切负荷是指电网发生故障时，安全自动装置正确动作切除部分用户负荷，用户在规定响应时间及条件下以损失负荷来确保电力系统安全稳定所提供的服务。

黑启动是指电力系统大面积停电后，在无外界电源支持的情况下，由具备自启动能力的发电机组或抽水蓄能、新型储能等所提供的恢复系统供电的服务。

**（8）其他电力辅助服务**

备用是指为保证电力系统可靠供电，在调度需求指令下，并网主体通过预留调节能力，并在规定的时间内响应调度指令所提供的服务。

转动惯量是指在系统经受扰动时，并网主体根据自身惯量特性提供响应系统频率变化率的快速正阻尼，阻止系统频率突变所提供的服务。

爬坡是指为应对可再生能源发电波动等不确定因素带来的系统净负荷短时大幅变化，具备较强负荷调节速率的并网主体根据调度指令调整出力，以维持系统功率平衡所提供的服务。

## 6.1.2 面向应用的储能系统性能需求

储能在电力系统中的应用主要分为功率型和能量型两大类。一是功率型应用，要求储能技术必须具备能够迅速响应电网调度发出的调频、调压等信号的能力，以及频繁的充放电和快速的反应能力，在电力系统中可以起到保障电能质量和供电可靠性的作用；二是能量型应用，要求储能技术必须具备可以大容量充放电的能力，从而有效地调节电力供需平衡问题，发挥调峰和削峰填谷功能。

储能功率型应用的主要作用包括：抑制可再生能源电力的波动性，提高可再生能源的并网利用率；提高电能质量和供电可靠性；降低电网运行成本。

能量型应用的主要作用包括：缓解高峰时刻用电紧张的问题以及降低因调节供需平衡而引起的限电的风险；延缓因负荷增大而带来的电力设备投资；提高火电机组的经济运行能力；解决"弃风"和"弃光"等问题，促进可再生能源电力的消纳；用作季节和灾害等紧急情况的备用电源，保障供电的可靠性；降低电力用户的用电成本等。

典型应用场景对储能技术性能参数的要求见表6-1。

表6-1 典型应用场景对储能技术性能参数的要求

| 应用 | 功率等级/MW | 持续放电时间 | 循环次数 | 响应时间 |
|---|---|---|---|---|
| 季节性储能 | 500~2000 | 几天~几个月 | 1~5次/年 | 天 |
| 能源套利 | 100~2000 | 8~24h | 0.25~1次/天 | >1h |
| 调频 | 1~2000 | 1~15min | 20~40次/天 | 1min |

（续）

| 应用 | 功率等级/MW | 持续放电时间 | 循环次数 | 响应时间 |
|---|---|---|---|---|
| 负荷跟踪 | 1~2000 | 15min~1 天 | 1~29 次/天 | <15min |
| 电压支持 | 1~40 | 1s~1min | 10~100 次/天 | ms |
| 黑启动 | 0.1~400 | 1~4h | <1 次/年 | <1h |
| 缓解输配电线路拥堵 | 10~500 | 2~4h | 0.14~1.25 次/天 | >1h |
| 移峰填谷 | 0.001~1 | 分钟至小时 | 1~29 次/天 | <15min |
| 离网 | 0.001~0.01 | 3~5h | 0.75~1.5 次/天 | <1h |
| 风、光等多种资源并网 | 1~400 | 1min~小时级 | 0.5~2 次/天 | <15min |

资料来源：《Technology Roadmap Energy Storage》IEA。

不同应用场景对储能的技术需求主要体现在功率等级、响应速度、循环次数、运行安全性和选址自由度等方面的差异。储能技术的选择应结合应用场景需求及储能本身的技术特性。依据应用场景对储能时长的要求，将储能划分为 3 个时间尺度的应用，见表 6-2。

表 6-2　储能时间尺度应用的划分

| 时间尺度 | 运行特点 | 对储能的技术要求 | 适用的储能类型 |
|---|---|---|---|
| 分钟级以下 | 动作周期随机<br>毫秒级响应速度<br>大功率充放电 | 高功率<br>高响应速度<br>高存储/循环寿命<br>高功率密度及紧凑型的设备形态 | 超级电容器<br>超导磁储能<br>飞轮储能 |
| 分钟至小时级 | 充放电转换频繁<br>秒级响应速度<br>可观的能量 | 高安全性<br>一定的规模（MW/MW·h 以上），<br>高循环寿命（万次以上）<br>便于集成的设备形态 | 电化学储能 |
| 小时级以上 | 大容量 | 高安全性<br>大规模<br>深充深放（循环寿命 5000 次以上）<br>资源和环境友好<br>成本低 | 抽水蓄能<br>压缩空气<br>熔融盐<br>储氢 |

超短时应用场景：包括提高电能质量、一次调频、平滑新能源出力、无功支撑等，该类应用场景动作周期随机，需要较短时间的功率支持，要求储能能够根据系统变化做出自动、快速的响应，对储能的响应时间、效率、循环寿命要求较高，对功率等级、持续放电时长要求较低。

短时应用场景：包括跟踪出力计划、二次调频、日内削峰填谷、提供系统备用等，持续放电时长要达到小时级，并可较频繁地转换充放电状态，对储能的功率等级、循环寿命要求较高，对响应时间要求较低。

长时应用场景：包括长期需求侧响应、季节性调峰等，持续放电时长要达到数日甚至数周，因此需要储能的功率和容量能够分别实现，具有存储容量大、成本随容量增长不明显、转化效率高等特点，对响应时间、循环寿命要求较低。

储能系统应根据应用场景的选择具有不同功率和能量特性的储能技术，以适应不同的应用需求，包括改善频率特性的毫秒级的快速响应，几秒到几分钟的短时间调节、小时级调节以及跨季节长时调节等需求。

## 6.2 面向应用的储能技术适用度评估方法

### 6.2.1 评估指标体系构建

**（1）指标体系构建的基本原则**

1）目标性原则。储能技术只有在应用实践中才能真正反映其价值，因此评价指标体系应围绕储能技术在应用中的综合技术经济性最优这一目标来设计，并将影响综合技术经济性的各要素作为指标体系的组成部分，多方位、多角度的反映储能技术在该应用领域中的综合技术经济性。

2）科学性原则。评价指标体系结构的建立，指标的取舍、公式的推导都必须有科学依据，具有可靠性和客观性，符合储能技术发展实际，能够满足评价储能技术经济特性的实际需求。

3）时效性原则。综合评价指标体系不仅要能反映特定时期储能技术经济性的实际情况，而且还要跟踪其变化情况，以便及时发现问题，进行自我调整。此外，指标体系应根据社会价值观念、政策环境的变化而不断进行完善和调整，否则，可能会因不合时宜而导致作出错误的决策。

4）可操作性原则。指标的设计应概念明确、定义清楚，描述指标所需要的数据应能够方便地采集或收集，要考虑到目前的科技水平。指标不宜太碎太细，指标的选取不宜庞杂和面面俱到，增强指标的准确度和精度。

5）系统性原则。评价指标体系应涵盖影响储能技术经济性的关键要素，这些影响因素应成为一个系统，具备以下几方面的要求：

一是相关性。要运用系统论原理，组合设计经济性综合评价体系。

二是层次。设立的指标体系应具有阶层性，层级之间要相互适应并具有一致性，高层级指标对低层级应具有导向作用，即每层的上层指标都要有相对应的下层指标。

三是整体性。在设立指标体系时不仅要注意指标体系之间的内在联系，还要注重整体的功能和目标。

6）可比性原则。指标体系中相同层次的指标应满足相互之间可以比较的原则，即具有相同的计量范围、计量口径和方法，指标取值应采用便于比较的相对值，尽量不采用绝对值。如果必须采用绝对值，则需要折算成同一量纲，以便比较。

7）定性与定量相结合原则。在设计指标体系过程中应满足定性与定量原则，即对储能技术的综合评价应在量化分析的基础上，对指标体系中的定性指标进行量化处理。只有通过量化，才能准确地进行比较。对于缺乏统计数据支撑的定性指标，可采用专家评分法，实现其量化。

8）相对稳定性与动态调整性相结合原则。要求储能技术经济综合评价的指标体系具有相对稳定性，能够普遍适用于电力系统各环节各领域的应用，但是由于评价的复杂性和不同的环节或领域具有差异性，应在应用的过程中对指标不断进行修正，以满足其在应用领域中的差异性要求。此外，应根据专家的意见不断地完善、修改评价指标体系。

**（2）指标体系构建思路**

1）构建评价指标体系需关注的问题。

一是指标体系构建不仅需要关注储能技术的自身特性，还需要重点关注电网应用价值需求的体现，从电网和储能两个层面提取关键指标。通常开展评价指标体系时重点关注评价对象自身的特性指标，但是开展储能技术评估需要关注在电网中的应用价值，从电网应用需求的角度出发，结合每种类型储能的技术特性，将电网应用价值需求和储能技术自身特性进行有效衔接。此外，综合评价指标应是可以影响技术本身发展及其在具体应用中经济性的因素，可以是定量的也可以是定性的，但必须能够进行监测、检查。在指标选取过程中注重评价指标的可操作性，重点在影响储能技术本身性能及其在电网具体应用中的经济性等方面，结合专家调研及综合意见进行筛选。

二是储能技术类型复杂多样，电网应用领域也很多，需要借鉴已有研究成果，以确保指标体系抓住重点，又不失全面准确。每种储能技术因其各自不同的特性而适用于不同的应用领域，而每类技术究竟在何种领域应用才能最具经济性，既需要科学理论知识的测算，也需要实际项目的经验分享与不断验证。储能的经济性研究也一直是国内外政府组织、主流研究机构、咨询公司和行业组织等关注的重点。因此，需要在总结国内外储能经济性研究成果的基础上，构建准确全面、重点突出的评价指标体系。

2）构建评价指标体系的思路。

指标体系层级结构的建立：先进大容量储能技术经济性综合评价指标体系可分为目标层、准则层（指标层）和方案层。综合评价指标应是可以影响技术本身发展及其在具体应用中经济性的因素，可以是定量的也可以是定性的，但必须能够进行监测和检查。

选取指标的基本准则：综合评价指标选取应符合以下几方面要求：一是指标体系中的指标数目不宜过多，应本着少而精的原则；二是选择的指标应符合综合评价目标的要求，尽可能选取能够量化的指标；三是指标体系的设计应体现出层次清晰、目标明确；四是指标体系各层次中的指标也要有主次之分；五是评价体系中的指标应具有可比性、可分解性和相对独立性；六是所选取的定量指标和定性指标在获取上应具有可行性。

指标的筛选：在指标选取过程中注重评价指标的可操作性，重点在影响储能技术本身性能及其在具体应用中的经济性等方面，结合专家调研及综合意见进行指标筛选。此外，还应借鉴国外同类研究和实际工作中对指标的设置思路来建立综合评价指标体系。

**（3）适用于电网的新型储能技术综合评价指标体系**

本书中新型大容量储能技术评价指标体系的构建得到了有关各方的支持和帮助，包括：中科院工程热物理研究所、中科院物理所、中科院电工所、防化研究院和中国北方车辆研究所等科研院所；大连融科、NGK、南都电源、氢璞创能、百能汇通、上海攀业和集盛星泰等国内外主流的储能技术厂商；以及北京低碳清洁能源研究所、华电天仁、四方继保、中天储能和天诚同创等技术服务商。通过与相关技术专家召开技术研讨会，发放调研问卷等形式，讨论、修正并确立了整套评价指标体系的评价方法、应用场景以及具体指标。

新型储能技术广泛应用在电力系统发、输、配、用的各个环节，而储能技术的特点、经济性及应用条件又会决定每种技术在不同应用领域的适用度。因此，本章从技术、经济和应用3个方面来设计评价指标体系，评价储能技术在具体应用场景下的适用度，如图6-1所示。

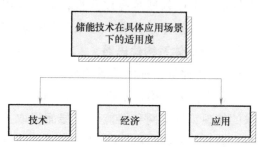

图 6-1　基于应用场景的储能技术适用度的评价指标体系结构

按照综合评价指标建立的原则，采用定性与定量分析相结合的方法，从技术特性、经济特性和应用条件3个方面构建基于电网应用场景的储能技术适用度的评价指标体系，共计3个层次，3个环节，16项指标，见表6-3。

表 6-3　储能技术综合评价指标体系表

| 目标层 | 准则层 | 指标层 |
|---|---|---|
| 基于应用场景的储能技术的适用度 | 技术性指标 | 集成功率等级 |
| | | 持续放电时间 |
| | | 充放电倍率 |
| | | 循环次数 |
| | | 响应速度 |
| | | 启动时间 |
| | 经济性指标 | 功率成本 |
| | | 能量成本 |
| | | 运维成本 |
| | | 系统效率 |
| | | 放电深度 |
| | | 自放电率 |
| | 应用条件 | 运行安全性 |
| | | 技术成熟度 |
| | | 选址自由度 |
| | | 配置灵活性 |

注：表中指标由课题专家组研讨确定。

1）技术性指标。技术性指标主要体现在具体应用场景中对本体技术性能等要求，包括集成功率等级、持续放电时间、充放电倍率、循环次数、响应速度和启动时间 6 项指标，见表 6-4。

表 6-4　技术性评价指标一览表

| 指标名称 | 指标值 | 说明 |
| --- | --- | --- |
| 集成功率等级 | 储能系统的总功率 | 反映储能系统的额度功率等级 |
| 持续放电时间 | 电池以一定电流连续放电的时间 | 反映储能系统运行过程中单次连续放电的时间 |
| 充放电倍率 | 电池在规定的时间内充满或者放出其额定容量所需要的电流值 | 反映电池的充放电速率 |
| 循环次数 | 在一定工况条件下，电池在一定放电深度条件下充放电次数 | 以充放电作为一个循环，该指标反映电池充放电的次数 |
| 响应速度 | 从空载状态到正常运行时的响应速度 | 反映储能系统从启动到运行至额定功率的速度 |
| 启动时间 | 从停机状态到额定功率输出时所需的时间 | 反映储能系统响应指令调动启动的能力 |

2）经济性指标。经济性指标主要体现在具体应用场景中储能技术的投资成本及影响其经济收益的因素等方面，包括功率成本、能量成本、运维成本、系统效率、放电深度和自放电率 6 项指标，见表 6-5。

表 6-5　经济性评价指标一览表

| 指标名称 | 指标值 | 说明 |
| --- | --- | --- |
| 功率成本 | 服役年限内单位功率的投资成本 | 反映以功率计算的储能系统建设投资成本 |
| 能量成本 | 服役年限内单位能量的投资成本 | 反映以能量计算的储能系统建设投资成本 |
| 运维成本 | 储能系统在服役年限内的运行维护成本 | 反映储能系统在运行期间所需要增加的成本 |
| 系统效率 | 储能系统满放电量与满充电量的比值 | 反映储能系统全生命周期内，包含 PCS、BMS 在内的整个系统的综合效率 |
| 放电深度 | 电池放电量与电池额定容量的百分比 | 反映电池单次放出电量的比例，放电深度越深，电池寿命越容易缩短 |
| 自放电率 | 在一段时间内，常温放置条件下，电池在没有使用时，自动损失的电量占总容量的百分比 | 反映电池未进行充放电期间，电池由于内部发生副反应而引发的自损耗 |

3）应用条件。应用条件指标主要考虑在具体应用场景中应用的安全性、灵活性等方面，包括运行安全性、技术成熟度、选址自由度和配置灵活性 4 项指标，见表 6-6。

表 6-6　应用条件评价指标一览表

| 指标名称 | 指标值 | 说明 |
| --- | --- | --- |
| 运行安全性 | 以在标准工况和极端工况情况下，电池系统本身以及对电网和工作人员引起安全问题的发生概率及严重程度作为评判标准 | 反映储能系统的环境影响和运行过程中对安全条件的要求 |

（续）

| 指标名称 | 指标值 | 说明 |
| --- | --- | --- |
| 技术成熟度 | 该技术目前所处的发展状态。按照美国 NASA 的 TRL 9 级标准，可分为基本原理研究、推测可能的应用、概念验证、实验室仿真试验、实际环境模拟试验、系统测试、示范应用、拟商业化和商业化 | 反映储能技术的发展阶段和实际应用可行性 |
| 选址自由度 | 储能系统安装运行对占地面积、空间、地理位置和环境等的要求 | 反映储能系统安装选址的难易程度 |
| 配置灵活性 | 以电池系统进行进一步配组及安装的难易程度作为评判标准（包括硬件和软件） | 反映储能系统配置电池、PCS 和 BMS 的难易程度 |

## 6.2.2 新型储能技术电网应用适用度评估模型构建

基于层次分析法建立新型储能技术综合评估模型的基本思路是：考虑电网应用和储能特性之间的对接关系和层次关系，建立基于电网应用价值的大容量储能技术综合评估指标体系，在此基础上利用层次分析法进行综合评价。

构建基于电网应用价值的大容量储能技术综合评价模型，评价的主要步骤包括：

**（1）建立层次结构模型，构建指标体系**

从基于电网应用价值的大容量储能技术综合评估需求出发，目标层为特定储能技术在未来电网应用场景下的价值前景。一级准则层为电网对储能技术特性的需求，二级准则层则为储能技术对应电网需求的自身特性，方案层为储能技术。

**（2）单一指标评价方法**

1）定性指标测度标准及评价方法。定性指标一般在确定指标测度标准（通常采用四级或五级标准）的基础上，通过专家评分的办法进行评价。定性指标评价采用百分制，由专家根据实际情况，按照测评要素，对比测评标准，逐个指标进行评价，按照最大隶属度原则把定性指标标准化为 $[0，1]$ 区间上的评价值。

2）定量指标测度标准及评价方法。定量指标一般先对指标进行无量纲化、一致化处理等预处理，确定指标测度标准后再进行评价。评价指标的预处理主要包括指标类型的一致化和无量纲化。一般来说，指标 $x_1$，$x_2$，$\cdots$，$x_m$ 中，可能含有极大型指标、极小型指标、居中型指标和区间型指标。若指标 $x_1$，$x_2$，$\cdots$，$x_m$ 中既有极大型指标、极小型指标，又有居中型指标或区间型指标，则必须在对各备选方案进行综合评价之前，将评价指标的类型做一致化处理。

此外，指标 $x_1$，$x_2$，$\cdots$，$x_m$ 之间由于各自单位及量级的不同而存在着不可测度性，这就给比较综合评价指标 $y$ 的大小带来了不便。因此，为了排除由于各项指标的单位不同以及其数值数量级间的悬殊差别所带来的影响，需要对评价指标做无量纲化处理。无量纲化，也叫作指标数据的标准化、规范化。它是通过数学变换来消除原始指标单位影响的方法。常用的方法有标准化法、极值法和功效系数法。

**（3）指标权重系数确定**

相对于评价目标来说，评价指标之间的相对重要性是不同的。评价指标之间相对重要性的大小，可用权重系数来刻画。若 $\omega_j$ 是评价指标 $x_j$ 的权重系数，一般应有

$$\omega_j \geq 0 (j = 1, 2, \cdots, m), \sum_{j=1}^{m} \omega_j = 1 \tag{6-1}$$

目前常用的确立指标权值的方法有层次分析法、专家打分法等。当被评价对象及评价指标（值）都确定时，权重系数确定的合理与否，关系到综合评价结果的可信程度，因此，对权重系数的确定应特别谨慎。

**（4）大容量储能技术综合评价**

构造综合评价函数 $y = f(\omega, x)$，并求出综合评价结果。其中 $\omega = (\omega_1, \omega_2, \cdots, \omega_m)^{\mathrm{T}}$ 为指标权重向量；$x = (x_1, x_2, \cdots, x_m)^{\mathrm{T}}$ 为各评价指标的状态向量，即指标评价值。

## 6.3　基于典型应用场景的新型储能技术适用度评估

选取移峰填谷、新能源并网、调频辅助服务、线路拥塞管理、分布式发电及微电网五个应用场景，对压缩空气储能、铅蓄电池、锂离子电池、液流电池、钠硫电池和超级电容六类新型储能技术进行适用度的评价。

### 6.3.1　系统调峰

**（1）评价指标体系**

调峰场景储能技术综合评价指标体系见表6-7。

表6-7　调峰场景储能技术综合评价指标体系

| 目标层 | 准则层 | 指标层 |
|---|---|---|
| 调峰场景下储能技术的适用度 | 技术 | 集成功率等级 |
| | | 持续放电时间 |
| | | 循环次数 |
| | | 启动时间 |
| | 经济 | 功率成本 |
| | | 能量成本 |
| | | 运维成本 |
| | | 系统效率 |
| | | 放电深度 |
| | 应用 | 运行安全性 |
| | | 技术成熟度 |
| | | 选址自由度 |
| | | 配置灵活性 |

**（2）指标权值**

调峰场景评价指标权值计算结果见表 6-8。

表 6-8　调峰场景准则层与指标层的权值

| 准则层 | 权值 | 指标层 | 权值 |
|---|---|---|---|
| 技术 | 0.33 | 集成功率等级 | 0.48 |
| | | 持续放电时间 | 0.28 |
| | | 循环次数 | 0.17 |
| | | 启动时间 | 0.07 |
| 经济 | 0.41 | 功率成本 | 0.19 |
| | | 能量成本 | 0.37 |
| | | 运维成本 | 0.24 |
| | | 系统效率 | 0.12 |
| | | 放电深度 | 0.08 |
| 应用 | 0.26 | 运行安全性 | 0.47 |
| | | 技术成熟度 | 0.26 |
| | | 选址自由度 | 0.16 |
| | | 配置灵活性 | 0.11 |

**（3）评价结果**

根据适用度评价指标以及其权值，得到各类新型储能技术在调峰场景的适用度评价结果，见表 6-9。

表 6-9　调峰场景储能技术适用度评价结果

| 储能技术 | 环节适用度 | | | 总体适用度 |
|---|---|---|---|---|
| | 技术 | 经济 | 应用 | |
| 压缩空气储能 | 0.87 | 0.67 | 0.81 | 0.77 |
| 铅蓄电池 | 0.61 | 0.73 | 0.79 | 0.71 |
| 锂离子电池 | 0.75 | 0.71 | 0.74 | 0.73 |
| 液流电池 | 0.84 | 0.63 | 0.70 | 0.72 |
| 钠硫电池 | 0.82 | 0.69 | 0.75 | 0.75 |
| 超级电容 | 0.42 | 0.39 | 0.65 | 0.47 |

调峰场景下储能技术适用度的雷达图如图 6-2 所示，从其评价结果可以看出：

从技术环节上看。各类储能技术的优先排序为压缩空气储能>液流电池>钠硫电池>锂离子电池>铅蓄电池>超级电容，压缩空气储能的技术指标在移峰填谷场景中的适用度相对较高，超级电容的技术指标在该场景中的适用度相对较低。

从经济环节上看。各类储能技术的优先排序为铅蓄电池>锂离子电池>钠硫电池>压缩空气储能>液流电池>超级电容，铅蓄电池的经济指标在移峰填谷场景中的适用度相对较高，超级电容的经济指标在该场景中的适用度相对较低。

从应用环节上看。各类储能技术的优先排序为压缩空气储能>铅蓄电池>钠硫电池>锂离子电池>液流电池>超级电容，压缩空气储能的应用指标在移峰填谷场景中的适用度相对较高，超级电容的应用指标在该场景中的适用度相对较低。

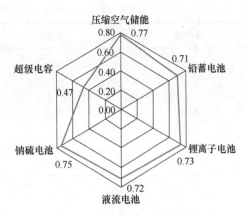

图 6-2 调峰场景下储能技术适用度的雷达图

综合来看。各类储能技术在调峰场景适用度的优先排序为压缩空气储能>钠硫电池>锂离子电池>液流电池>铅蓄电池>超级电容，压缩空气储能的适用度相对较高，超级电容的适用度相对较低。

## 6.3.2 新能源并网

### (1) 评价指标体系
新能源并网场景下储能技术适用度的综合评价指标体系见表 6-10。

表 6-10 新能源并网场景下储能技术适用度的综合评价指标体系

| 目标层 | 准则层 | 指标层 |
| --- | --- | --- |
| 新能源并网场景下储能技术的适用度 | 技术 | 集成功率等级 |
| | | 持续放电时间 |
| | | 充放电倍率 |
| | | 循环次数 |
| | | 响应速度 |
| | | 启动时间 |
| | 经济 | 功率成本 |
| | | 能量成本 |
| | | 运维成本 |
| | | 系统效率 |
| | | 放电深度 |
| | 应用 | 运行安全性 |
| | | 技术成熟度 |
| | | 选址自由度 |
| | | 配置灵活性 |

### (2) 指标权值
新能源并网场景评价指标权值计算结果见表 6-11。

表 6-11　新能源并网场景准则层与指标层的权值

| 准则层 | 权值 | 指标层 | 权值 |
|---|---|---|---|
| 技术 | 0.33 | 集成功率等级 | 0.23 |
| | | 持续放电时间 | 0.21 |
| | | 充放电倍率 | 0.09 |
| | | 循环次数 | 0.20 |
| | | 响应速度 | 0.14 |
| | | 启动时间 | 0.13 |
| 经济 | 0.41 | 功率成本 | 0.05 |
| | | 能量成本 | 0.34 |
| | | 运维成本 | 0.12 |
| | | 系统效率 | 0.28 |
| | | 放电深度 | 0.21 |
| 应用 | 0.26 | 运行安全性 | 0.29 |
| | | 技术成熟度 | 0.26 |
| | | 选址自由度 | 0.22 |
| | | 配置灵活性 | 0.23 |

**（3）综合评价结果**

压缩空气储能技术、铅蓄电池、锂离子电池、液流电池、钠硫电池和超级电容在新能源并网场景适用度的综合评价结果，见表 6-12。

表 6-12　新能源并网场景储能技术适用度的综合评价结果

| 储能技术 | 环节适用度 | | | 总体适用度 |
|---|---|---|---|---|
| | 技术 | 经济 | 应用 | |
| 压缩空气储能 | 0.87 | 0.67 | 0.81 | 0.77 |
| 铅蓄电池 | 0.61 | 0.73 | 0.80 | 0.71 |
| 锂离子电池 | 0.75 | 0.71 | 0.70 | 0.72 |
| 液流电池 | 0.84 | 0.63 | 0.76 | 0.73 |
| 钠硫电池 | 0.82 | 0.69 | 0.78 | 0.76 |
| 超级电容 | 0.42 | 0.39 | 0.77 | 0.50 |

新能源并网场景下储能技术适用度的雷达图如图 6-3 所示，从其综合评价结果可以看出：

从技术环节上看。各类储能技术的优先排序为压缩空气储能>液流电池>钠硫电池>锂离子电池>铅蓄电池>超级电容，压缩空气储能的技术指标在新能源并网场景的适用度相对较高，超级电容的技术指标在该场景的适用度相对较低。

从经济环节上看。各类储能技术的优先排序为铅蓄电池>锂离子电池>钠硫电池>压缩空气储能>液流电池>超级电容,铅蓄电池的经济指标在新能源并网场景的适用度相对较高,超级电容的经济指标在该场景的适用度相对较低。

从应用环节上看。各类储能技术的优先排序为压缩空气储能>铅蓄电池>钠硫电池>超级电容>液流电池>锂离子电池,压缩空气储能的应用指标在新能源并网场景的适用度相对较高,锂离子电池的应用指标在该领域的适用度相对较低。

综合来看。各类储能技术在新能源并网场景适用度的优先排序为压缩空气储能>钠硫电池>液流电池>锂离子电池>铅蓄电池>超级电容,压缩空气储能、钠硫电池、液流电池的适用度相对较高,超级电容的适用度相对较低。

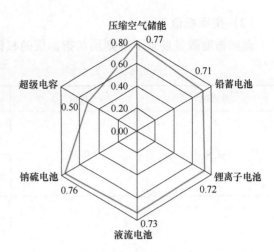

图 6-3 新能源并网场景下储能技术适用度的雷达图

### 6.3.3 系统调频

#### (1) 评价指标体系

调频辅助服务场景储能技术适用度的综合评价指标体系见表 6-13。

表 6-13 调频辅助服务场景储能技术适用度的综合评价指标体系

| 目标层 | 准则层 | 指标层 |
| --- | --- | --- |
| 调频辅助服务场景储能技术的适用度 | 技术 | 集成功率等级 |
| | | 充放电倍率 |
| | | 循环次数 |
| | | 响应速度 |
| | 经济 | 功率成本 |
| | | 能量成本 |
| | | 运维成本 |
| | | 系统效率 |
| | | 放电深度 |
| | | 自放电率 |
| | 应用 | 运行安全性 |
| | | 技术成熟度 |
| | | 选址自由度 |
| | | 配置灵活性 |

## （2）指标权值

调频辅助服务场景下准则层与指标层的权值见表6-14。

表6-14　调频辅助服务场景下准则层与指标层的权值

| 准则层 | 权值 | 指标层 | 权值 |
|---|---|---|---|
| 技术 | 0.34 | 集成功率等级 | 0.15 |
| | | 充放电倍率 | 0.28 |
| | | 循环次数 | 0.25 |
| | | 响应速度 | 0.32 |
| 经济 | 0.39 | 功率成本 | 0.25 |
| | | 能量成本 | 0.10 |
| | | 运维成本 | 0.20 |
| | | 系统效率 | 0.11 |
| | | 放电深度 | 0.19 |
| | | 自放电率 | 0.15 |
| 应用 | 0.27 | 运行安全性 | 0.27 |
| | | 技术成熟度 | 0.28 |
| | | 选址自由度 | 0.21 |
| | | 配置灵活性 | 0.24 |

## （3）综合评价结果

压缩空气储能、铅蓄电池、锂离子电池、液流电池、钠硫电池和超级电容在调频辅助服务场景适用度的综合评价结果，见表6-15。

表6-15　调频辅助服务场景储能技术适用度的综合评价结果

| 储能技术 | 环节适用度 | | | 总体适用度 |
|---|---|---|---|---|
| | 技术 | 经济 | 应用 | |
| 压缩空气储能 | 0.64 | 0.55 | 0.52 | 0.57 |
| 铅蓄电池 | 0.72 | 0.68 | 0.63 | 0.68 |
| 锂离子电池 | 0.83 | 0.69 | 0.77 | 0.76 |
| 液流电池 | 0.67 | 0.59 | 0.61 | 0.62 |
| 钠硫电池 | 0.65 | 0.57 | 0.58 | 0.60 |
| 超级电容 | 0.87 | 0.73 | 0.74 | 0.78 |

储能技术在调频辅助服务场景下储能技术适用度的雷达图如图6-4所示，从综合评价结果可以看出：

从技术环节上看。各类储能技术的优先排序为超级电容>锂离子电池>铅蓄电池>液流电池>钠硫电池>压缩空气储能，超级电容的技术指标在调频辅助服务场景的适用度相对较高，压缩空气储能的技术指标在该领域的适用度相对较低。

从经济环节上看。各类储能技术的优先排序为超级电容>锂离子电池>铅蓄电池>液流电池>钠硫电池>压缩空气储能，超级电容的经济指标在调频辅助服务场景的适用度相对较高，压缩空气储能的经济指标在该领域的适用度相对较低。

从应用环节上看。各类储能技术的优先排序为锂离子电池>超级电容>铅蓄电池>液流电池>钠硫电池>压缩空气储能，锂离子电池的应用指标在调频辅助服务场景的适用度相对较高，压缩空气储能的应用指标在该领域的适用度相对较低。

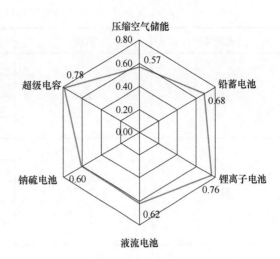

图 6-4 调频辅助服务场景储能技术适用度的雷达图

综合来看。各类储能技术在辅助服务场景的适用度优先排序为超级电容>锂离子电池>铅蓄电池>液流电池>钠硫电池>压缩空气储能，超级电容的适用度较高，压缩空气储能的适用度相对较低。

## 6.3.4 电网拥塞管理

### (1) 评价指标体系

线路拥塞管理场景储能技术适用度的综合评价指标体系见表 6-16。

表 6-16 线路拥塞管理场景储能技术适用度的评价指标体系

| 目标层 | 准则层 | 指标层 |
| --- | --- | --- |
| 线路拥塞管理场景下储能技术的适用度 | 技术 | 集成功率等级 |
| | | 持续放电时间 |
| | | 循环次数 |
| | | 启动时间 |
| | 经济 | 功率成本 |
| | | 能量成本 |
| | | 运维成本 |
| | | 系统效率 |
| | | 放电深度 |
| | 应用 | 运行安全性 |
| | | 技术成熟度 |
| | | 选址自由度 |
| | | 配置灵活性 |

### (2) 指标权值

线路拥塞管理场景准则层与指标层的权值见表 6-17。

表 6-17　线路拥塞管理场景准则层与指标层的权值

| 准则层 | 权值 | 指标层 | 权值 |
|---|---|---|---|
| 技术 | 0.30 | 集成功率等级 | 0.39 |
| | | 持续放电时间 | 0.36 |
| | | 循环次数 | 0.12 |
| | | 启动时间 | 0.13 |
| 经济 | 0.37 | 功率成本 | 0.13 |
| | | 能量成本 | 0.28 |
| | | 运维成本 | 0.16 |
| | | 系统效率 | 0.23 |
| | | 放电深度 | 0.20 |
| 应用 | 0.33 | 运行安全性 | 0.23 |
| | | 技术成熟度 | 0.33 |
| | | 选址自由度 | 0.20 |
| | | 配置灵活性 | 0.24 |

**（3）综合评价结果**

压缩空气储能、铅蓄电池、锂离子电池、液流电池、钠硫电池和超级电容在线路拥塞管理场景适用度的综合评价结果见表 6-18。

表 6-18　电网拥塞管理场景储能技术适用度的综合评价结果

| 储能技术 | 环节适用度 | | | 总体适用度 |
|---|---|---|---|---|
| | 技术 | 经济 | 应用 | |
| 压缩空气储能 | 0.87 | 0.58 | 0.64 | 0.69 |
| 铅蓄电池 | 0.61 | 0.64 | 0.71 | 0.65 |
| 锂离子电池 | 0.75 | 0.71 | 0.75 | 0.74 |
| 液流电池 | 0.82 | 0.61 | 0.77 | 0.73 |
| 钠硫电池 | 0.84 | 0.69 | 0.81 | 0.77 |
| 超级电容 | 0.42 | 0.39 | 0.70 | 0.50 |

电网拥塞管理场景下储能技术适用度的雷达图如图 6-5 所示，从其评价结果可以看出：

从技术环节上看。各类储能技术的优先排序为压缩空气储能>钠硫电池>液流电池>锂离子电池>铅蓄电池>超级电容，压缩空气储能的技术指标在电网拥塞管理场景的适用度相对较高，超级电容的技术指标在该场景中的适用度相对较低。

从经济环节上看。各类储能技术的优先排序为锂离子电池>钠硫电池>铅蓄电池>液流电池>压缩空气储能>超级电容，锂离子电池的经济指标在电网拥塞管理场景的适用度相对较高，超级电容的经济指标在该场景中的适用度相对较低。

从应用环节上看。各类储能技术的优先排序为钠硫电池>液流电池>锂离子电池>铅蓄电池>超级电容>压缩空气储能，钠硫电池的应用指标在电网拥塞管理场景的适用度相对较高，压缩空气储能的应用指标在该场景中的适用度相对较低。

综合来看。各类储能技术在电网拥塞管理场景适用度的优先排序为钠硫电池>锂离子电池>液流电池>压缩空气储能>铅蓄电池>超级电容，钠硫电池的适用度相对较高，超级电容的适用度相对较低。

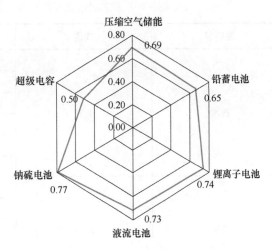

图 6-5　电网拥塞管理场景储能技术适用度的雷达图

## 6.3.5　分布式发电及微电网

### （1）评价指标体系

分布式发电及微电网应用场景储能技术适用度的评价指标体系见表 6-19。

表 6-19　分布式发电及微电网应用场景储能技术适用度的评价指标体系

| 目标层 | 准则层 | 指标层 |
|---|---|---|
| 分布式发电及微电网应用场景储能技术的适用度 | 技术 | 集成功率等级 |
| | | 持续放电时间 |
| | | 充放电倍率 |
| | | 循环次数 |
| | | 响应速度 |
| | | 启动时间 |
| | 经济 | 功率成本 |
| | | 能量成本 |
| | | 运维成本 |
| | | 系统效率 |
| | | 放电深度 |
| | 应用 | 运行安全性 |
| | | 技术成熟度 |
| | | 选址自由度 |
| | | 配置灵活性 |

### （2）指标权值

分布式发电及微电网应用场景评价指标权值计算结果见表 6-20。

表6-20　分布式发电及微电网场景下准则层与指标层的权值

| 准则层 | 权值 | 指标层 | 权值 |
|---|---|---|---|
| 技术 | 0.31 | 集成功率等级 | 0.16 |
| | | 持续放电时间 | 0.17 |
| | | 充放电倍率 | 0.15 |
| | | 循环次数 | 0.20 |
| | | 响应速度 | 0.18 |
| | | 启动时间 | 0.14 |
| 经济 | 0.36 | 功率成本 | 0.16 |
| | | 能量成本 | 0.26 |
| | | 运维成本 | 0.17 |
| | | 系统效率 | 0.20 |
| | | 放电深度 | 0.21 |
| 应用 | 0.33 | 运行安全性 | 0.24 |
| | | 技术成熟度 | 0.22 |
| | | 选址自由度 | 0.29 |
| | | 配置灵活性 | 0.25 |

**（3）评价结果**

压缩空气储能技术、铅蓄电池、锂离子电池、液流电池、钠硫电池和超级电容在分布式发电及微电网应用场景中的综合评价结果见表6-21。

表6-21　分布式发电及微电网场景下储能技术适用度的综合评价结果

| 储能技术 | 环节适用度 | | | 总体适用度 |
|---|---|---|---|---|
| | 技术 | 经济 | 应用 | |
| 压缩空气储能 | 0.87 | 0.6 | 0.41 | 0.62 |
| 铅蓄电池 | 0.61 | 0.76 | 0.87 | 0.75 |
| 锂离子电池 | 0.75 | 0.79 | 0.89 | 0.81 |
| 液流电池 | 0.84 | 0.74 | 0.55 | 0.71 |
| 钠硫电池 | 0.82 | 0.78 | 0.48 | 0.69 |
| 超级电容 | 0.63 | 0.52 | 0.86 | 0.67 |

分布式发电及微电网场景下储能技术适用度的雷达图如图6-6所示，从其综合评价结果可以看出：

从技术环节上看。各类储能技术的优先排序为压缩空气储能>液流电池>钠硫电池>锂离子电池>超级电容>铅蓄电池，压缩空气储能的技术指标在分布式发电及微电网场景中的适用度相对较高，铅蓄电池的技术指标在该场景的适用度相对较低。

从经济环节上看。各类储能技术的优先排序为锂离子电池>钠硫电池>铅蓄电池>液流电池>压缩空气储能>超级电容，锂离子电池的经济指标在分布式发电及微电网场景的适用度相对较高，超级电容的经济指标在该场中的适用度相对较低。

从应用环节上看。各类储能技术的优先排序为锂离子电池>铅蓄电池>超级电容>液流电池>钠硫电池>压缩空气储能，锂离子电池的应用指标在分布式发电及微电网场景的适用度相对较高，压缩空气储能的应用指标在该场景的适用度相对较低。

综合来看。各类储能技术在分布式发电及微电网场景适用度的优先排序为锂离子电池>铅蓄电池>液流电池>钠硫电池>超级电容>压缩空气储能，锂离子电池的适用度相对较高，压缩空气储能的适用度相对较低。

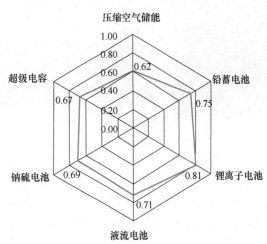

图 6-6　分布式发电及微电网场景下储能技术适用度的雷达图

# 第 7 章　储能技术发展及应用前景

## 7.1　全球储能市场发展趋势及在电力系统中的应用前景

**（1）全球储能市场将保持高速增长态势**

随着全球碳中和目标的推进，全球能源转型将进一步加快，可再生能源发展将进一步加快。可再生能源并网、电力系统辅助服务和用户侧储能将是储能应用的重点领域，使用电化学储能技术、规模在兆瓦级别的储能项目将大量投运。根据彭博新能源财经的预测，2021—2023 年，全球储能系统装机容量年均增长将达到 37%；Wood Mackenzie 的数据显示，2021—2030 年，全球储能系统装机容量年均增长为 31%。储能产业巨大的发展前景也将与电力系统建设、新能源发展相互推动，实现双赢。

**（2）全球储能产业朝着商业化及市场化方向发展**

根据彭博新能源财经的预测，未来 5~10 年，中国、美国、英国、德国、澳大利亚和韩国仍将引领全球储能发展。意大利、西班牙、爱尔兰和以色列将成为新兴的储能市场，预计未来 5~10 年也将普遍迎来快速发展。

**（3）各类储能技术保持多元化的发展格局**

虽然大多数技术都还处于技术完善、技术验证和技术示范阶段，但安全性好、循环寿命长、成本低和能效高一直是未来储能技术的发展方向和面临的共同挑战。针对不同的应用，各种技术面临的挑战也不尽相同，将不断地在示范应用中得到验证。各种技术将在不同的应用中发挥各自的优势，并逐步走向成熟。

**（4）储能技术朝着安全性好、成本低、循环寿命长以及效能高的方向快速发展**

各个国家都加大了对于储能技术研发和示范应用的支持力度，一方面新型储能技术不断涌现，另一方面现有储能技术性能不断优化、成本快速降低、应用规模大幅增加。作为最主要的电化学储能技术之一，锂离子电池的储能应用规模将实现大规模增长。根据 Navigant Research 的预测，2022 年锂离子电池储能应用规模达到 $3.42GW \cdot h$。

**（5）经济性成为各种技术流派选择的关键性因素**

不同应用场景对技术的性能、寿命和可靠性要求不同，对关键材料的规格要求也不同，进而造成成本的差异。制造工艺的复杂性也会增加成本下降的难度。此外，较低的能效也会提高用户的运营成本，降低客户使用价值。关键材料、制造工艺和能效是各种技术提高经济性面临的共同挑战。

**（6）储能系统功能由单一走向多元，成为构建新型电力系统的重要支撑技术**

储能系统功能走向多元。储能应用场景日益丰富，作用时间覆盖从秒级到小时级，逐步向"融合多能源+新型用电"等多元复合功能过渡。紧凑型、模块化是储能系统的发展方向。

伴随新能源大量分散接入和终端用户双向互动，储能系统的作用已开始由简单的友好接入向以能源互联为导向过渡，并倾向于基于高效协同管理统一规划开展全面研究和技术示范。以储能作为核心承载技术的多能互补、双向互动一体化综合能源系统将成为构建新型电力系统的重要单元。

## 7.2　储能技术在电力系统各环节应用前景分析

新型储能将在电力系统各个环节广泛应用，总体判断，近中期新型储能大规模发展不会对电网发展格局带来颠覆性的改变，但对电力系统发展、新能源发展、电网运行控制和终端用能方式等方面带来重要影响。

**（1）发电侧应用**

目前储能技术在新能源场站应用仍处于起步阶段，项目数量和装机规模都不大，主要应用于改善风电场控制性能。全球已投运风电场储能项目超过 100 个，装机规模超过 50 万 kW。

未来将提高大型风电场配置的储能规模，并逐步扩展储能在光伏电站、风光联合等多种新能源并网应用领域，发挥有效平抑新能源发电出力波动、灵活跟踪发电计划曲线，提高新能源场站电网的支撑能力，推动新能源发电成为主力电源，提升发电侧电力供应保障能力。

**（2）电网侧应用**

目前多数应用锂离子电池储能系统参与电网调频。美国、智利已建成投运多个锂离子电池储能电站，为电网提供短时的调频服务。例如美国投运的 Laurel Mountain 锂离子电池储能项目（32MW/8MW·h），主要为 PJM 电力市场提供调频服务。

未来压缩空气储能、液流电池作为电网级大容量储能技术，能够为电网提供更多辅助服务，增强电网调度控制的灵活性和安全性。压缩空气储能、液流电池具有容量大优势，能够建成 10 万千瓦级以上的储能电站。在大型能源基地、中枢变电站、负荷中心和电网末端等地区建设投运储能电站，能够提供调峰、调频和调压等多种辅助服务，在保持功率平衡、缓解电网局部阻塞和应对电网紧急事故等方面发挥重要作用。

**（3）用户侧应用**

目前锂离子电池已广泛应用于分布式发电和微电网储能系统、电动汽车等领域。未来随着多种储能电池技术的突破，将进一步推动电动汽车以及户用分布式小型储能系统加快发展。

新一代锂离子电池、高能量密度铝空气电池、快充钠离子电池、长寿命镁锑液态金属电池和石墨烯超级电容电池等前沿技术将重点应用在电动汽车领域，有望开启电动汽车发展新时代；部分边远地区用电容量较小的用户，出于经济利益考虑，选择分布式光储系统独立供电。美国夏威夷地区已经有用户选择了"分布式光储+电网"的供电模式。

## 7.3 储能在电力系统应用需要关注的几个问题

从整体储能市场来看，随着我国能源绿色低碳转型的推进和电力市场化改革的加快，储能应用的外部环境更加友好，以锂离子电池、液流电池以及压缩空气储能技术为代表的新型储能技术性能提升、成本下降、安全性保障体系日趋完善日益丰富的产品化设计等都将为储能系统的规模化和市场化应用创造条件。

**（1）储能将成为高比例新能源电力系统不可或缺的重要组成部分**

随着能源转型持续推进，新能源大规模高比例规模化发展以及新型储能技术不断成熟，解决新能源发电随机性、波动性带来的系统平衡问题，将推动多时间尺度储能技术规模化发展应用，储能将成为高比例新能源电力系统不可或缺的重要组成部分，推动电力系统形态逐步由"源网荷"三要素向"源网荷储"四要素转变。储能成为构建新能源场站、提升电力系统灵活性，提升源网荷储灵活互动和需求侧响应能力的重要支撑技术。未来储能在发展规模和布局上要与系统各类电源和电网协调发展，实现储能与电力系统深度融合，提升电力系统运行安全保障能力、供电可靠和整体运行效率。

**（2）抽水蓄能与新型储能互为补充，构建多类型协同的储能体系**

从电力系统应用需求来看，不同应用场景对超短时储能、短时储能、长时储能有不同需求。电力系统将形成以抽蓄和电化学为主，多类型储能协同发展的储能体系，以压缩空气储能、电化学储能等日内调节为主的多种新型储能技术路线并存，电化学储能将成为发展速度最快，应用前景最广的储能技术。未来随着新能源占比的提升，电力系统对长时储能需求将迅速增加。

**（3）大规模储能分散接入配电网可能对电能质量产生影响**

储能设施依靠电力电子装置实现功率的灵活调节，大规模分散接入可能会产生谐波超标等电能质量问题。储能设施依托电力电子器件控制，出力调节时间可达到毫秒级，若某一时刻大规模储能同时进行出力调节，可能会产生电压波动，甚至电压超标问题。且由于电力电子器件控制特性，储能设施会向电网输出谐波电流，分散接入规模较大时，可能会产生谐波电流、谐波电压超标问题，甚至影响用户用电安全。

**（4）混合型储能将成为储能应用的重要形式**

采用混合型储能技术，将具有快速响应特性的储能系统和具有大容量特性的储能系统联合使用以平抑功率波动，不仅可以优化储能系统的运行，延长系统寿命，而且可以使系统获得更好的技术性能和经济指标。例如，铅酸蓄电池技术成熟、价格便宜、蓄电容量较大且充放电周期较长，但是不能频繁地充放电，适合稳定数分钟至几十分钟内的长周期、大容量的功率波动；超级电容器充放电电流较大、充放速度很快、寿命长，循环次数可达百万次，但一般容量较小，非常适合需要短时频繁充放电的场合。如果采用铅酸电池和超级电容器合理搭配组成混合储能系统，可分别平抑长周期和短周期的波动，其中，用超级电容器平抑几秒至几分钟内的高频波动部分，用蓄电池平抑几分钟至几小时内的中频波动部分，通过采用铅酸电池和超级电容器组成的混合储能系统，可实现新能源场站总输入功率平稳。

### （5）高度关注储能在电力系统应用的安全性

虽然近年来电化学储能技术迅速发展，已实现初步商业化应用，但在安全技术、安全管理等方面还存在不足，电化学储能技术面临本体安全风险。一是技术层面安全问题尚未根本解决。虽然国家标准要求电池应能承受一定的滥用条件，但各类电池热失控机理、燃烧特性不尽相同，受电、热、机械激源等影响，容易引发热失控而起火，甚至发生爆炸，现有技术难以解决热失控状态监测、抑制电池复燃等问题。二是管理机制尚不健全，部分技术标准、管理规范较为滞后。建设工程消防设计审查验收、传统电气工程安装验收规范未对储能电站进行明确定位，储能电站工程验收和消防验收依据不足；部分安全技术标准缺失。三是安全责任不清晰。投资、生产、建设、租赁、运维等各方安全责任不够清晰。

# 第三篇
## 优化配置篇

# 第 8 章 高比例新能源系统储能配置需求

## 8.1 新能源发展趋势

### 8.1.1 全球新能源的发展趋势

随着能源危机和全球气候问题日益严重，大力发展新能源⊖成为各国应对气候变化、推动能源转型的共同选择。全球新能源发电呈现大规模、高比例发展趋势。

根据 IEA（国际能源署）的研究⊜：全球新能源已进入增量替代阶段，并将逐步向存量替代阶段过渡。2010—2020 年期间，全球新增发电量中可再生能源发电量对新增发电量的贡献率超过 50%，其中新能源发电的贡献率为 31.8%，如图 8-1 所示。预计 2021—2030 年期间，新能源发电逐步成为增量主体，并向存量替代过渡。2030 年以后，新能源开始实现存量替代。

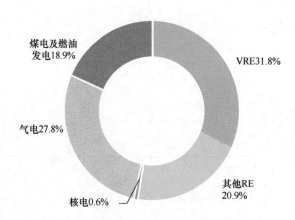

图 8-1　2011—2020 年各类电源对全球发电量增长的贡献率

根据 IEA 的分析预测，要满足既有政策情景、宣布承诺情景、可持续发展情景和净

---

⊖　文中新能源指风电、太阳能发电等波动性可再生能源，即 VRE（Variable Renewable Energy）。
⊜　IEA《World Energy Outlook 2021》，2021。

零排放情景四种情景的减排目标，2050 年，全球可再生能源发电量占全部发电量的比重均应达到 60%及以上，风电、光伏发电量占比应达到 40%～67%，具体见表 8-1。

表 8-1　2050 年四种情景新能源占比预测

| 指标 | STEPS 情景 | APS 情景 | SDS 情景 | NZE 情景 |
|---|---|---|---|---|
| 碳排放/亿 t | 360 | 320 | 90 | 0 |
| 2100 年升温/℃ | 2.6 | 2.1 | 1.7 | 1.5 |
| RE 发电量占比（%） | 59.6 | 69.1 | 81.1 | 86 |
| 其中：VRE 发电量占比（%） | 39.5 | 50.7 | 58.6 | 66.6 |

注：STEPS：既有政策情景，APS：宣布承诺情景，

　　SDS：可持续发展情景，NZE：净零排放情景。

根据 IRENA（国际可再生能源署）的研究[⊖]：要实现全球温升控制在 1.5℃的减排目标，2050 年，可再生能源发电装机占比将由 2018 年的 33%提高到 92%，其中新能源装机占比由 2018 年的 15%提高到 74%；可再生能源发电量占比由 2018 年的 25%提高到 90%，其中新能源电量占比由 2018 年的 10%提高到 63%，如图 8-2 所示。

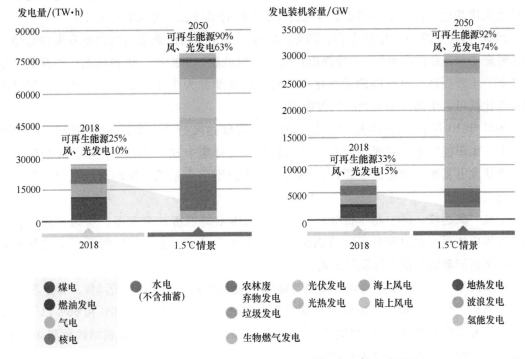

图 8-2　1.5℃情景 2050 年全球新能源装机及电量占比预测

---

⊖　IRENA《World Energy Transitions Outlook—1.5℃ PATHWAY》2021。

## 8.1.2　我国新能源的发展趋势

"十三五"期间，我国新能源实现跨越式发展。截至 2020 年底，全国新能源发电累计装机容量 5.3 亿 kW，占全国总装机比重达到 24%。"十三五"期间，我国新能源累计新增装机 3.6 亿 kW，年均新增装机达到 7232 万 kW，是"十二五"的 2.5 倍。2020 年，全国新能源累计发电量 7275 亿 kW·h，是 2015 年的 3.2 倍，占总发电量的 9.5%，较 2015 年提高 5.6 个百分点。

随着"双碳"目标的提出，我国风电、光伏发电发展的政策环境发生深刻变化。

2020 年 9 月 22 日，习近平总书记在第七十五届联合国大会一般性辩论上宣布：中国将提高国家自主贡献力度，采取更加有力的政策和措施，$CO_2$ 排放力争于 2030 年前达到峰值，努力争取 2060 年前实现碳中和。

2020 年 12 月 12 日，习近平总书记在气候雄心峰会上宣布：到 2030 年，中国单位国内生产总值 $CO_2$ 排放将比 2005 年下降 65% 以上，非化石能源占一次能源消费比重将达到 25% 左右，森林蓄积量将比 2005 年增加 60 亿 $m^2$，风电、太阳能发电总装机容量将达到 12 亿 kW 以上。

2021 年 10 月 12 日，习近平总书记在《生物多样性公约》第十五次缔约方大会领导人峰会上宣布：中国将大力发展可再生能源，在沙漠、戈壁、荒漠地区加快规划建设大型风电光伏基地项目，第一期装机容量约 1 亿 kW 的项目已于近期有序开工。

2021 年 9 月 22 日，中共中央、国务院印发《关于完整准确全面贯彻新发展理念做好碳达峰碳中和工作的意见》，文件提出：大力发展风能、太阳能、生物质能、海洋能、地热能等，不断提高非化石能源消费比重。构建以新能源为主体的新型电力系统，提高电网对高比例可再生能源的消纳和调控能力。

2021 年 10 月 24 日，国务院印发《2030 年前碳达峰行动方案》，文件提出：全面推进风电、太阳能发电大规模开发和高质量发展，坚持集中式与分布式并举，加快建设风电和光伏发电基地。构建新能源占比逐渐提高的新型电力系统，推动清洁电力资源大范围优化配置。

实现"碳达峰、碳中和"目标是一场广泛而深刻的经济社会变革，要构建多元化清洁能源供应体系，大力发展非化石能源，重点是加大风力、光伏等新能源发电的开发利用。我国新能源面临重大的发展机遇。

初步预测："十四五"期间，我国新能源年均新增装机将超过 1 亿 kW，有望在"十三五"基础上倍增。2030、2060 年新能源发电装机占比将分别达到 40% 和 60% 以上；发电量占比有望分别超过 25% 和 50% 以上。2020—2060 年我国新能源装机结构预测如图 8-3 所示，其电量结构变化如图 8-4 所示。

分布式电源、微电网和综合能源系统将成为新能源大规模高比例发展的重要支撑。分布式电源、微电网等将作为大电网的有益重要补充，成为电力系统的重要组成部分。初步测算，2030、2060 年我国分布式发电装机占全部发电装机的比重有望分别达到 15% 和 30%。

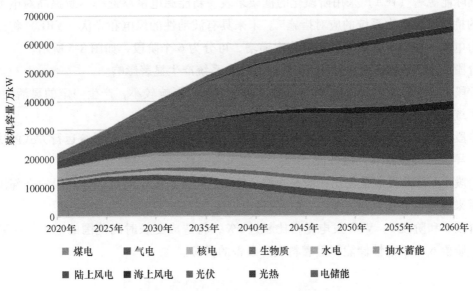

图 8-3　2020—2060 年我国新能源装机结构预测示意图

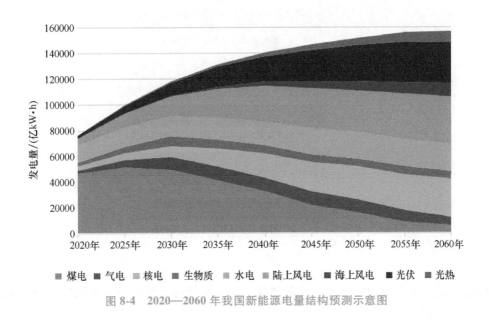

图 8-4　2020—2060 年我国新能源电量结构预测示意图

## 8.2 高比例新能源电力系统的新特征

### 8.2.1 高比例新能源接入对电力系统的影响

随着新能源接入规模的提高，电力系统中新能源占比将逐步提升，新能源发电出力的随机性、波动性和间歇性决定了大规模新能源接入，会对电力系统产生重大影响。

国际能源署（IEA）采用阶段化的框架来表现新能源电量渗透率不断提高对电力系统带来的挑战以及电力系统的应对措施[⊖]。未来具有波动性的风电和光伏（VRE）将逐步成为主力电源，按对电力系统的影响依次递增，可分为 6 个阶段，如图 8-5 所示。

阶段 1：VRE 发电量占比小于 5%，对电力系统产生显著影响。

阶段 2：VRE 发电量占比 5%~15%，对电力系统影响较小，产生一定的灵活性需求，只需系统运行方式稍作调整。

阶段 3：VRE 发电量占比一般在 20% 左右，新能源将成为影响系统运行方式的决定性因素，导致灵活性需求大幅增长。

阶段 4：VRE 发电量占比一般在 40%~60% 之间，系统仅满足部分时段的全部用电需求，带来供电可靠性风险。

阶段 5 和阶段 6：VRE 发电量占比超过 5%，将造成更长时间范围的电力供应紧缺或过剩，阶段 6 中季节性储能和氢燃料成为必备的资源。

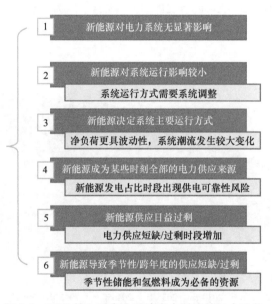

图 8-5　VRE 接入对电力系统安全影响的 6 个阶段

风电、光伏发电出力特性不同于常规机组，大规模接入后对电力系统的影响主要体现在以下几个方面。

**（1）大规模风电、光伏发电等波动性发电并网对电力实时平衡带来较大影响**

以华北电网为例，近三年迎峰度夏期间（7~8 月），风电的平均同时率不足 20%，风电平均出力占负荷比例不足装机占比的 1/3，如图 8-6 所示。风电迎峰度夏期间往往连续多日出现出力极低情况，对电力平衡支撑很弱。光伏在晚高峰时段出力极低，对电力平衡支撑基本为 0，如图 8-7 所示。

---

⊖ IEA. Electricity Security 2021-Secure Energy Transitions in the Power Sector［R］. Paris, 2021。

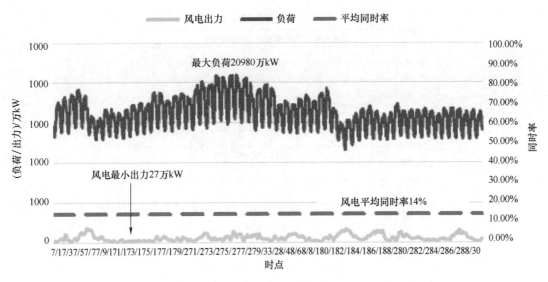

图 8-6　华北电网迎峰度夏期间风电出力"极热无风"特点明显

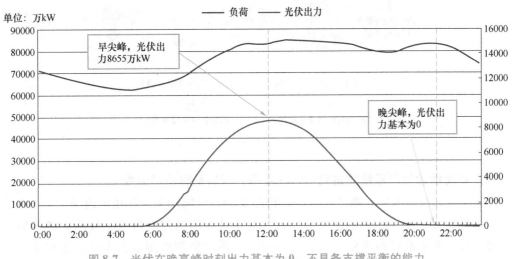

图 8-7　光伏在晚高峰时刻出力基本为 0，不具备支撑平衡的能力

### （2）大规模光伏发电并网对系统有功平衡带来新的挑战

大规模光伏发电并网，系统净负荷曲线可能呈现中午低于夜间的特点，拉大系统净负荷峰谷差，对系统的调峰能力提出更高的要求。美国加州提出了著名的"鸭子曲线"问题如图 8-8 所示，即白天大规模光伏发电充足，满足电网负荷需求，甚至会出现电力过剩；而夜晚，光伏出力为 0，需要其他电源能够快速增加出力，满足电力负荷需求。

### （3）高比例新能源系统惯量降低，调频能力下降，导致频率问题突出

系统有效转动惯量的大小以及机组调频能力将直接影响到系统的抗扰动能力。在大功率缺失情况下，电网抗扰动能力下降，易诱发全网频率问题。由于风电光伏发电系统为无惯量或低惯量系统，在同样的负荷水平和功率缺失情况下，若新能源比例增加，电网抗扰动能力下降，会导致系统频率问题突出，系统调频需求激增。

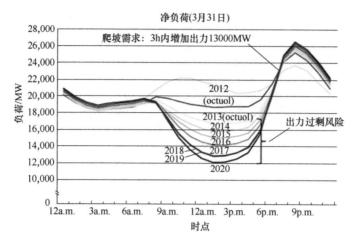

图 8-8　加州高比例光伏接入后的净负荷"鸭子曲线"

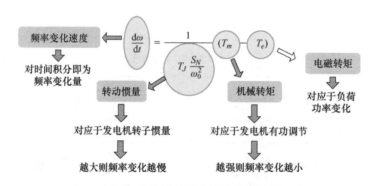

图 8-9　发电机转子方程及转动惯量

**（4）高比例新能源系统功角稳定特性复杂，增加系统稳定风险**

新能源大规模接入后，系统功角稳定特性复杂，可能产生新的稳定内涵，加大系统安全管控策略配置难度，影响电网安全。一方面，新能源的控制方式、故障穿越策略和接入位置等都会影响系统功角稳定性；另一方面，高比例新能源电力电子设备使系统稳定问题时间尺度缩短，暂态过程由秒级扩展到毫秒级尺度。

**（5）高比例新能源系统电压稳定问题凸显**

新能源动态无功支撑能力弱，导致高比例新能源系统电压支撑能力不足以及暂态过电压问题突出。与常规电源相比，新能源机组动态无功支撑能力较弱；此外新能源大多由低压电网接入，与主网电气距离较远，更加削弱新能源机组对电网的电压支撑能力。一方面，随着新能源占比快速提高，特别是对于多直流密集馈入系统，系统动态无功储备及支撑能力急剧下降；另一方面，新能源大规模接入导致系统短路容量下降，暂态无功变化量增加，易出现暂态过电压。

高比例新能源接入对系统灵活调节资源需求激增，储能成为电力系统不可或缺的重要组成部分。电力系统灵活调节资源包括燃煤机组灵活性改造以及燃气机组、抽水蓄能、新型储能、大电网跨区输电通道、用户侧可中断可调节负荷和氢能等。新型储能在调节特性、响应时间和使用便利性等方面都具有显著优势。

## 8.2.2　高比例新能源电力系统的典型特征

随着"碳达峰、碳中和"目标的提出，能源绿色低碳转型进程将加快推进，能源格局面临深刻调整，必将给电力系统带来深刻变化。随着新能源接入电力系统的比例逐步提高，风电和太阳能发电将成为电力供应的重要组成部分。图 8-10 为高比例新能源电力系统典型日发电运行曲线示意图，该场景下可再生能源发电量占比为 86%，而风电、光伏等新能源发电量占比为 64%。

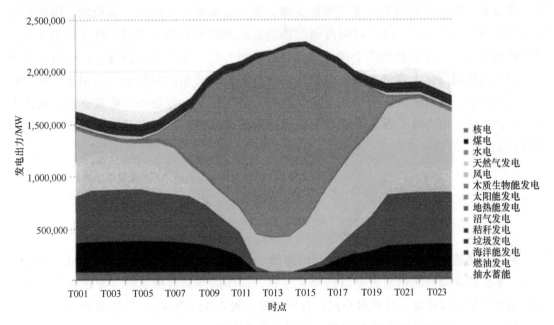

图 8-10　高比例新能源电力系统典型日发电运行曲线示意图

从电力系统运行示意图来看，高比例新能源系统与传统电力系统有着明显不同，主要有以下特征：

从供给侧看，新能源将逐步成为装机和电量的主体。随着能源转型步伐持续加快，预计 2030 年风电和太阳能发电装机将达到 12 亿 kW 以上，规模超过煤电，成为第一大电源；到 2060 年前，新能源发电占比有望超过 50%。电源结构由可控连续出力的煤电装机占主导，向强不确定性，弱可控出力的新能源发电装机占主导转变，煤电将从目前的装机和电量主体逐步演变为调节性和保障性电源。

从用户侧看，发用电一体的产销者（prosumer）大量涌现。随着分布式电源、多元负荷和储能快速发展，很多用户侧主体兼具发电和用电双重属性，既是电能消费者也是电能生产者，终端负荷特性由传统的刚性、纯消费型向柔性、生产与消费兼具型转变，网荷互动能力和需求侧响应能力将不断提升。

从电网侧看，呈现以大电网为主导、多种电网形态相融并存的格局。交直流混联大电网依然是能源资源优化配置的主导力量，配电网成为有源网，微电网、分布式能源系统、电网侧储能和局部直流电网等将快速发展，与大电网互通互济、协调运行，电网的枢纽平台作用进一步凸显，有效支撑各种新能源开发利用和高比例并网，实现各类能源设施便捷接入、"即插即用"。

从系统整体看，运行机理和平衡模式出现深刻变化。随着新能源发电大量替代常规电源，以及储能等可调节负荷广泛应用，电力系统的技术基础、控制基础和运行机理将深刻变化，平衡模式由源随荷动的实时平衡，逐步向源网荷储协调互动的非实时动态平衡转变。一是新能源具有随机性、波动性和间歇性等特性，高比例新能源接入使得电力系统源随荷动、实时平衡的平衡模式难以为继，要求电源侧、电网侧、负荷侧、储能环节资源深度参与实时平衡，以"源网荷储"协同互动新的平衡模式取代传统平衡模式。二是传统电力系统一次能源供应主体是稳定可控的煤、气、水等常规能源，传统电力系统的控制对象是同质化大容量常规发电机组，具有连续调节和控制能力，采用集中控制模式。随着风能、太阳能等新能源在电源结构中，新能源单机容量小、数量众多、布点分散、特性多样，电力电子设备采用基于快速切换的离散控制，电力系统运行机理发生根本性改变。

## 8.3 高比例新能源系统典型应用场景对储能配置技术需求

### (1) 调频

系统调频是对发生频率偏差的瞬时响应能力，对储能系统的功率需求在 10~100MW 之间，系统调频对储能单次放电时间要求很短，动作周期具有随机性，要求储能技术要达到毫秒级的响应速度，储能最小放电持续时间一般在 15~30min，属于储能的功率型应用，年运行次数可达万次，对储能的运行安全性要求高。

### (2) 调峰

系统调峰主要是满足能量时移要求。能量时移应用属于典型的储能的能量型应用，其对充放电功率的要求较宽，一般在 10~500MW 之间，对放电响应时间没有严格要求，一般小时级响应即可满足需要，放电持续时间一般介于 1~8h。能量时移在电力系统发输配用各环节都有应用需求，且运行较为频繁，年运行次数达到 250 次以上，对储能的运行安全性要求高。

### (3) 电网阻塞管理

储能参与电网阻塞管理，可以最大限度避免切机或切负荷，有效减小停电损失，延缓输变电设备升级改造投资。对储能系统的需求是在 100min 内持续提供 0.1~1MW 的功率，此时对储能应用的时间尺度是小时级及以上。对储能的功率等级要求要达到 10~500MW，响应速度要求高，年运行次数一般达到 100 次左右，对储能的运行安全性要求高。

# 第 9 章 基于调频场景的储能配置模型及实证研究

## 9.1 高比例新能源接入的频率问题

频率是衡量电能质量的一个重要指标，关系到电力系统中许多电力设备的安全经济运行，特别是电子设备和精密加工设备对电网频率有很高的要求，因此必须将频率控制在一定范围内。我国国家标准 GB/T 15945—1995 规定，电力系统频率控制在（50±0.2）Hz 范围内的时间应达到 98% 以上。

在系统出现扰动情况下，电力系统频率调整按响应先后次序可分为惯性响应、一次调频、二次调频和三次调频，依次依靠系统同步发电机组的转动惯量、调速器的下垂频率控制特性、自动发电控制以及经济调度实现系统发电与用电的实时有功平衡，保证系统频率在规定范围之内。

新能源发电具有不同于常规电源的控制特性与出力特性，影响电网频率稳定。具体体现如下：

一是由于目前的变速风机、光伏发电等通过变流器与电网相联，在无特殊要求的情况下，无法向电网提供转动惯量，其替代常规机组在线运行后，系统的总转动惯量减小，从而使系统功率波动引起的频率偏差增加，可能导致系统暂态频率最低值达到系统低频减载装置动作阈值，带来系统频率稳定性风险。

二是如果没有特殊的并网规定，风电、光伏发电等一般缺乏一次调频能力，当其替代常规机组在线运行后，可再生能源将引起接入区域的频率特性响应系数减小，从而其调频性能变差，影响系统稳态频率偏差。

三是由于风电、光伏发电等功率预测误差与风电、光伏发电的小时间尺度（如秒和分钟级）随机波动性，使得系统需要实时调整的净负荷波动幅度增加，从而增加了系统的调频压力。

储能是解决未来高比例可再生能源接入电网挑战的重要技术选择之一。电化学等新型储能在启动时间、响应速度和输出能量等方面的优势，使其成为解决高比例可再生能源接入条件下电网调频问题的重要技术选择。目前新型储能在电网调频方面已有一些示范应用，如美国、智利已建成投运多个锂离子电池储能电站，为电网提供调频服务。

## 9.2 高比例新能源接入对频率影响机理

**（1）调频基本原理**

电力系统调频按响应前后顺序可分为惯性响应、一次调频和二次调频，不同调频环节的调节手段有所差异。以系统受到负荷增加的扰动为例，系统调频如图 9-1 所示，具体过程如下：

1）惯性响应。同步发电机转子减速，向系统输出功率，减缓系统频率下降速度，进而减小最大频率偏差。惯性响应持续时间一般为 10s 左右，频率达到最小值（$f_{nadir}$）。

2）一次调频。短暂的迟滞时间后，同步发电机调速器作用于进气阀，增发功率，同时，负荷也产生频率响应，用电功率减少，两者作用使频率回升。由于一次调频为有差控制，因此此时系统频率（$f_{pc}$）比初始值小，存在静态频率偏差。一次调频响应时间一般为 10~30s，持续时间为 30s~1min。

3）二次调频。若一次调频频率偏差过大，则系统自动发电控制（AGC）响应调整发电机出力整定值，增大发电机出力，使系统频率恢复至正常频率范围（$f_{sc}$）。二次调频响应时间一般为 1~2min。

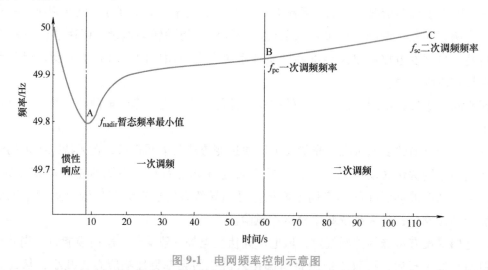

图 9-1　电网频率控制示意图

**（2）高比例可再生能源对大电网调频的影响机理**

风电接入前，设系统常规机组的总在线容量为 $P_c$，常规机组年发电量为 $E_c$，所有常规机组的复合容量系数为 $CF_c$，则有 $P_c = E_c/(CF_c \times 8760)$。

设 $H_{pu}$ 为由同步机组提供的平均惯量时间常数，单位为 s。则系统转动惯量为 $H_s = P_c H_{pu}$，单位为 MW·s。系统受到扰动，频率变化率可表示为

$$\frac{d\overline{\Delta f}}{dt} = \frac{-\Delta P_L f_0}{2H_s} \tag{9-1}$$

式中，$f_0$ 为扰动前系统初始频率。

设系统惯性响应持续时间为 $T_{\text{inertia}}$，则

$$f_{\text{nadir}} - f_0 = \frac{\mathrm{d}\,\overline{\Delta f}}{\mathrm{d}t} \times T_{\text{inertia}} \tag{9-2}$$

发生扰动后，系统暂态频率最低值为

$$f_{\text{nadir}} = f_0 + \frac{-\Delta P_{\text{L}} f_0}{2 P_{\text{c}} H_{\text{pu}}} \times T_{\text{inertia}} \tag{9-3}$$

一次调频作用后，系统稳态频率偏差可以表示为

$$\Delta f_{\text{s}} = f_{\text{pc}} - f_0 = \frac{-\Delta P_{\text{L}}}{(1/R_{\text{s}}) + D_{\text{s}}} \tag{9-4}$$

式中，$f_{\text{pc}}$ 为系统一次调频稳态频率；$1/R_{\text{s}}$ 为系统发电机组频率调节特性系数；$D_{\text{s}}$ 为系统负荷频率调节特性系数。

设风电接入前系统所有常规发电机组的频率调节特性系数标幺值为 $1/R_{\text{pu}}$，则系统所有常规机组的频率调节特性系数有名值为

$$1/R_{\text{s}} = (1/R_{\text{pu}}) P_{\text{c}} \tag{9-5}$$

从而

$$\Delta f_{\text{s}} = \frac{-\Delta P_{\text{L}}}{(1/R_{\text{pu}}) P_{\text{c}} + D_{\text{s}}} \tag{9-6}$$

高比例可再生能源接入对区域有功频率控制的影响主要表现在 3 个方面：

1）由于目前的变速风机、光伏发电等通过变流器与电网相连，在无特殊要求的情况下，无法向电网提供转动惯量，其替代常规机组在线运行后，系统的总转动惯量减小，从而系统功率波动引起的频率偏差增加，可能导致系统暂态频率最低值达到系统低频减载装置动作阈值，造成系统频率稳定性风险。

设风电电量比例为 $p\%$，即

$$p\% = \frac{E_{\text{w}}}{E} \times 100\% \tag{9-7}$$

式中，$E_{\text{w}}$ 为风电年发电量；$E$ 为所有电源年发电量。

假设风电接入前后 $CF_{\text{c}}$ 保持不变，则

$$E = E_{\text{c}}' + E_{\text{w}} = P_{\text{c}}' \times CF_{\text{c}} \times 8760 + P_{\text{w}} \times CF_{\text{w}} \times 8760 \tag{9-8}$$

式中，$E_{\text{c}}'$ 是风电接入比例为 $p\%$ 时常规机组的年发电量；$P_{\text{c}}'$ 为风电接入后系统常规机组总在线容量；$P_{\text{w}}$ 为风机的总装机容量；$CF_{\text{w}}$ 为风电的复合容量系数。

由上述关系可知，风电接入比例为 $p\%$ 时，系统在线常规机组容量为

$$P_{\text{c}}' = \frac{E_{\text{c}}'}{CF_{\text{c}} \times 8760} = \frac{E - E_{\text{w}}}{CF_{\text{c}} \times 8760} = \frac{(1 - p\%) E}{CF_{\text{c}} \times 8760} \tag{9-9}$$

风电接入系统前，$E$ 完全由常规机组供给；当风电接入水平为 $p\%$ 时，只有 $(1 - p\%) E$ 来源于常规机组，即常规机组的在线容量减少为原来的 $(1 - p\%)$。

在风电接入 $p\%$ 条件下，发生扰动后，系统暂态频率最低值为

$$f_{\text{nadir}}' = f_0 + \frac{-\Delta P_{\text{L}} f_0}{2 P_{\text{c}}' H_{\text{pu}}} \times T_{\text{inertia}} \tag{9-10}$$

当风电接入水平为 $p\%$ 时，$P'_c$ 减小为原来的（$1-p\%$）。这使电网受到扰动后的频率下降速率增加，从而系统暂态频率最低值 $f'_{nadir}$ 增加，可能超过系统低频减载装置阈值。

2）如果没有特殊的并网规定，变速风电、光伏发电等一般缺乏一次调频能力，当其替代常规机组在线运行后，可再生能源引起接入区域的频率特性响应系数减小，从而其调频性能变差，影响系统稳态频率偏差。

风电接入 $p\%$ 条件下，发生扰动后，则

$$\Delta f'_s = f'_{pc} - f_0 = \frac{-\Delta P_L}{(1/R_{pu})P'_c + D_s} \tag{9-11}$$

$P'_c$ 减小为原来的（$1-p\%$），系统稳态频率偏差增加。

3）由于风电、光伏发电等功率预测误差与风电、光伏发电的小时间尺度（如秒和分钟级）随机波动性，使得系统需要实时调整的净负荷波动幅度增加，从而增加了系统的调频压力。

风电接入后，定义净负荷为

$$P_{NL}(t) = P_L(t) - P_w(t) \tag{9-12}$$

式中，$P_{NL}(t)$ 表示净负荷；$P_L(t)$ 表示负荷；$P_w(t)$ 表示风电。

净负荷波动可以表示为

$$\Delta P_{NL}(t) = \Delta P_L(t) - \Delta P_w(t) \tag{9-13}$$

由于风电波动和负荷波动常不相关，净负荷波动的方差可以表示为

$$\sigma_{NL}^2 = \sigma_L^2 + \sigma_w^2 \tag{9-14}$$

式中，$\sigma_L^2$ 为负荷波动的方差；$\sigma_w^2$ 为风电波动的方差。

可见，风电接入将增加系统的净负荷波动幅度。

高比例风电接入前后，系统频率指标变化如图 9-2 所示，分别为：风电接入系统前系统暂态频率最小值（$f_{nadir}$）、一次频率稳态频率（$f_{pc}$）和二次调频稳态频率（$f_{sc}$）；风电接入系统后系统暂态频率最小值（$f'_{nadir}$）、一次频率稳态频率（$f'_{pc}$）和二次调频稳态频率（$f'_{sc}$）。

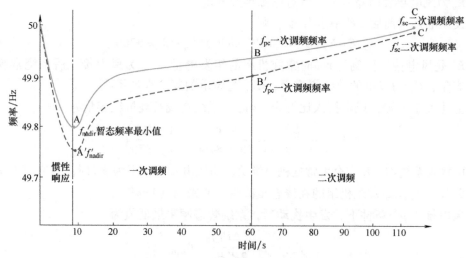

图 9-2　高比例风电接入前后电网频率控制性能变化示意图

## 9.3　基于调频场景的储能配置模型

随着能源电力绿色低碳转型的推进，新能源接入系统的比重逐步提高，一方面，新能源中的光伏发电主要基于电力电子装置，完全不具有转子以及等效转动惯量；风机虽然具有转子，但是其等效转动惯量太小，不足以在系统运行中起到有效作用。导致高比例新能源系统惯量降低，调频能力下降，频率问题突出。另一方面，传统发电机组调频响应能力不足的问题开始显现：一是火电机组响应时滞长，水电机组受季节和地域影响较大；二是一次调频受供热等问题限制，二次调频受机组爬坡速度和各类延时限制。高比例新能源系统迫切需要响应速度快、运行灵活可靠和爬坡性能好的新型调频资源，支撑电网稳定运行。

近年来，以电化学储能为代表的新型储能技术不断进步、成本逐步下降，在电力系统一些场景中实现了规模化的应用。相较于传统调频发电机组，储能参与电网调频主要有以下优势：

1）响应速度快，能在百毫秒内完成一次充放电状态切换。美国太平洋西北国家实验室（PPNL）的一项研究表明，平均来看，储能调频性能是水电机组的 1.7 倍，燃气机组的 2.5 倍，火电机组的 20 倍以上。

2）控制手段成熟。新型储能基于双向变流器的电力电子控制，可实现受控状态下功率灵活上调/下调，运行方式灵活高效。

3）储能输出变化快速，可精确跟踪负荷变化，功率储备裕度小。

4）调频过程中电池类储能处于浮充电状态，相对于平抑电网峰谷差需要电池进行深度充放电的场景，对蓄电池寿命影响较小。

本节提出一种技术经济综合最优的储能容量配置方法，在满足调频控制要求及储能运行相关约束下，得到储能的容量优化配置方案。

该方法首先构建研究对象的经济运行模型，包括经济最优目标函数及约束条件，储能电池容量作为其中的一个决策变量，采用智能算法进行寻优求解。该场景下，频率突增/突降状况下的快速频率支撑调节能力需求，即为储能在特定场景下的最优配置额定功率和最优配置额定容量。

### 9.3.1　调频场景下储能优化配置模型

#### （1）额定功率设计

假设调频时段和起始时刻分别为 $T$ 和 $T_0$，储能电池的额定功率为 $P_{rated}$，且充电为正，放电为负。如果在 $T$ 时段内，储能电池的功率需求指令为 $\Delta P_E(t)$，配置的 $P_{rated}$ 应能吸收或补充 $\Delta P_E(t)$ 在 $T$ 内出现的最大过剩功率 $\Delta P_{surplus}^{max}$（需要储能电池充电）或最大功率缺额 $\Delta P_{shortage}^{max}$（需要储能电池放电）。进一步考虑功率转换系统（PCS）效率和电池储能设备的充放电效率，可得

$$\begin{cases} \Delta P_{\text{surplus}}^{\text{max}} = \left| \max_{t \in (t_0, t_0+T)} \left[ \Delta P_E(t) \right] \right| \\ \Delta P_{\text{shortage}}^{\text{max}} = \left| \min_{t \in (t_0, t_0+T)} \left[ \Delta P_E(t) \right] \right| \\ P_{\text{rated}} = \max \left\{ \Delta P_{\text{surplus}}^{\text{max}} \eta_{\text{DC/DC}} \eta_{\text{DC/AC}} \eta_{\text{ch}}, \dfrac{\Delta P_{\text{shortage}}^{\text{max}}}{\eta_{\text{DC/DC}} \eta_{\text{DC/AC}} \eta_{\text{dis}}} \right\} \end{cases} \quad (9\text{-}15)$$

式中　　　$P_{\text{rated}}$——额定功率。单位通常为 MW；

　　$\eta_{\text{DC/DC}}$ 和 $\eta_{\text{DC/AC}}$——DC/DC 和 DC/AC 变换器的效率；

　　　$\eta_{\text{ch}}$ 和 $\eta_{\text{dis}}$——储能设备的充放电效率。

此外，还可基于统计模型，设计出任意置信水平下的储能电池额定功率。

**（2）额定容量设计**

假设储能电池的额定容量为 $E_{\text{rated}}$，根据上文所得的额定功率 $P_{\text{rated}}$ 可以得到储能电池的实时功率序列，然后按下述方法设计 $E_{\text{rated}}$。

首先引入储能电池的荷电状态 $Q_{\text{SOC}}$。该变量可直观反映储能电池的剩余能量值。假设储能电池充电和放电至截止电压时的 $Q_{\text{SOC}}$ 分别为 1 和 0，可得

$$Q_{\text{SOC}} = \frac{剩余电量}{额定容量} = \frac{E_{\text{rated}} - E_d}{E_{\text{rated}}} \times 100\% \quad (9\text{-}16)$$

式中　　$E_{\text{rated}}$——额定容量，单位为 MW·h；

　　　$E_d$——储能电池累计充放电量。

设储能电池的荷电状态 $Q_{\text{SOC}}$ 的允许范围为 $[Q_{\text{SOC,min}}, Q_{\text{SOC,max}}]$，其运行参考值为 $Q_{\text{SOC,ref}}$。其中，$Q_{\text{SOC,max}}$ 和 $Q_{\text{SOC,min}}$ 分别是荷电状态的上下限值；$Q_{\text{SOC,min}}$、$Q_{\text{SOC,max}}$ 和 $Q_{\text{SOC,ref}}$ 可根据实际所选的电池技术特性、应用场景及风电等间歇性电源出力波动的统计规律确定。假设以荷电状态运行参考值 $Q_{\text{SOC,ref}}$ 为初始荷电状态，则第 $k$ 时刻储能电池的荷电状态为 $Q_{\text{SOC,k}}$，其表达式为

$$Q_{\text{SOC,k}} = Q_{\text{SOC,ref}} + \frac{\int_0^{k\Delta T} P_E^i \, dt}{E_{\text{rated}}} \quad (9\text{-}17)$$

式中　　$P_E^i$——第 $i$ 时刻储能电池的功率指令；

　　　$\Delta T$——储能电池功率指令时间间隔。

在储能电池运行的过程中，$Q_{\text{SOC,k}}$ 应满足

$$\begin{cases} \max \left( Q_{\text{SOC,k}} \right) \leqslant Q_{\text{SOC,max}} \\ \min \left( Q_{\text{SOC,k}} \right) \geqslant Q_{\text{SOC,min}} \end{cases} \quad (9\text{-}18)$$

将式（9-17）代入式（9-18）得

$$\begin{cases} E_{\text{rated}} \geqslant \dfrac{\max \left( \int_0^{k\Delta T} P_E^i \, dt \right)}{Q_{\text{SOC,max}} - Q_{\text{SOC,ref}}} \\[4mm] E_{\text{rated}} \geqslant \dfrac{- \min \left( \int_0^{k\Delta T} P_E^i \, dt \right)}{Q_{\text{SOC,ref}} - Q_{\text{SOC,min}}} \end{cases} \quad (9\text{-}19)$$

综合考虑储能电池的应用效果和成本因素，可知其额定容量$E_{rated}$应满足

$$E_{rated} \geqslant \max\left(\dfrac{\max\left(\int_0^{k\Delta T} P_E^i \mathrm{d}t\right)}{Q_{SOC,max} - Q_{SOC,ref}}, \dfrac{-\min\left(\int_0^{k\Delta T} P_E^i \mathrm{d}t\right)}{Q_{SOC,ref} - Q_{SOC,min}}\right) \quad (9\text{-}20)$$

式（9-20）取等号时，即为可满足要求的最小储能电池容量，并以其确定额定容量值$E_{rated}$。

**（3）基于技术经济综合最优的储能容量配置方法**

反映一次调频效果的评价指标为

$$J_1 = \sqrt{\dfrac{1}{n} \sum_{i=1}^n \Delta f_i^2} \quad (9\text{-}21)$$

区域互联电网的一次调频储备通常在千兆瓦级以上，频率稳定性较好。而位于偏远地区或岛屿等地区的电网，风光资源较为丰富，由于风光发电出力的波动，导致频率稳定性较差。

定义储能电池经济评估指标，净效益现值$P_{NET}$的表达式为

$$P_{NET} = N_{RES} - C_{LCC} \quad (9\text{-}22)$$

式中　$N_{RES}$——考虑储能电池参与电网调频的成本；

　　　$C_{LCC}$——收益。

基于经济性最优的储能电池容量配置目标是在调频辅助服务市场中获取最大净效益现值$P_{NET}$，其最大化需要尽可能降低储能电池的成本现值$C_{LCC}$。由于储能电池成本主要由所配置的容量决定，因此，以经济最优为目标的储能电池充放电策略设计问题可等效为控制储能电池在调频死区内进行额外充放电，寻找满足储能电池运行要求的最小容量配置方案的问题。储能电池参与一次调频的容量优化配置流程图如图9-3所示。

储能电池参与一次调频时，除了固定收益外，其收益还包含静态收益、动态收益和环境效益。其中，固定收益包括储能电池的备用功率收益和实时电量收益等，以及在调频死区内对其进行额外充放电所带来的收益$R_s$，表达式为

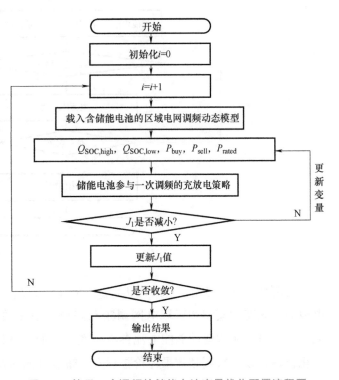

图 9-3　基于一次调频的储能电池容量优化配置流程图

$$R_s = R_3 (E_{sell} - E_{buy}) \qquad (9\text{-}23)$$

式中　$R_3$——对应的实时售电和购电电价；

$E_{sell}$ 和 $E_{buy}$——分别对应储能电池的额外售电和购电电量。

综上，基于充放电策略，以储能电池参与的一次调频的经济性最优为目标，储能电池容量优化配置方法流程图如图 9-4 所示。

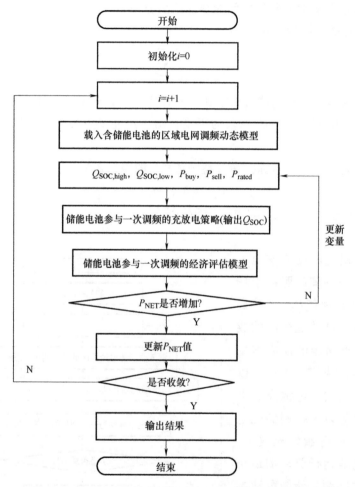

图 9-4　基于经济性最优的储能电池容量优化配置流程图

在图 9-4 中，首先，初始化 $Q_{SOC,high}$，$Q_{SOC,low}$，$P_{buy}$，$P_{sell}$ 及 $P_{rated}$ 变量；其次，载入储能电池的物理特性模型和区域电网调频动态模型及相关参数；最后基于所提出的储能电池充放电策略和所构建的储能电池参与一次调频的经济评估模型，以净效益现值 $P_{NET}$ 最大为优化目标，以一次调频效果评价指标 $J_1$、储能电池的荷电状态 $Q_{SOC}$ 为约束条件，通过遗传算法得到相应的控制变量 $Q_{SOC,high}$，$Q_{SOC,low}$，$P_{buy}$，$P_{sell}$ 及 $P_{rated}$ 的最优组合解，并计算在最优组合解下 $E_{rated}$、$P_{NET}$、$J_1$ 和 $Q_{SOC,rms}$ 的值，作为输出结果。此时所得的 $P_{rated}$ 和 $E_{rated}$ 为最优的储能容量配置方案，该方案对应的经济性最优。

基于同样的储能额定功率$P_{rated}$和全寿命周期$T_{LCC}$，在满足调频控制要求及储能运行要求约束下，基于一次调频效果评价指标$J_1$和净效益现值$P_{NET}$综合最优的目标，将$J_1$与$P_{NET}$折算至相同数量级并赋予相同的权重0.5，可得到基于综合技术经济最优的储能容量配置方案，如图9-5所示。

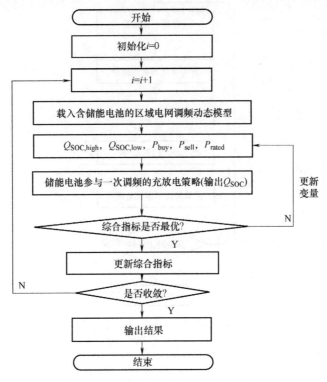

图 9-5　基于综合技术经济最优的储能容量配置流程图

首先，初始化$Q_{SOC,high}$，$Q_{SOC,low}$，$P_{buy}$，$P_{sell}$及$P_{rated}$变量；其次，载入储能电池的物理特性模型和区域电网调频动态模型及相关参数；最后，基于所提出的储能电池充放电策略和所构建的储能电池参与一次调频的经济评估模型，以净效益现值$P_{NET}$及一次调频效果评价指标$J_1$综合最优为目标，以储能电池的荷电状态$Q_{SOC}$为约束条件，通过遗传算法得到相应的控制变量（$Q_{SOC,high}$，$Q_{SOC,low}$，$P_{buy}$，$P_{sell}$及$P_{rated}$）的最优组合解，并计算在最优组合解下$E_{rated}$、$P_{NET}$、$J_1$和$Q_{SOC,rms}$的值，作为输出结果。此时所得的$P_{rated}$和$E_{rated}$为最优的储能电池容量配置方案，该方案对应的综合技术经济性最优。

### 9.3.2　储能优化配置模型的求解方法

采用量子遗传算法辅助求解优化模型。主要思想是根据待优化参数特点采用量子比特编码的方式合理构造染色体基因，随机生成包含若干个染色体个体的种群，通过量子交叉、变异和量子旋转门实现种群的进化，进化过程中及时评价个体适应度，最终得到最佳个体。量子遗传优化算法流程图如图9-6所示。

量子遗传算法部分

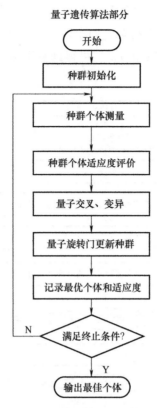

图 9-6　量子遗传优化算法流程图

## 9.4　基于调频场景的储能优化配置实证分析

### 9.4.1　案例系统描述

采用某电网侧储能调频项目实例数据，在 PSCAD/EMTDC 仿真平台中构建了区域电网动态频率波动模型，包含两台 350MW 火电机组和负荷动态模型。由于负荷具有冲击特性，呈现较大幅度波动和突变特性，对系统频率控制带来很大的影响，电网安全运行压力较大。

**（1）发电机频率控制模型**

发电机频率控制模型包括发电机转子运动方程、汽轮机模型、调速器模型以及负荷频率控制模型。

其中，模型参数分别为：转子惯性时间常数 $T_j = 6s$；负荷频率调节系数 $K_D = 0.4$；汽轮机蒸汽容积时间常数 $T_H = 0.3s$；汽轮机输出功率限幅 $P_{Gmax} = 1.0$，$P_{Gmin} = 0.0$；调速器积分时间常数 $T = 0.3s$；单位功率调节系数 $K_G = 10$；汽门调节速度限制 dP_up = 0.3pu/s；dP_down = −0.3pu/s；负荷频率控制增益 KLFC = 10；负荷频率控制积分常数 $T = 5s$。

**（2）负荷模型**

根据区域电网负荷特性，模拟 1h 的负荷曲线，其中包含如下分量：稳态基荷：250MW；斜坡负荷：模拟负荷按一定斜率缓慢上升和下降，幅度 20MW，上升/下降时间 20min；突变负荷：模拟负荷突然上升或下降，幅度 26MW，上升或下降时间 64s；随机波动负荷：模拟小幅度快速变化的负荷，周期为数分钟，幅度不超过 5MW。确定两种运行方式下，区域电网对储能的配置需求。

1）一台 350MW 火电机组+无储能频率控制。

在没有配置储能系统情况下，负荷功率在短时间内突降 26MW，系统频率突增至 50.52Hz，如图 9-7 和图 9-8 所示。

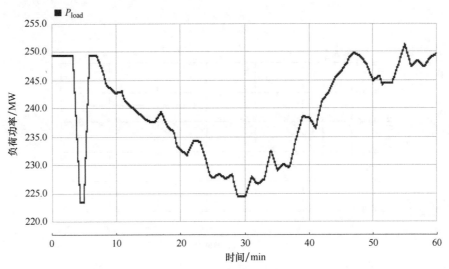

图 9-7　负载突降 26MW

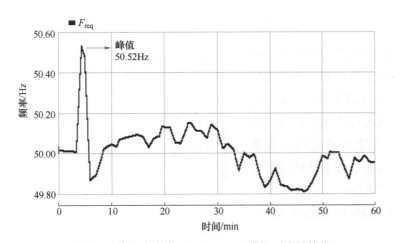

图 9-8　系统频率突增至 50.52Hz（单机不配置储能）

2）两台 350MW 火电机组+无储能频率控制。

双机调节负荷时，负荷功率在两台机组间平均分配，在没有配置储能系统情况下，负荷功率突增 70MW 时，系统频率瞬时跌落至 49.33Hz，如图 9-9 和图 9-10 所示。

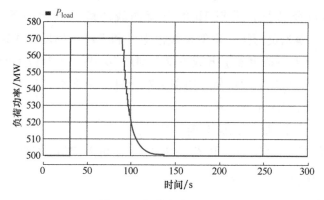

图 9-9　负载突增 70MW

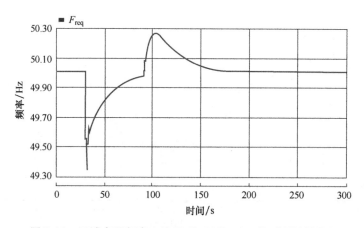

图 9-10　区域电网频率突降至 49.33Hz（双机不配置储能）

## 9.4.2　储能优化配置方案分析

针对上述区域电网案例场景，基于提出的调频场景下储能电站优化配置模型，设调频时段 $T$ 为 60min，储能系统调频死区与传统火电机组相同（±0.033Hz）。考虑区域电网综合负荷扰动，选择磷酸铁锂电池储能系统进行配置。分析如下：

**（1）一台 350MW 火电机组+储能配置**

如图 9-11 所示为经过单台 350MW 火电机组一次调频后的频率偏差信号 $\Delta f$，此时的最大频率偏差为 0.52Hz。

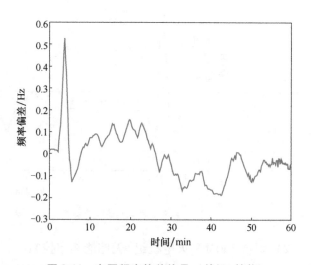

图 9-11　电网频率偏差信号（单机+储能）

基于储能参与一次调频的充放电策略，分别以一次调频效果最优、一次调频效果与经济性综合最优为目标，对控制变量$Q_{SOC,high}$，$Q_{SOC,low}$，$P_{rated}$进行寻优。

根据优化得到的控制变量值及对应的电网频率偏差。确定储能额定功率$P_{rated}$的优化范围的方法为：因储能在调频过程中需要对频率偏差相对应的储能功率指令进行完全跟踪，故$P_{rated}$的取值应考虑最大频率偏差对应的功率指令值，同时还需计及储能本身的运行特性。在本工况下储能的最大出力值对应为5.2MW（最大频率偏差与虚拟单位调节功率之积），同时，考虑到维持储能自身运行一般约需15%$P_{rated}$，以及一定的功率裕量，确定其优化范围为5.2~11MW。进而通过寻得的最优控制变量可计算出相应的储能额定容量$E_{rated}$、一次调频效果评价指标$J_1$、成本现值$C_{LCC}$和净效益现值$P_{NET}$等评价指标。

1）一次调频效果最优。依据电网最大频率偏差并考虑储能的运行特性和功率备用，确定储能的额定功率优化范围，再通过寻优得到储能的最优额定功率$P_{rated}$为10MW，最优额定容量$E_{rated}$为5MW·h，一次调频效果评价指标$J_1$为0.0924（未配置储能一次调频效果评价指标$J_1$为0.111）。对应的控制变量、技术评价指标和经济评价指标结果见表9-1。

表 9-1　基于一次调频效果最优的仿真结果

| 控制变量 | | 技术评价指标 | | 经济评价指标 | |
|---|---|---|---|---|---|
| | | $J_1$ | 0.0924 | $C_{LCC}$/元 | $7.5×10^7$ |
| $Q_{SOC,low}$ | 0.1~0.5 | $P_{rated}$/MW | 10 | $P_{rated}$/元 | $6×10^7$ |
| $Q_{SOC,high}$ | 0.5~0.9 | $E_{rated}$/(MW·h) | 5 | $E_{rated}$/元 | $1.5×10^7$ |

2）一次调频效果和经济性综合最优。在满足调频控制要求及储能运行要求约束下，基于一次调频效果评价指标$J$和净效益现值$P_{NET}$综合最优的目标，其中把$J_1$与$P_{NET}$折算至同样数量级并赋予相同的权重0.5，优化得到储能的容量配置方案，对应的控制变量、技术评价指标和经济评价指标结果见表9-2。

表 9-2　双目标综合最优的仿真结果

| 控制变量 | | 技术评价指标 | | 经济评价指标 | |
|---|---|---|---|---|---|
| | | $J_1$ | 0.101 | $C_{LCC}$/元 | $6.75×10^7$ |
| $Q_{SOC,low}$ | 0.1~0.5 | $P_{rated}$/MW | 10 | $P_{rated}$/元 | $6×10^7$ |
| $Q_{SOC,high}$ | 0.5~0.9 | $E_{rated}$/(MW·h) | 2.5 | $E_{rated}$/元 | $0.75×10^7$ |

3）考虑配置储能后的一次调频效果图，如图9-12所示。

**（2）两台 350MW 火电机组+储能配置**

图 9-13 为两台 350MW 火电机组一次调频后的频率偏差信号 $\Delta f$，此时的最大频率偏差为-0.67Hz。

同单机配置思路相同，步骤不再重述。配置结果分析如下：

1）以一次调频效果最优为目标储能配置，对应的控制变量、技术评价和经济评价指标结果见表9-3。

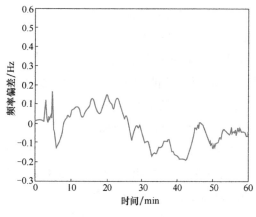

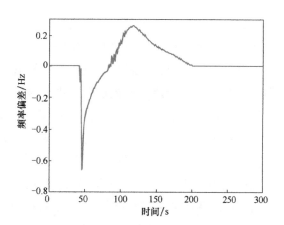

图 9-12　单机配置储能后的一次调频效果图　　　　图 9-13　电网频率偏差信号（双机+储能）

表 9-3　基于一次调频效果最优的仿真结果

| 控制变量 | | 技术评价指标 | | 经济评价指标 | |
|---|---|---|---|---|---|
| | | $J_1$ | 0.0663 | $C_{LCC}$/元 | 10.2×10⁷ |
| $Q_{SOC,low}$ | 0.1~0.5 | $P_{rated}$/MW | 12 | $P_{rated}$/元 | 9.6×10⁷ |
| $Q_{SOC,high}$ | 0.5~0.9 | $E_{rated}$/(MW·h) | 2 | $E_{rated}$/元 | 0.6×10⁷ |

2）以一次调频效果和经济性综合最优为目标储能配置，对应的控制变量、技术评价和经济评价指标结果见表 9-4。

表 9-4　双目标综合最优的仿真结果

| 控制变量 | | 技术评价指标 | | 经济评价指标 | |
|---|---|---|---|---|---|
| | | $J_1$ | 0.0753 | $C_{LCC}$/元 | 9.9×10⁷ |
| $Q_{SOC,low}$ | 0.1~0.5 | $P_{rated}$/MW | 12 | $P_{rated}$/元 | 9.6×10⁷ |
| $Q_{SOC,high}$ | 0.5~0.9 | $E_{rated}$/(MW·h) | 1.5 | $E_{rated}$/元 | 0.45×10⁷ |

3）考虑配置储能后的一次调频效果图，如图 9-14 所示。

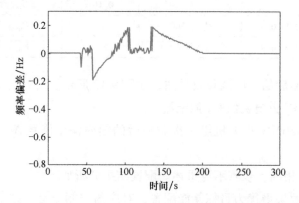

图 9-14　双机配置储能后的一次调频效果图

### 9.4.3　敏感性分析

对比分析配置储能后一次调频效果评价指标$J_1$、储能配置额定功率$P_{rated}$和储能配置额定容量$E_{rated}$三个关键指标间的关系，并进行敏感性分析，如图 9-15 所示，数据已进行标幺化处理。

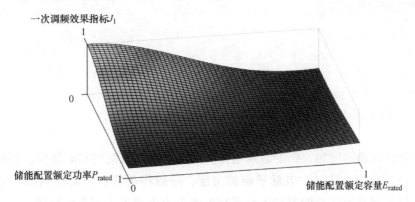

图 9-15　储能配置敏感性分析示意图

1）当储能配置额定功率$P_{rated}$和储能配置额定容量$E_{rated}$较小时，即配置储能容量过小，无法满足区域电网调频幅值需求，一次调频效果评价指标$J_1$值较大，说明配置储能后电网频率偏差依然较大，储能参与调频效果难以体现。

2）当储能配置额定功率$P_{rated}$和储能配置额定容量$E_{rated}$较大时，即配置储能容量过大，尽管储能出力完全满足甚至超出区域电网调频幅值需求，但一次调频效果评价指标$J_1$值已经无法继续减小，且已经达到最优，造成储能配置多余容量浪费，成本过高，因此须考虑配置成本，最优配置结果受经济性制约。

3）最优储能配置额定功率$P_{rated}$和储能配置额定容量$E_{rated}$为一个解集，最优解的确定还受到电池储能产品性能、工程经验等诸多因素影响。

## 10.1　高比例新能源接入的系统平衡问题

随着新能源比例的增加，新能源发电出力的随机性、波动性和间歇性使得电力系统运行特性发生显著改变。从电力电量平衡的角度，一般将负荷和可再生能源出力累计作为等效负荷，以分析高比例新能源接入对系统实现电力电量平衡带来的挑战。

高比例新能源接入电力系统带来的变化是，不仅系统等效（净）负荷的随机性增加，而且峰谷特性以及波动特性也有显著变化，对系统移峰填谷需求凸显。因此，分析高比例新能源接入对系统等效负荷特性的影响，可作为评估系统调峰需求的基础。

**（1）高比例可再生能源接入使等效负荷波动幅度增大**

在我国某省全年风电、光伏发电以及负荷历史数据基础上，将风电和光伏的年发电量占比分别提高到 20% 和 10%，模拟风电、光伏接入前原始负荷以及风电、光伏接入后的年等效（净）负荷时序曲线和负荷持续曲线，如图 10-1～图 10-3 所示。

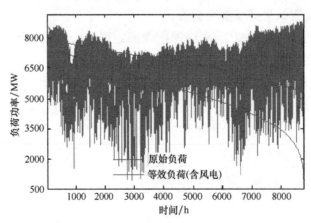

图 10-1　接入风电（20%）时模拟负荷时序曲线和负荷持续曲线

从图 10-1～图 10-3 可以看出，高比例风电、光伏发电分别接入后系统等效负荷出现了频繁且大幅度的功率变化；在风电和光伏发电同时接入的情景下，在个别时段系统的等效负荷甚至出现负值。

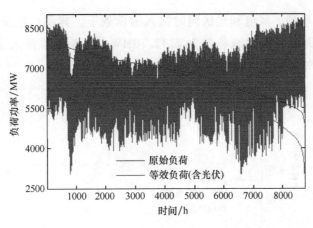

图 10-2　接入光伏（10%）时模拟负荷时序曲线和负荷持续曲线

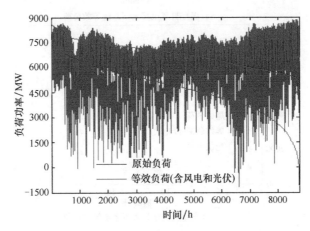

图 10-3　接入风电（20%）、光伏（10%）时模拟负荷时序曲线和负荷持续曲线

### （2）高比例新能源接入使等效负荷峰谷差增大

高比例新能源接入显著增大了等效负荷的峰谷差。某省风电、光伏发电比重分别为 20% 和 10% 时，冬季典型日的新能源接入前后全年峰谷差持续曲线以及等效负荷曲线分别如图 10-4、

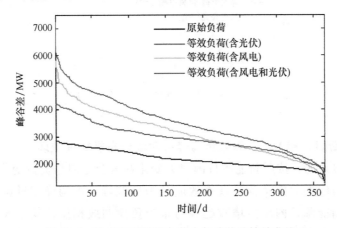

图 10-4　某省电网模拟负荷全年峰谷差持续曲线

图 10-5 所示。可以看到，风电和光伏同时接入的情景下，典型日系统等效负荷峰谷差明显增大。全年等效负荷的最大峰谷差为 7232.70MW，与新能源接入前的 2891.75MW 相比，增加了 150.11%，系统对调峰的需求增加到原来的 2.5 倍。

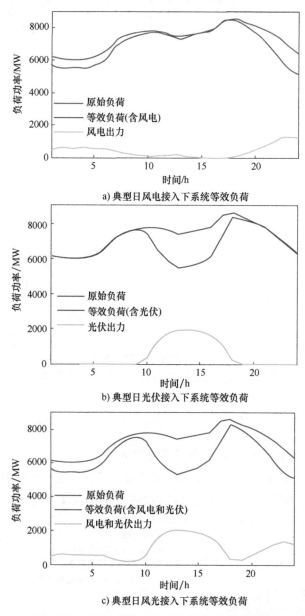

a) 典型日风电接入下系统等效负荷

b) 典型日光伏接入下系统等效负荷

c) 典型日风光接入下系统等效负荷

图 10-5　某省电网典型日新能源调峰效应曲线

**（3）高比例新能源接入后，等效负荷峰谷时段分布规律性减弱**

目前研究一般认为，按照新能源日内出力变化幅度及方向与负荷变化幅度及方向的关系，可将新能源对电网等效负荷的调峰效应分为反调峰、正调峰与过调峰三种情形。其中，反调峰是指新能源日内出力增减趋势与系统负荷曲线相反，其接入后系统等效负荷曲线峰谷差增大；正调峰是指新能源日内出力增减趋势与系统负荷基本相同，且新能源出力峰谷差小于系统负荷峰谷差，风电接入后系统等效负荷曲线峰谷差减小；过调峰是指新能源日内出力增减趋势与系统负荷基本相同，新能源出力峰谷差大于系统负荷峰谷差，新能源接入后系统等效负荷曲线峰谷倒置。

事实上，上述分类是新能源对等效负荷特性影响的一种简化描述。由于新能源出力特性与原始负荷特性无关，新能源对等效负荷的影响不是单纯的正调峰、反调峰或过调峰。尤其随着高比例新能源接入系统，等效负荷特性可能与原始负荷特性有根本差别。风电接入增大了系统等效负荷的峰谷差，即呈现反调峰效应；光伏接入情景下，等效负荷低谷时段由凌晨转移到下午，形成"鸭子曲线"，彻底改变了负荷的调峰特性。风电和光伏同时接入，在形成鸭子曲线的同时，进一步增大了峰谷差。

图 10-6 和图 10-7 展示了某省电网风电、光伏发电比重分别为 20% 和 10% 时，系统全年的等效负荷高峰和低谷时段。可以看出，新能源接入前，受用户习惯影响，全年负荷的峰谷时段呈现较强的规律性。负荷高峰时段集中在 18∶00～19∶00，负荷低谷时段集中在 01∶00～04∶00；新能源接入后，负荷峰谷时段分布规律性减弱，主要表现为以下两个特征：

一是全年等效负荷的峰谷时段发生了显著的偏移，但偏移效果未呈现显著规律性。以低谷时段为例，风电、光伏以及风电和光伏同时接入三种情景下，负荷低谷时段分布呈现出不同的特性：风电接入后，负荷低谷时段范围扩大为 23∶00～04∶00；光伏接入后，全

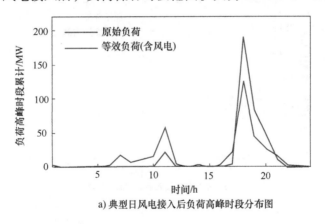

a) 典型日风电接入后负荷高峰时段分布图

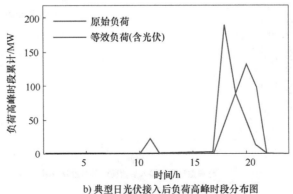

b) 典型日光伏接入后负荷高峰时段分布图

图 10-6　某省电网模拟负荷高峰时段累计

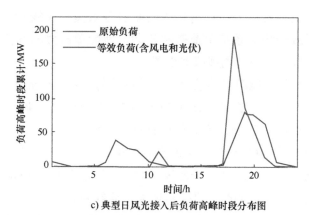

c) 典型日风光接入后负荷高峰时段分布图

图 10-6　某省电网模拟负荷高峰时段累计（续）

年负荷低谷时段偏移到 12:00~14:00；风电和光伏同时接入的情景下，负荷低谷时段小部分仍落在凌晨，大部分偏移至下午时段。

二是高比例新能源接入情景下，全年等效负荷的峰谷时段分布变得更加分散。为量化分析高比例新能源接入对负荷峰谷时段分布的影响，定义负荷高峰/低谷时段集中度为

$$\mu = \max\{N_t/365\}, t=1,2,\cdots,24 \tag{10-1}$$

式（10-1）中，$N_t$ 为负荷最高点/最低点落在时段 $t$ 的总次数。

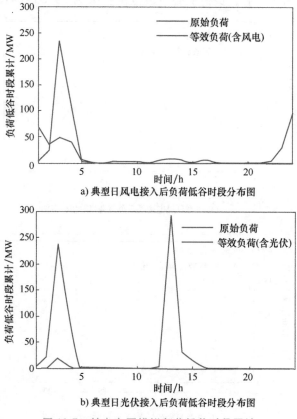

a) 典型日风电接入后负荷低谷时段分布图

b) 典型日光伏接入后负荷低谷时段分布图

图 10-7　某省电网模拟负荷低谷时段累计

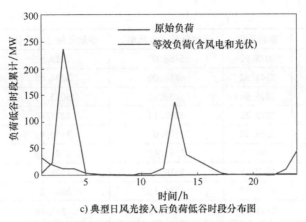

c) 典型日风光接入后负荷低谷时段分布图

图 10-7　某省电网模拟负荷低谷时段累计（续）

表 10-1 展示了风电、光伏发电比重分别为 20% 和 10% 时，系统等效负荷峰谷时段集中度。高比例新能源接入前，系统的负荷高峰集中度（落在 18:00）为 52.33%；风电发电比重为 20% 的情景下，系统等效负荷高峰集中度（同样落在 18:00）下降为 34.79%。从图 10-6 中也可以看出，与新能源接入前相比，新能源接入后，系统等效负荷的峰谷时段分布更加分散。

表 10-1　某省电网模拟负荷峰谷时段集中度

| 可再生能源接入情景 | 原始负荷 | 等效负荷（含风电） | 等效负荷（含光伏） | 等效负荷（含风光） |
|---|---|---|---|---|
| 负荷高峰时段集中度（%） | 52.33 | 34.79 | 36.71 | 21.37 |
| 负荷低谷时段集中度（%） | 64.93 | 27.12 | 80.27 | 37.26 |

## 10.2 高比例新能源接入对系统的调峰需求

### (1) 等效负荷峰谷差增大，对系统深度调峰需求增加

高比例新能源接入显著增大了等效负荷的峰谷差，因此对系统的深度调峰能力需求增加。某省风电、光伏发电比重分别为 20% 和 10% 时，全年各月最大峰谷差见表 10-2。可以看到，风电和光伏接入前后，原始负荷和等效负荷峰谷差最大值均出现在 9~10 月，呈现出季节特性。新能源接入后，全年最大负荷峰谷差显著增大，因此对系统的深度调峰能力有了更高的要求。

表 10-2　某省级电网模拟负荷各月最大峰谷差

| 可再生能源接入情景 | | 原始负荷 | 等效负荷（含风电） | 等效负荷（含光伏） | 等效负荷（含风光） |
|---|---|---|---|---|---|
| 各月最大峰谷差/MW | 1 月 | 2767.30 | 4206.50 | 3275.03 | 5211.85 |
| | 2 月 | 2479.03 | 4139.45 | 3785.96 | 5892.18 |
| | 3 月 | 2395.53 | 4202.77 | 3666.06 | 5521.33 |
| | 4 月 | 2181.55 | 4999.10 | 3561.19 | 6026.73 |

（续）

| 可再生能源接入情景 | | 原始负荷 | 等效负荷（含风电） | 等效负荷（含光伏） | 等效负荷（含风光） |
|---|---|---|---|---|---|
| 各月最大峰谷差/MW | 5 月 | 2075.92 | 5466.07 | 2918.52 | 5455.42 |
| | 6 月 | 2144.52 | 4886.00 | 3234.68 | 4718.86 |
| | 7 月 | 2226.94 | 4039.21 | 3013.11 | 4526.03 |
| | 8 月 | 2272.22 | 4267.73 | 3278.40 | 4754.61 |
| | 9 月 | 2258.54 | 5793.02 | 3830.93 | 7232.70 |
| | 10 月 | 2891.75 | 5531.48 | 4241.46 | 5733.27 |
| | 11 月 | 2847.58 | 5610.12 | 4198.48 | 6183.18 |
| | 12 月 | 2841.97 | 4736.52 | 3064.27 | 4547.80 |
| 年度最大值/MW | | 2891.75 | 5793.02 | 4241.46 | 7232.70 |

**（2）等效负荷爬坡率增大，对系统快速响应能力需求增加**

高比例新能源接入后，等效负荷在各个时间尺度的波动幅度显著增大，对系统不同时间尺度的爬坡能力需求增加。风电、光伏接入前后，系统在 15min~4h 内的等效负荷最大功率变化见表 10-3。可以发现，在风电和光伏同时接入情景下，4h 内等效负荷的最大爬升、爬降功率分别为 6128.26MW 和 5555.91MW，与风电、光伏接入前的爬升、爬降功率相比，分别增加了 218% 和 173%。等效负荷在不同时间尺度内的爬升/爬降功率的增加，对系统在不同时间尺度的快速调节能力提出了更高的要求。

表 10-3 某省级电网模拟负荷变化率

| 时间间隔 | | 15min | 1h | 2h | 4h |
|---|---|---|---|---|---|
| 等效负荷爬升功率/MW | 原负荷 | 579.51 | 1194.91 | 1607.41 | 1929.58 |
| | 风电接入 | 1984.78 | 2438.89 | 3268.03 | 3917.36 |
| | 光伏接入 | 1830.83 | 2386.32 | 3179.09 | 4215.03 |
| | 风光接入 | 1945.80 | 2760.84 | 4584.36 | 6128.26 |
| 等效负荷爬降功率/MW | 原负荷 | 551.36 | 880.24 | 1469.55 | 2037.46 |
| | 风电接入 | 1355.97 | 2706.67 | 3327.02 | 5067.54 |
| | 光伏接入 | 3054.34 | 3490.29 | 3720.75 | 3720.75 |
| | 风光接入 | 3125.06 | 3775.06 | 4251.89 | 5555.91 |

**（3）高比例新能源接入对系统调峰需求的时间尺度跨度大**

对于高比例新能源接入的系统，不同时间尺度的调峰需求将成为除负荷需求之外最重要的需求之一。主要体现在以下两点：

一是等效负荷峰谷时间差缩短，对系统快速调峰资源的需求增加。通过对风电、光伏接入场景下等效负荷峰谷差、峰谷时段进行分析发现，高比例新能源接入，不仅增大了等效负荷的峰谷差，而且使得等效负荷峰谷时间差失去原有的规律性。高比例新能源接入前，负荷峰谷时间差多集中在 10h 左右，另有部分峰谷时间差约为 6h。高比例新能源接入后，负荷峰谷时间差跨度减小，分别集中在 3h、6~10h 不等。峰谷差增大和峰谷时间差缩短，使得对系统灵活性资源的快速调峰能力需求增加。

二是等效负荷不同时间尺度的变化率均有所增大，对系统不同时间尺度的爬坡能力需求增加。对风电、光伏接入场景下等效负荷不同时间尺度的波动性进行分析表明，高比例新能源对系统运行的影响与时间尺度关系较大，尤其对小时级到日时间尺度的影响最大，这对未来电力系统提出了新的要求，即在一定可再生能源发展目标下，如何配置不同时间尺度下的灵活性资源，满足新能源并网的灵活性需求。多时间尺度灵活性需求来源及其平衡措施如图 10-8 所示。

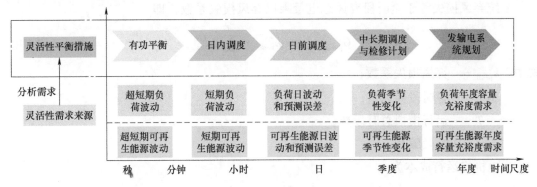

图 10-8　多时间尺度灵活性需求来源及其平衡措施

为满足高比例新能源并网消纳，新型储能技术成为满足高比例新能源系统调峰需求的重要选择。

## 10.3　基于调峰场景的储能配置模型

### 10.3.1　调峰场景下储能优化配置模型

调峰场景下，为满足新能源利用率要求，在其他调节手段无法满足要求的情况下，通过合理配置新型储能满足利用率目标要求。

**（1）目标函数**

以考虑电池储能投资成本、弃风损失及机组运行成本等的综合成本最低为目标

$$\min f = C_{\text{inv}} + 10^{-1} \times C_{\text{punish. wind}} + 10^{-3} \times C_{\text{gen}} \tag{10-2}$$

式中　$C_{\text{inv}}$——储能投资成本；

$C_{\text{punish. wind}}$——系统弃电损失；

$C_{\text{gen}}$——火电机组运行成本。

储能投资成本 $C_{\text{inv}}$ 与储能系统的最大功率及最大容量相关，本节建模选取的储能系统为电池储能系统，以单个储能电池作为一个储能单元，所以储能系统的最大功率与最大容量与配置电池储能单元的数量有关，即

$$C_{\text{inv}} = C_{\text{BS}} Q_{\text{BS},j} \tag{10-3}$$

式中，$Q_{BS}$ 为电池储能单元数量，$C_{BS}$ 是由储能单元容量、容量成本及预期使用总天数决定的固有参数，即

$$C_{BS} = \frac{\eta_P P_{BS} + \eta_E E_{BS}}{T_{life}} \tag{10-4}$$

式中　$\eta_P$、$\eta_E$——储能单元的功率容量成本和能量容量成本；

　　　$P_{BS}$、$E_{BS}$——储能单元的额定功率和额定能量；

　　　$T_{life}$——储能单元以天数表示的预期使用寿命。

系统弃风损失等于全时段弃风总电量乘以弃风损失系数，即

$$C_{punish.wind} = k_{penal}^w \times \sum_{t=1}^{T} \Delta P_t^w \tag{10-5}$$

式中　$k_{penal}^w$——弃风损失系数；

　　　$\Delta P_t^w$——各时段弃风量；

　　　$T$——运行模拟总时段数；

　　　$t$——时段编号。

火电机组运行成本为

$$C_{gen} = \sum_{t=1}^{T} \sum_{i=1}^{N_g} F_{i,C}(P_{i,t}) \tag{10-6}$$

式中　$F_{i,C}(P_{i,t})$——火电机组 $i$ 在第 $t$ 时段的煤耗费用。

火电机组煤耗费用模型为发电出力的二次函数，即

$$F_{i,C}(P_{i,t}^g) = a_i P_{i,t}^2 + b_i P_{i,t} + c_i \tag{10-7}$$

式中　$a_i$、$b_i$ 和 $c_i$——机组固有参数。

**（2）约束条件**

1）电池储能系统约束。电池储能布点约束

$$0 \leq Q_{BS} \leq Q_{BS}^{max} \tag{10-8}$$

$$E_{BS}^{max} = E_{BS} Q_{BS} \tag{10-9}$$

$$P_{BS}^{rate} = P_{BS} Q_{BS} \tag{10-10}$$

式中　$P_{BS}^{rate}$——电池储能电站额定功率容量；

　　　$E_{BS}^{max}$——电池储能电站额定能量容量；

　　　$Q_{BS}^{max}$——允许配置的最大储能单元数。

电池储能运行约束

$$0 \leq P_{BS}^d(t) \leq P_{BS}^{rate} \alpha_{BS}^d(t) \tag{10-11}$$

$$0 \leq P_{BS}^c(t) \leq P_{BS}^{rate} \alpha_{BS}^c(t) \tag{10-12}$$

$$0 \leq \alpha_{BS}^d(t) + \alpha_{BS}^c(t) \leq 1 \tag{10-13}$$

式中　$P_{BS}^d$ 和 $P_{BS}^c$——$t$ 时刻处电池储能电站的放电、充电功率；

　　　$\alpha_{BS}^d$ 和 $\alpha_{BS}^c$——$t$ 时刻处电池储能电站的放电、充电状态，且为 0-1 变量。

电池储能能量状态约束

$$\begin{cases} \sum_{\tau=1}^{t} \left( \eta_{\mathrm{BS,c}} P_{\mathrm{BS}}^{\mathrm{c}}(\tau) - \dfrac{1}{\eta_{\mathrm{BS,d}}} P_{\mathrm{BS}}^{\mathrm{d}}(\tau) \right) \leqslant E^{\mathrm{Max}} - E_0 \\ \sum_{\tau=1}^{t} \left( \dfrac{1}{\eta_{\mathrm{BS,d}}} P_{\mathrm{BS}}^{\mathrm{d}}(\tau) - \eta_{\mathrm{BS,c}} P_{\mathrm{BS}}^{\mathrm{c}}(\tau) \right) \leqslant E_0 \end{cases} \quad (10\text{-}14)$$

$$\sum_{\tau=1}^{T} \left( \eta_{\mathrm{BS,c}} P_{\mathrm{BS}}^{\mathrm{c}}(\tau) - \dfrac{1}{\eta_{\mathrm{BS,d}}} P_{\mathrm{BS}}^{\mathrm{d}}(\tau) \right) = 0 \quad (10\text{-}15)$$

式中 $\eta_{\mathrm{BS,c}}$ 和 $\eta_{\mathrm{BS,d}}$——储能电站的充、放电效率；

$E_0$——规划周期内初始时刻的电池储能电站能量状态。

式（10-14）表示在规划周期内的任一时段储能电站的能量状态不得为负，也不得超过其能量容量限制；式（10-15）表示经过一个规划周期，电池储能电站能量状态保持平衡。

2）电力系统运行约束。功率平衡约束

$$\sum_{i=1}^{N_{\mathrm{g}}} P_{\mathrm{g},i}(t) + (P_{\mathrm{win}}(t) - \Delta P_t^{\mathrm{w}}) + (P_{\mathrm{BS},j}^{\mathrm{d}}(t) - P_{\mathrm{BS},j}^{\mathrm{c}}(t)) + P_{\mathrm{tie}}(t) = P_{\mathrm{L},j}(t) \quad (10\text{-}16)$$

式中 $P_{\mathrm{win}}$——风电出力；

$P_{\mathrm{g}}$——火电机组出力；

$P_{\mathrm{L}}$——负荷功率。

旋转备用约束

$$\overline{P}_{\mathrm{g},t} + P_{\mathrm{wind},t} + P_{\mathrm{BS},t} + P_{\mathrm{PS},t} \geqslant P_{\mathrm{L},t} + R_t^{\mathrm{up}} \quad (10\text{-}17)$$

$$\underline{P}_{\mathrm{g},t} + P_{\mathrm{wind},t} + P_{\mathrm{BS},t} + P_{\mathrm{PS},t} \leqslant P_{\mathrm{L},t} - R_t^{\mathrm{dn}} \quad (10\text{-}18)$$

式中 $\overline{P}_{\mathrm{g},t}$、$\underline{P}_{\mathrm{g},t}$——考虑爬坡后全网火电机组在 $t$ 时刻的最大、最小出力；

$R_t^{\mathrm{up}}$、$R_t^{\mathrm{dn}}$——$t$ 时刻正、负旋转备用需求对应的备用容量。

弃风率约束

$$\sum_{t=1}^{T} P_{\mathrm{win}}(t) \Big/ \sum_{t=1}^{T} \Delta P_t^{\mathrm{w}} \leqslant \zeta \quad (10\text{-}19)$$

式中，$\zeta$ 为弃风率指标。

机组出力约束

$$\begin{cases} P_{\mathrm{g},i,t} \geqslant \underline{P}_{\mathrm{g},i,t} \geqslant u_{\mathrm{g},i,t} P_{\mathrm{g},i}^{\min} \\ P_{\mathrm{g},i,t} \leqslant \overline{P}_{\mathrm{g},i,t} \leqslant u_{\mathrm{g},i,t} P_{\mathrm{g},i}^{\max} \end{cases} \quad (10\text{-}20)$$

式中 $P_{\mathrm{g},i,t}$——$t$ 时刻第 $i$ 台机组的 $t$ 时刻出力；

$\overline{P}_{\mathrm{g},i,t}$、$\underline{P}_{\mathrm{g},i,t}$——考虑爬坡后该机组 $t$ 时刻的出力上下限；

$u_{\mathrm{g},i,t}$——$t$ 时刻该机组的起停状态，1 表示开机，0 表示停机；

$P_{\mathrm{g},i}^{\max}$、$P_{\mathrm{g},i}^{\min}$——该机组的出力上下限。

爬坡及起停机功率约束

$$\begin{cases} \overline{P}_{\mathrm{g},i,t} \leqslant P_{\mathrm{g},i,t-1} + P_{\mathrm{g},i}^{\mathrm{up}} \\ \underline{P}_{\mathrm{g},i,t} \geqslant P_{\mathrm{g},i,t-1} - P_{\mathrm{g},i}^{\mathrm{dn}} \end{cases} (u_{\mathrm{g},i,t-1} = u_{\mathrm{g},i,t} = 1) \quad (10\text{-}21)$$

$$
\begin{cases}
\overline{P}_{g,i,t} \leqslant P_{g,i}^{\text{startup}}(u_{g,i,t-1}=0, u_{g,i,t}=1) \\
\overline{P}_{g,i,t} \leqslant P_{g,i}^{\text{shutdown}}(u_{g,i,t}=1, u_{g,i,t+1}=0)
\end{cases}
\tag{10-22}
$$

式中　$P_{g,i,t-1}$——$t-1$ 时刻第 $i$ 台机组实际出力;

　　　　$P_{g,i}^{\text{up}}$——节点 $i$ 机组上爬坡率;

　　　　$P_{g,i}^{\text{dn}}$——节点 $i$ 机组下爬坡率;

$P_{g,i}^{\text{startup}}$、$P_{g,i}^{\text{shutdown}}$——该机组的启动及停机时最大功率。

起停机时间约束

$$
\begin{cases}
T_{i,\text{on}} \geqslant M_{\text{on}} \\
T_{i,\text{off}} \geqslant M_{\text{off}}
\end{cases}
\tag{10-23}
$$

式中　$T_{i,\text{on}}$ 和 $T_{i,\text{off}}$——第 $i$ 台机组在第 $t$ 时刻的连续运行时间和连续停运时间;

　　　$M_{\text{on}}$ 和 $M_{\text{off}}$——第 $i$ 台机组最小连续运行时间和最小连续停运时间。

### 10.3.2　储能优化配置模型的求解方法

本节提出储能配置模型,是一个非凸非线性混合整数规划模型,为使模型可解,需要进行如下凸化处理。

**(1) 火电机组煤耗曲线线性化处理**

模型火电机组煤耗费用为发电功率的二次函数,为便于求解,采用分段线性化方法,将火电机组的煤耗成本曲线分割成多段,用线性函数对每一段加以表示,如图 10-9 所示。

假设将二次函数 $f(P)$ 划分为 $N$ 段,那么火电机组煤耗成本二次函数可以表达为分段函数 $F(P)$。对于 $P=P_{\text{min}}+n\delta+\Delta P$ 且 $\Delta P \leqslant \delta$,则可以将此时的煤耗成本 $f(P)$ 等效线性化为

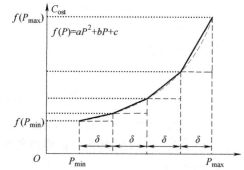

图 10-9　分段线性化近似成本曲线

$$
F(P) = \frac{\Delta P}{\delta}\left[f(P_{\text{min}}+(n+1)\delta) - f(P_{\text{min}}+n\delta)\right] + f(P_{\text{min}}+n\delta)
\tag{10-24}
$$

式中,$n=0, 1, \cdots, N-1$,$\delta$ 为煤耗曲线的分段间隔,且 $\delta=(P_{\text{max}}-P_{\text{min}})/N$。

**(2) 电池储能电站运行约束的大 $M$ 法线性化**

在电池储能电站放电功率约束中,由于电池储能电站储能单元数量和运行状态变量相乘,导致模型中出现非线性项而不便于求解,该非线性项可以进行适当转换并通过大 $M$ 法线性化。

首先将电池储能电站储能单元配置数量中整数变量用二进制表示为

$$
Q_{\text{BS}} = 2^0 x_1 + 2^1 x_2 + \cdots + 2^{v-1} x_v
\tag{10-25}
$$

且

$$
0 \leqslant 2^0 x_1 + 2^1 x_2 + \cdots 2^{v-1} x_v \leqslant Q_{\text{BS}}^{\text{max}}
\tag{10-26}
$$

$$x_1, x_2 \cdots x_v \in \{0, 1\} \qquad (10\text{-}27)$$

则式（10-11）可以表示为

$$\begin{cases} P_{\mathrm{BS}}^{\mathrm{d}}(t) \leqslant P_{\mathrm{BS}}^{\mathrm{Delta}}(2^0 \sigma_1^{\mathrm{d}}(t) + \cdots + 2^{v-1} \sigma_v^{\mathrm{d}}(t)) \\ \sigma_k^{\mathrm{d}}(t) = \alpha_{\mathrm{BS}}^{\mathrm{d}}(t) x_k \\ \alpha_{\mathrm{BS}}^{\mathrm{d}}(t) - M(1 - x_k) \leqslant \sigma_k^{\mathrm{d}}(t) \leqslant \alpha_{\mathrm{BS}}^{\mathrm{d}}(t) + M(1 - x_k) \\ -M x_k \leqslant \sigma_k^{\mathrm{d}}(t) \leqslant M x_k \end{cases} \qquad (10\text{-}28)$$

同样的，式（10-12）可以表示为

$$\begin{cases} P_{\mathrm{BS}}^{\mathrm{c}}(t) \leqslant P_{\mathrm{BS}}^{\mathrm{Delta}}(2^0 \sigma_1^{\mathrm{c}}(t) + \cdots + 2^{v-1} \sigma_v^{\mathrm{c}}(t)) \\ \sigma_k^{\mathrm{c}}(t) = \alpha_{\mathrm{BS}}^{\mathrm{c}}(t) x_k \\ \alpha_{\mathrm{BS}}^{\mathrm{c}}(t) - M(1 - x_k) \leqslant \sigma_k^{\mathrm{c}}(t) \leqslant \alpha_{\mathrm{BS}}^{\mathrm{c}}(t) + M(1 - x_k) \\ -M x_k \leqslant \sigma_k^{\mathrm{c}}(t) \leqslant M x_k \end{cases} \qquad (10\text{-}29)$$

**（3）求解方法概述**

经过上述处理，原模型被变换为由式（10-2）~式（10-6）、式（10-8）~式（10-10）、式（10-13）~式（10-29）表示的混合整数线性规划模型，可通过 CPLEX 求解器求解。

## 10.4　基于调峰的储能优化配置实证分析

### 10.4.1　案例系统描述

以东北某风电大省为算例，以该省级电网 2020 年数据为基础。

**（1）边界条件**

负荷：2020 年，该省级电网的最大负荷为 1282.4 万 kW，统调口径用电量为 800 亿 kW·h。

与外省联络线交换电量：2020 年，该省级电网与外省间的联络线全年净交换电量为净外送 63 亿 kW·h。

火电装机：2020 年，该省级电网火电机组总装机容量为 1736.5 万 kW，其中供热机组装机容量为 1225 万 kW。考虑对供热机组进行灵活性改造，该系统中的火电机组在供暖期的调峰容量为 580.9 万 kW，释放的调峰容量为 122.9 万 kW。

水电装机：2020 年，该省级电网可调水电装机容量仅为 6 万 kW，没有径流式水电机组和抽水蓄能机组。

风电：截至 2020 年底，该省级电网风电总装机容量为 675 万 kW，风电全年理论发电利用小时数为 2210h。

光伏：截至 2020 年底，该省级电网光伏总装机容量为 262 万 kW，光伏全年理论发电利用小时数为 1322h。

**（2）负荷与风电曲线**

采用春（1月）、夏（6月）、秋（9月）、冬（11月）四季四个典型日进行分析计算。四个典型日的负荷及风电出力如图10-10所示。

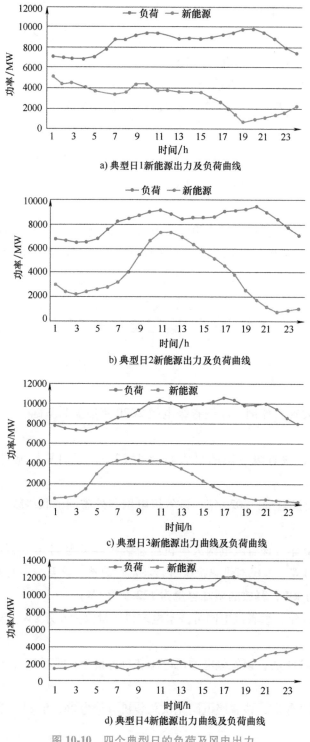

a) 典型日1新能源出力及负荷曲线

b) 典型日2新能源出力及负荷曲线

c) 典型日3新能源出力曲线及负荷曲线

d) 典型日4新能源出力曲线及负荷曲线

图 10-10　四个典型日的负荷及风电出力

### （3）储能技术参数

本节采用储能电池相关参数见表 10-4，其中，储能电池单元额定功率为 50MW，充放电效率为 90%，使用寿命为 10 年，功率成本为 3800 元/kW，能量成本为 1900 元/(kW·h)。

表 10-4　储能技术参数

| 储能种类 | 充电效率（%） | 放电效率（%） | 额定功率/MW | 功率成本/kW | 能量成本/(kW·h) | 使用寿命/年 |
|---|---|---|---|---|---|---|
| 电池储能单元 | 90 | 90 | 50 | 3800 | 1900 | 10 |

## 10.4.2　储能优化配置方案分析

### （1）无储能运行结果分析

在未配置储能情况下，运行模拟结果如图 10-11 所示，四个典型场景的弃风率分别为 5.10%、13.64%、7.67% 和 0%，系统整体弃风率为 7.6%。

从图 10-11 可以看出，除典型日 4 外的其他典型日中，由于新能源出力较大，火电机组调峰能力不足，出现较多的新能源弃电。

### （2）配置储能后运行结果分析

考虑在系统中配置储能的情况。根据上一节所提出的储能优化配置模型测算，在 95% 新能源利用率（弃电率控制在 5% 以内）目标下，需要配置 400MW/974W·h 电池储能。

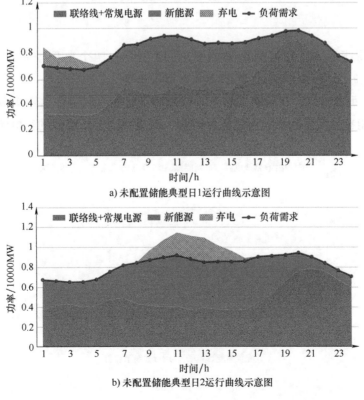

a) 未配置储能典型日1运行曲线示意图

b) 未配置储能典型日2运行曲线示意图

图 10-11　未配置储能四个典型日运行曲线示意图

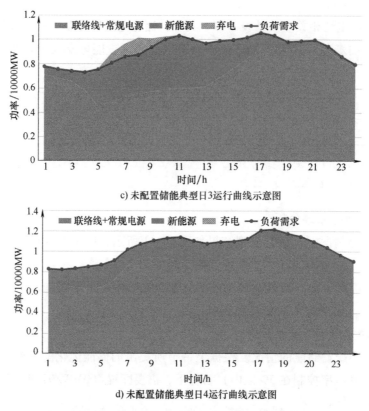

c) 未配置储能典型日3运行曲线示意图

d) 未配置储能典型日4运行曲线示意图

图 10-11　未配置储能四个典型日运行曲线示意图（续）

系统配置储能后，运行模拟结果如图 10-12 所示，四个典型季系统弃风率分别为 2.43%、10.54%、3.56% 和 0%，整体弃风率为 4.99%。

从图 10-12 可以看出，在现有数据下，按照满足新能源利用率达到 95% 的要求配置储能后，由于储能参与系统调峰，通过能量时移，明显减少了新能源的弃电量。

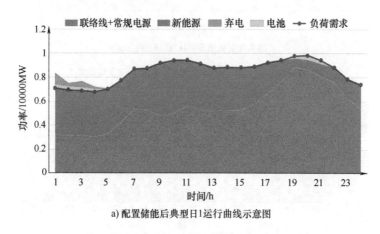

a) 配置储能后典型日1运行曲线示意图

图 10-12　配置储能后四个典型日运行结果曲线示意图

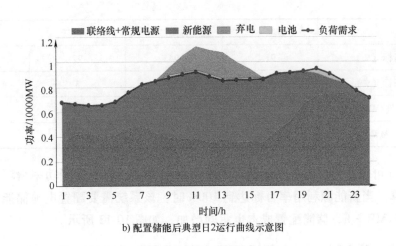

b) 配置储能后典型日2运行曲线示意图

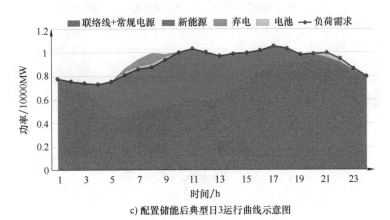

c) 配置储能后典型日3运行曲线示意图

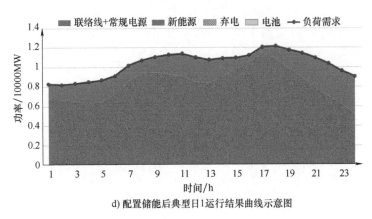

d) 配置储能后典型日1运行结果曲线示意图

图 10-12　配置储能后四个典型日运行结果曲线示意图（续）

## 10.4.3　敏感性分析

对于不同的新能源利用率目标，储能配置方案不同。基于利用率指标不同，设计四个方案并进行敏感性分析，计算结果见表 10-5。

表 10-5　不同弃电率指标下储能配置方案

|  | 方案一 | 方案二 | 方案三 | 方案四 |
|---|---|---|---|---|
| 利用率指标（%） | 91 | 94 | 97 | 100 |
| 弃电率指标（%） | 9 | 6 | 3 | 0 |
| 功率容量/MW | 0 | 250 | 700 | 1700 |
| 能量容量/（MW·h） | 0 | 577.8 | 2004 | 6291 |

从表 10-5 可以看出，随着新能源利用率目标的提高，储能配置功率/容量成倍增加。根据模型测算，当新能源利用率目标达到 100% 时，该系统需要配置电池储能的规模达到 1700MW/6291MW·h，储能配置成本也急剧增加，如图 10-13 所示。

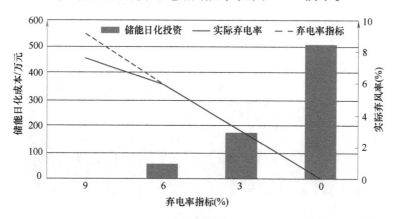

图 10-13　不同弃电率指标储能配置成本敏感性分析

# 第 11 章 基于电网拥塞管理的储能配置模型及实证研究

## 11.1 高比例新能源系统电网拥塞问题

输配电线路是电网的基本元件，电网中输电线路的拥塞严重威胁电力系统的安全可靠运行，也对电力系统运行经济性产生影响。电网拥塞定义为线路输送的功率接近或者达到甚至超过线路允许输送功率的上限，无法继续增加输送功率，同时线路处于一种较为危险的状态。

跨区输电能力提升是构建高比例新能源系统的要求。一方面，我国能源资源与负荷需求逆向分布，风资源、太阳能资源较好的地区主要集中在西北部地区，"三北"地区的大型风电基地、西北大型光伏电站远离负荷中心。另一方面，为实现"双碳"目标，推动构建以清洁低碳能源为主体的能源供应体系，国家也提出了"以沙漠、戈壁、荒漠地区为重点，加快推进大型风电、光伏发电基地建设""要加大力度规划建设以大型风光电基地为基础，以其周边清洁高效先进节能的煤电为支撑、以稳定安全可靠的特高压输变电线路为载体的新能源供给消纳体系。"坚强智能电网是实现大规模新能源外送以及发挥能源资源优化配置平台的重要基础。随着新能源大规模、高比例发展，需要在更大范围实现资源优化配置，进一步加强电网建设。与此同时，新能源发电具有随机性、波动性和间歇性的特性，随着电网规模的扩大，输送新能源比重的提升，电网阻塞发生频率和随机性均会增加。

电网拥塞的原因是输电线的热容量限制和系统的稳定性限制。一般来说，线路允许输送功率的上限为该条线路的热稳定极限；若考虑 N-1 安全运行，该上限会相应降低。根据持续时间的长短，可将线路拥塞分为两种：一种是短时间的拥塞，通常由于新能源波动或电力系统故障引发，持续时间较短，一般为秒级或分钟级；另一种是较长时间的拥塞，通常由于负荷增加引发，局部地区电源不足，需要大量的外部功率输入而输电通道不足。线路拥塞通常会引发以下后果：

1）一般情况下，电力系统不会出现安全可靠问题，但拥塞后电力系统的整体运行经济性降低，例如较为经济的发电厂电力无法送出。

2）若拥塞持续时间超过一定长度，会引起继保装置动作断开线路以免超过热稳定极限，从而导致失负荷。

3）若拥塞线路功率送端的局部电力系统电源过剩，可能引发切机或者弃电行为。

4）若拥塞线路功率受端的局部电力系统电源不足，可能引发切负荷行为，降低电力系统运行可靠性。

## 11.2 高比例新能源系统对电网拥塞管理需求

根据线路拥塞的类型，可以将拥塞管理分为两类：一类为正常运行时的拥塞管理；另一类为事故后拥塞管理。

对于正常情况下的拥塞管理，可在拥塞线路两侧装设储能装置，当线路拥塞时，储能系统开始工作，保证线路传输的电能在其安全容量范围内；当线路输电容量低于线路的安全输送容量时，储能通过放电，提高线路利用率。正常情况下的拥塞管理主要目标为减少弃电或切负荷，提高供电充裕性，其思路与大电网调峰类似，只需将大电网调峰中的全网负荷更替为线路负荷。

对于事故后的拥塞管理，可在关键线路附近装设储能装置，当事故发生后线路潮流骤增时，通过储能的快速充放电疏散线路潮流，缓解线路拥塞。故障后的拥塞管理主要目标为防止线路超过热稳定极限，从而导致连锁故障的发生，其思路与紧急功率支撑类似。

电网拥塞管理典型场景主要有两种，短时紧急潮流疏散和线路检修期间负荷供电及恢复。

### （1）紧急潮流疏散

线路发生故障后，网架拓扑改变，潮流重新分配，易发生潮流紧急越限事件。一般而言，允许越限潮流控制值设定越大，相应的允许潮流越限时间越短。试验数据表明，如线路热稳定限额按照1.2倍控制，可允许30min以内的过载；而按照1.5倍左右控制，则要求1min时间内消除过载。

因此，首先判断在故障后是否有线路潮流达到输送容量的1.2倍或出现系统解列，若出现线路潮流紧急越限或系统解列事件，此时火电机组短时间内无法充分调整出力，为保证系统安全，将通过切机/切负荷等措施缓解线路潮流越限或系统功率不平衡，或配置储能作为故障后短时间内的功率支撑，避免切机/切负荷。之后调整机组出力，缓解线路潮流越限或系统解列所造成的功率不平衡。

### （2）线路检修期间负荷供电及恢复

若区域内发电机组容量充足，调整发电机组出力后一般可完全缓解线路潮流越限或系统解列所造成的功率不平衡，恢复负荷供电。但往往线路故障后，由于输送容量限制，区域内电源不足，无法满足负荷供电需求。若优化配置一定量的储能，则可在整个故障检修期间对重要负荷供电。线路完成检修后，恢复区域内所有负荷供电。

区域电网发生线路故障后到检修结束，短时潮流变化与发电单元动作流程如图11-1所示。

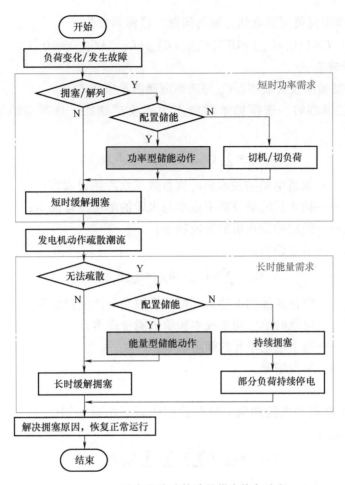

图 11-1　区域电网线路故障及供电恢复流程

## 11.3　线路拥塞管理场景的储能配置模型

### 11.3.1　线路拥塞管理场景下储能优化配置模型

对于故障后功率平衡问题，最经济的手段是调整火电出力；若调整火电出力无法满足要求，则采用储能充放电、弃风、切机或切除一般负荷等措施；在这些方法均无法满足要求的情况下，才考虑在规划时投资更多储能设施解决问题。

从电网安全可靠运行的角度出发，对混合储能电站进行配置，在保证电网运行安全性与重要负荷供电可靠性的前提下，以综合成本最低为目标。

**（1）目标函数**

目标函数 $C$ 如式（11-1），即以储能投资成本、故障损失以及火电运行成本的加权之和最小为目标。储能投资成本的权重系数为 1，运行损失的权重系数为 0.1，火电机组运行成本的权重系数为 0.001。故目标函数本质上是以最小的混合储能的投资解决电网线路

故障后潮流越限和重要负荷供电两方面的问题。目标函数为

$$C = (C_{ph} + C_{gb}) + 10^{-1}(C_{VOLL} + C_{thcut} + C_{wdcut} + C_{ESm}) + 10^{-3}C_{th} \tag{11-1}$$

1）储能投资成本。

式中，$C_{ph}$为能量型储能投资成本，$C_{gb}$为功率型储能投资成本。

构建混合储能模型时，选择抽水蓄能作为能量型储能，选择电池储能作为功率型储能。

$$C_{ph} = \sum_i (c_{phg}p_{ph}n_{ph,i} + c_{phe}E_{phr,i}) \tag{11-2}$$

式中　$n_{ph,i}$和$E_{phr,i}$——抽蓄电站的抽水机配置台数和水库建设库容；

　　　$c_{phg}$和$c_{phe}$——抽水机的单位功率成本与水库的单位库容成本；

　　　$p_{ph}$——给定的抽水机的额定功率；

　　　$i$——节点编号。

$$C_{gb} = \sum_i (c_{gbp}p_{gb}n_{gb,i} + c_{gbe}E_{gbr,i}) \tag{11-3}$$

式中　$n_{gb,i}$和$E_{gbr,i}$——电池储能的电池单元配置个数和电池配置容量；

　　　$c_{gbp}$和$c_{gbe}$——电池的单位功率成本和单位能量成本；

　　　$p_{gb}$——每个电池单元的额定功率；

　　　$i$——节点编号。

2）运行损失。

包括储能全寿命周期内的期望失负荷价值$C_{VOLL}$、切机惩罚$C_{thcut}$、弃风损失$C_{wdcut}$和储能运行维护成本$C_{ESm}$。

$$C_{VOLL} = T_{life}f\sum_s p_s \sum_i \sum_t k_{cl,i}P^s_{cl,it}\Delta T \tag{11-4}$$

式中　$P^s_{cl,it}$——切负荷功率；

　　　$k_{cl,i}$——给定的负荷价值系数。

$$C_{thcut} = T_{life}f\sum_s p_s \sum_i \sum_t c_{thcut,i}P^s_{thcut,it}\Delta T \tag{11-5}$$

式中　$P^s_{thcut,it}$——切机功率；

　　　$c_{thcut,i}$——切机惩罚系数。

$$C_{wdcut} = T_{life}f\sum_s p_s \sum_i \sum_t c_{wdcut,i}P^s_{wdcut,it}\Delta T \tag{11-6}$$

式中　$P^s_{wdcut,it}$——弃风功率；

　　　$c_{wdcut,i}$——弃风惩罚系数。

$$C_{ESm} = T_{life}f\sum_s p_s \sum_i \sum_t [c_{phm}(P^s_{phc,it} + P^s_{phd,it})\Delta T + c_{gbm}(P^s_{gbc,it} + P^s_{gbd,it})\Delta T] \tag{11-7}$$

式中　$P^s_{phc,it}$和$P^s_{phd,it}$——抽蓄充、放电功率；

　　　$P^s_{gbc,it}$和$P^s_{gbd,it}$——电池充、放电功率；

　　　$c_{phm}$与$c_{gbm}$——抽蓄与电池的单位充放电量运维费用。

3）火电机组运行成本

$$C_{th} = T_{life}f\sum_s p_s \sum_i \sum_t c_{th,i}P^s_{th,it}\Delta T \tag{11-8}$$

式中　　$T_{\text{life}}$——储能电站的全寿命周期；

　　　　$f$——每年发生故障的频率；

　　　　$p_s$——每次故障中第 $s$ 种故障工况发生的概率；

　　　$P^s_{\text{th},it}$——火电出力；

　　　$c_{\text{th},i}$——火电的单位发电量成本；

　　　　$\Delta T$——时段长度。

**（2）约束条件**

选取系统运行中所关注地区负荷最大、所关注断面潮流最重的运行工况作为故障前基态工况，通过上标 $b$ 标识，考虑关注断面可能发生的各种故障。

1）电力系统运行约束

节点功率平衡约束

$$P^s_{\text{th},it}+P^s_{\text{ph},it}+P^s_{\text{gb},it}-(P^s_{\text{d},it}-P^s_{\text{cl},it})=\sum_j M_{1,ij}P^s_{1,jt} \tag{11-9}$$

其中，$P_{1,jt}$ 需满足潮流约束

$$P^s_{1,jt}=\sum_i S_{ji}\left[P^s_{\text{th},it}+P^s_{\text{ph},it}+P^s_{\text{gb},it}-(P^s_{\text{d},it}-P^s_{\text{cl},jt})\right] \tag{11-10}$$

$$-P_{\text{lmax},j}\leqslant P^s_{1,jt}\leqslant P_{\text{lmax},j} \tag{11-11}$$

旋转备用约束

$$\sum_i (P^s_{\text{thU},it}+P^s_{\text{ph},it}+P^s_{\text{gb},it})\geqslant(1+\alpha)\sum_i(P^s_{\text{d},it}-P^s_{\text{cl},it}) \tag{11-12}$$

$$\sum_i (P^s_{\text{thD},it}+P^s_{\text{ph},it}+P^s_{\text{gb},it})\leqslant(1-\alpha)\sum_i(P^s_{\text{d},it}-P^s_{\text{cl},it}) \tag{11-13}$$

式中　　　　$j$——线路编号；

$P^s_{\text{ph},it}$ 和 $P^s_{\text{gb},it}$——抽蓄和电池整体注入电网的功率；

　　　　$P^s_{\text{d},it}$——负荷需求量；

　　　　$P^s_{1,jt}$——第 $j$ 条线路上的潮流；

$P^s_{\text{thU},it}$ 和 $P^s_{\text{thD},it}$——发电机在爬坡限制下实际出力上下限；

　　　　$M_{1,ij}$——节点关联矩阵第 $i$ 行第 $j$ 列的元素；

　　　　$S_{ji}$——由直流潮流模型推导得到的灵敏度矩阵的第 $j$ 行第 $i$ 列的元素；

　　　$P_{\text{lmax},j}$——线路允许的潮流上限，有短时值与长时值两种；

　　　　$\alpha$——备用率。

需要说明的是，考虑到储能在一定的控制方式下能够提供类似同步发电机的虚拟惯量，当储能容量足够大时，可保证系统故障后暂态的频率安全。因此，模型中不考虑故障后暂态频率变化过程，仅考虑稳态下的功率平衡问题。

2）火电机组运行约束

火电出力范围约束

$$P_{\text{thmin},i}\leqslant P^s_{\text{thD},it}\leqslant P^s_{\text{th},it}\leqslant P^s_{\text{thU},it}\leqslant P_{\text{thmax},i} \tag{11-14}$$

发电机组爬坡约束

$$P_{\text{thU},it}^{s} \leqslant P_{\text{th},i(t-1)}^{s} + r_{\text{U},i} P_{\text{thmax},i} \Delta T \qquad (11\text{-}15)$$

$$P_{\text{thD},it}^{s} \geqslant P_{\text{th},i(t-1)}^{s} - r_{\text{D},i} P_{\text{thmax},i} \Delta T \qquad (11\text{-}16)$$

式中    $P_{\text{thmax},i}$ 和 $P_{\text{thmin},i}$——发电机技术出力上下限；

$r_{\text{U},i}$ 和 $r_{\text{D},i}$——火电机组上、下爬坡速率。

3）储能配置与运行约束

允许配置抽水机组约束

$$n_{\text{ph},i} = \sum_{k}^{K_i} I_{\text{phg},ik} \qquad (11\text{-}17)$$

允许配置电池组个数约束

$$n_{\text{gb},i} = \sum_{h=1}^{H_i} 2^{h-1} x_{\text{gb},ih}, \ n_{\text{gb},i} \leqslant N_{\text{gb},i} \qquad (11\text{-}18)$$

抽水蓄能与电池的能量上限约束

$$E_{\text{phr},i} \leqslant E_{\text{phrmax},i}, \ E_{\text{gbr},i} \leqslant E_{\text{gbrmax},i} \qquad (11\text{-}19)$$

式中        $K_i$——第 $i$ 个节点处最大允许建设的抽水机组台数；

$k$——抽水机的编号；

$I_{\text{phg},ik}$——01 变量，代表第 $i$ 个节点处第 $k$ 台机组是否建设；

$N_{\text{gb},i}$——第 $i$ 个节点处最大允许配置电池单元个数；

$H_i$——$N_{\text{gb},i}$ 用二进制数表达时的总位数；

$h$——二进制数位的编号；

$x_{\text{gb},ih}$——01 变量，代表第 $i$ 个节点处配置电池单元个数的第 $h$ 位是否为 0；

$E_{\text{phrmax},i}$ 和 $E_{\text{gbrmax},i}$——抽蓄与电池的最大允许配置容量。

储能充放电状态约束

$$C_{\text{ph},ikt}^{s} \leqslant 1 - U_{\text{ph},it}^{s}, \ D_{\text{ph},ikt}^{s} \leqslant U_{\text{ph},it}^{s} \qquad (11\text{-}20)$$

$$C_{\text{ph},ikt}^{s} + D_{\text{ph},ikt}^{s} \leqslant I_{\text{ph},ik} \qquad (11\text{-}21)$$

$$C_{\text{gb},iht}^{s} \leqslant 1 - U_{\text{gb},it}^{s}, \ D_{\text{gb},iht}^{s} \leqslant U_{\text{gb},it}^{s} \qquad (11\text{-}22)$$

$$C_{\text{gb},iht}^{s} + D_{\text{gb},iht}^{s} \leqslant x_{\text{gb},ih} \qquad (11\text{-}23)$$

式中    $C_{\text{ph},ikt}^{s}$ 和 $C_{\text{gb},iht}^{s}$——抽蓄电站中第 $k$ 台抽水机和电池储能中 $2^{h-1}$ 个电池单元的充电状态，若为 1 则充电，若为 0 则不充电；

$D_{\text{ph},ikt}^{s}$ 和 $D_{\text{gb},iht}^{s}$——抽蓄电站中第 $k$ 台抽水机和电池储能中 $2^{h-1}$ 个电池单元的放电状态，若为 1 则放电，若为 0 则不放电；

$U_{\text{ph},it}^{s}$ 和 $U_{\text{gb},it}^{s}$——抽蓄和电池整体的充放电状态，若为 1 则放电，若为 0 则充电。

储能充放电功率约束

$$P_{\text{ph},it}^{s} = P_{\text{phd},it}^{s} - P_{\text{phc},it}^{s}, \ P_{\text{gb},it}^{s} = P_{\text{gbd},it}^{s} - P_{\text{gbc},it}^{s} \qquad (11\text{-}24)$$

$$P_{\text{phd},it}^{s} = \sum_{k=1}^{K_i} P_{\text{phd},ikt}^{s}, \ P_{\text{phc},it}^{s} = \sum_{k=1}^{K_i} P_{\text{phc},ikt}^{s} \qquad (11\text{-}25)$$

$$P_{\text{gbd},it}^{s} = \sum_{h=1}^{H_i} P_{\text{gbd},int}^{s}, \ P_{\text{gbc},it}^{s} = \sum_{h=1}^{H_i} P_{\text{gbc},iht}^{s} \qquad (11\text{-}26)$$

$$P_{\text{phdmin}} D_{\text{ph},ikt}^s \leqslant P_{\text{phd},ikt}^s \leqslant P_{\text{phdmax}} D_{\text{ph},ikt}^s \tag{11-27}$$

$$P_{\text{phc},ikt}^s = P_{\text{phc}} C_{\text{ph},ikt}^s \tag{11-28}$$

$$0 \leqslant P_{\text{gbd},iht}^s \leqslant 2^{h-1} P_{\text{gb}} D_{\text{gb},iht}^s \tag{11-29}$$

$$0 \leqslant P_{\text{gbc},iht}^s \leqslant 2^{h-1} P_{\text{gb}} C_{\text{gb},iht}^s \tag{11-30}$$

式中　　$P_{\text{phd},ikt}^s$ 和 $P_{\text{phc},ikt}^s$ ——第 $k$ 台抽水机的放电与充电功率;

$p_{\text{phdmin}}$ 和 $p_{\text{phdmax}}$ ——抽水机放电功率的最小值与最大值;

$p_{\text{phc}}$ ——抽水机充电功率;

$P_{\text{gbd},iht}^s$ 和 $P_{\text{gbc},iht}^s$ ——$2^{h-1}$ 个电池单元的放电功率与充电功率。

剩余电量及变化约束

$$10\% E_{\text{phr},i} \leqslant E_{\text{ph},it}^s \leqslant E_{\text{phr},i} \tag{11-31}$$

$$10\% E_{\text{gbr},i} \leqslant E_{\text{gb},it}^s \leqslant E_{\text{gbr},i} \tag{11-32}$$

$$E_{\text{gbr},i} = T_{\text{gbd}} P_{\text{gb}} n_{\text{gb},i} \tag{11-33}$$

$$E_{\text{ph},it}^s - E_{\text{ph},i(t-1)}^s = ( \eta_{\text{phc}} P_{\text{phc},it}^s - P_{\text{phd},it}^s / \eta_{\text{phd}} ) \Delta T \tag{11-34}$$

$$E_{\text{gb},it}^s - E_{\text{gb},i(t-1)}^s = ( \eta_{\text{gbc}} P_{\text{gbc},it}^s - P_{\text{gbd},it}^s / \eta_{\text{gbd}} ) \Delta T \tag{11-35}$$

式中　　$E_{\text{ph},it}^s$ 和 $E_{\text{gb},it}^s$ ——抽蓄和电池的剩余能量;

$\eta_{\text{phc}}$ 和 $\eta_{\text{phd}}$ ——抽蓄的充电与放电效率;

$\eta_{\text{gbc}}$ 和 $\eta_{\text{gbd}}$ ——抽蓄的充电与放电效率。

4) 基态运行假设

若故障前基态无切负荷且储能不出力, 则

$$P_{\text{cl},i}^b = 0, \ P_{\text{ph},i}^b = 0, \ P_{\text{gb},i}^b = 0 \tag{11-36}$$

若基态储能剩余能量 90%, 则

$$E_{\text{ph},i}^b = 90\% E_{\text{phr},i}, \ E_{\text{gb},i}^b = 90\% E_{\text{gbr},i} \tag{11-37}$$

5) 响应时间约束

$$P_{\text{th},it}^s - P_{\text{th},i(t-1)}^s = 0, \ T \leqslant t_{\text{thr}} \tag{11-38}$$

$$P_{\text{ph},it}^s - P_{\text{ph},i(t-1)}^s = 0, \ T \leqslant t_{\text{phr}} \tag{11-39}$$

$$P_{\text{gb},it}^s - P_{\text{gb},i(t-1)}^s = 0, \ T \leqslant t_{\text{gbr}} \tag{11-40}$$

式 (11-38) ~ (11-40) 表示各发电单元在达到各自的响应时间之前, 各发电单元出力不变。

$t_{\text{thr}}$、$t_{\text{phr}}$ 和 $t_{\text{gbr}}$ ——火电、抽水蓄能与电池储能的响应时间。

一般而言, 电池储能响应时间很短, 故在火电与抽水蓄能响应前, 主要通过电池储能调节功率缺额; 在其他调节资源响应后, 火电、抽水蓄能和电池共同参与调节功率缺额。

6) 重要负荷供电需求约束

最大切负荷功率约束: 要求切负荷功率比例不能高于给定值 $\beta_i$, 即

$$P_{\text{cl},it}^s \leqslant \beta_i P_{\text{d},it}^s \tag{11-41}$$

最大失负荷量约束

$$\sum_t P_{\text{cl},it}^s \Delta T \leqslant \delta_i \sum_t P_{\text{d},it}^s \Delta T \tag{11-42}$$

切负荷功率约束

$$P_{\text{cl},it}^{s} \leqslant P_{\text{cl},i(t-1)}^{s} \qquad\qquad (11\text{-}43)$$

式中　$\beta_i$——重要负荷占比；

　　　$\delta_i$——故障后最大失负荷量比例。

## 11.3.2　储能优化配置模型的求解方法

以目标函数作为优化目标，考虑电力系统运行约束、机组运行约束、储能配置与运行约束、响应时间约束以及重要负荷供电需求约束等，即为本研究提出的应对区域供电线路故障后电网阻塞和重要负荷供电需求的复合储能优化配置模型。

与常规储能优化配置方法不同的是，模型以复合储能整体投资费用最小作为主要的优化目标，同时考虑了发电单元响应时间约束与重要负荷供电需求约束，能够充分发挥功率型储能与能量型储能各自的优势，提高配置效果和经济性。

该优化问题是混合整数线性规划问题，可在 MATLAB 平台上建立优化模型并利用商业软件 GUROBI 进行求解。

## 11.4　基于线路拥塞管理的储能优化配置案例分析

### 11.4.1　案例系统描述

本案例中考虑某省级电网中某重点城市南部电网与省级电网主网之间断面上的关键线路故障后的拥塞管理问题，既包含上述正常运行时的拥塞管理的特征，也包含故障后的拥塞管理特征。该重点城市南部电网与省级电网主网之间存在一条极为狭窄的输电通道，通道中含有多条 500kV 输电线路，由于此处气候原因可能出现多条线路故障，且故障可能潮流转移引发其他拥塞，若超过热稳极限断开后，可能导致该南部电网与主网解列，而考虑到南部电网解列后其内部电源不足可能引发大面积停电事故。该南部电网所在地区是经济中心，且存在大量的重要负荷，如港口基地等，若无法保证其电力供应可能导致大量的经济损失。

整个系统中，共 32 个 500kV 节点，220 个 220kV 节点，总负荷 22020.7MW；共有 41 处火电节点，总容量为 24204.5MW；外省通过联络线馈入系统功率 4611MW，系统内风电出力 2900MW；共有 39 条 500kV 线路走廊，333 条 220kV 线路走廊，每条 500kV 线路和 220kV 线路正常情况下容量分别为 1600MW 和 700MW。

选取该省某重点城市南部电网作为关注的局部地区，该地区内部基态总负荷为 3867.85MW；地区内有三处火电节点，总容量为 2270MW；与外部主网之间的断面上共有三条 500kV 线路，断面容量共 4800MW，基态下潮流方式为 500kV 线路向区域内负荷供电 2133MW，区域内发电机出力 1734.85MW。

假设火电爬坡速度为每分钟 1% 容量，电池电站功率成本为 5000 元/kW，能量成本为 2000 元/kW·h，充放电效率 90%；抽水蓄能电站功率成本为 5000 元/kW，能量成本为

1000 元/(kW·h)，充放电效率 75%；假设储能电站寿命周期为 10 年。单台抽水机容量为 300MW，单个电池容量为 5MW，抽水蓄能与电池的允许配置功率与能量上限足够大。该地区内部非重要负荷价值设为 30 元/(kW·h)，占区域内部总负荷的 20%，重要负荷占地区内部总负荷的 80%。在此说明，重要负荷一般不允许切除，但为了体现在不配置储能时切除重要负荷可能造成的经济损失，重要负荷价值设为非重要负荷的一万倍，即 300000 元/(kW·h)。切机损失系数设为 0.2 元/(kW·h)，弃风损失系数设为 0.3 元/(kW·h)。

假设断面处故障频率为 1 次/年，每次故障中断开一条线、断开两条线和断开三条线的概率分别为 20%、12% 和 4%。

假设故障后负荷保持不变，需要保证负荷在 8h 故障检修时间内的供电需求。给定火电及抽水蓄能机组响应时间为 5min，重要负荷供电需求设为：①不允许切除重要负荷，即允许最大切负荷为 20%；②地区内部供电总量不低于 90%。

## 11.4.2　案例结果分析

**（1）有无储能对故障下区域系统运行情况的影响分析**

1）无储能情形。当区域内无储能时，区域内系统在单条线路故障、两条线路故障和三条线路故障（解列）情况下的运行状况如图 11-2 所示。

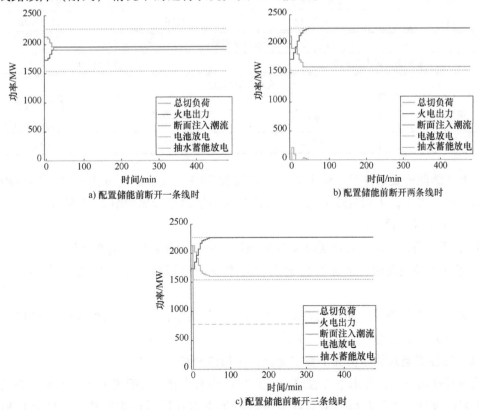

图 11-2　配置储能前不同故障下区域系统运行情况

从图 11-2 中可以看出：

① 断开一条线路时，系统未出现紧急潮流越限事件和功率缺额，火电机组调整出力达到新的最优平衡点，符合电网运行 N-1 要求。

② 断开两条线路时，系统会出现紧急潮流越限（超出线路传输容量的 1.2 倍），此时为保证系统安全，切除部分负荷，之后调整发电机出力缓解线路潮流越限并恢复负荷供电，由于电源充足，系统最终恢复到新的平衡点。

③ 断开三条线路时，即区域电网与主网解列时，区域电网内有大量功率缺额，造成大量切负荷，之后调整发电机组出力恢复部分负荷供电，但由于内部电源不足，大量负荷无法恢复供电，不满足重要负荷供电需求。

2）有储能情形。假设允许配置储能，根据所提出的储能配置方法得到的关注地区内部储能配置方案如下：总投资 295.48 亿元，其中电池储能配置功率为 1360MW/457.57MW·h，投资 218.33 亿元；抽水蓄能配置总量为 1200MW/15833.33MW·h，投资 77.15 亿元。全寿命周期失负荷期望为 0.037 亿元，见表 11-1。

表 11-1 储能配置方案

| 储能配置方案 | | | |
|---|---|---|---|
| 电池储能 | | 抽水蓄能 | |
| 功率/MW | 能量/(MW·h) | 功率/MW | 能量/(MW·h) |
| 1360 | 457.57 | 1200 | 15833.33 |
| 供电需求指标 | | | |
| 最大失负荷比例 20% | | 最小供电量 90% | |
| 成本分析/亿元 | | | |
| 电池投资 | 抽蓄投资 | 储能总投资 | 全寿命周期失负荷价值期望 |
| 218.33 | 295.48 | 77.15 | 0.037 |

在上述储能配置条件下，最大失负荷比例为 20%，最小供电量为 90%，能够满足重要负荷的供电需求，不同故障情况下，关注地区系统运行情况如图 11-3 所示。

从图 11-3 可以看出：

① 断开一条线路时，系统无功率缺额和切负荷，无配置储能的必要性。

② 断开两条线路时，系统潮流越限和功率缺额可通过储能放电得到弥补，无须切负荷。

③ 断开三条线路时，通过配置储能对重要负荷供电，在线路检修期间仅仅切除了部分非重要负荷，满足重要负荷供电需求。

**（2）储能类型对故障情况下系统运行情况影响分析**

采用所提出模型，考虑不配置储能、只配置抽水蓄能、只配置电池、抽水蓄能及电池独立配置以及抽水蓄能及电池复合配置五种配置方案并进行计算比较，其结果及相应指标见表 11-2。

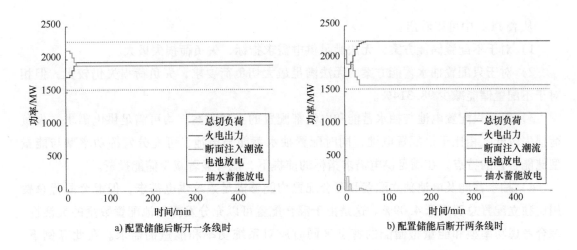

a) 配置储能后断开一条线时　　　　　　　b) 配置储能后断开两条线时

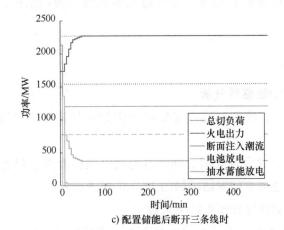

c) 配置储能后断开三条线时

图 11-3　配置储能后不同故障下区域系统运行情况

表 11-2　不同储能配置方案对于解决电网拥塞的成效比较

| | | 不配置 | 仅抽水蓄能 | 仅电池 | 电池 & 抽水蓄能 | |
| --- | --- | --- | --- | --- | --- | --- |
| | | | | | 独立 | 复合 |
| 电池 | $P/\mathrm{MW}$ | 0 | 0 | 1360 | 1360 | 1360 |
| | $E/(\mathrm{MW \cdot h})$ | 0 | 0 | 13651 | 157.36 | 457.57 |
| 抽水蓄能 | $P/\mathrm{MW}$ | 0 | 1500 | 0 | 1500 | 1200 |
| | $E/(\mathrm{MW \cdot h})$ | 0 | 16382 | 0 | 16194 | 15833.33 |
| 最大切负荷（%） | | 55.15 | 55.15 | 20 | 20 | 20 |
| 最小供电量（%） | | 58.23 | 90 | 90 | 90 | 90 |
| 抽水蓄能投资/亿元 | | 0 | 238.82 | 0 | 236.94 | 218.33 |
| 电池投资/亿元 | | 0 | 0 | 341.04 | 71.15 | 77.15 |
| 总投资/亿元 | | 0 | 238.82 | 341.04 | 308.09 | 295.48 |
| $C_{\mathrm{VOLL}}$/亿元 | | 808.30 | 13.63 | 0.037 | 0.037 | 0.037 |
| 减少值/亿元 | | \ | 794.67 | 808.263 | 808.263 | 808.263 |
| 减少比例（%） | | \ | 98.314 | 99.995 | 99.995 | 99.995 |

从表 11-2 中可以看出：

1）对于不配置储能方案，无法满足供电需求指标，失负荷损失极大。

2）对于只配置抽水蓄能方案，无法满足最大切负荷要求，失负荷损失仍较大，但相对于不配置储能减少 98.314%。

3）对于只配置电池与抽水蓄能和电池都配置的三种方案，均可满足供电需求，失负荷损失较低。相比于仅配置电池，同时配置抽水蓄能与电池，可充分发挥功率型与能量型储能各自的特点，在满足供电需求指标的前提下，能够显著减少储能投资。

4）抽水蓄能及电池独立配置和混合配置均能够满足系统供电需求，但混合配置总费用比独立配置总费用低 4.09%。这是由于混合配置可以充分发挥电池配置数量的灵活性，综合考虑功率型和能量型储能的特点来同时应对系统功率和能量的需求。在此算例下，仅需额外增加一定量的电池能量配置，就可避免多配置一台抽水机，从而降低了总体配置费用。

### 11.4.3 敏感性分析

**（1）基于检修时间的敏感性分析**

当地区内电源不足时，检修时间直接影响所需储能的配置，对检修时间进行敏感性分析。

当检修时间在 1~12h 之间变化时，抽水蓄能及电池储能混合配置结果如图 11-4 中实线所示，抽水蓄能及电池独立配置结果如图 11-4 中虚线所示。

从抽水蓄能及电池储能混合配置结果来看：

1）随着检修时间的增加，为满足供电量要求，需要储能提供更多的能量，导致储能总投资增加。

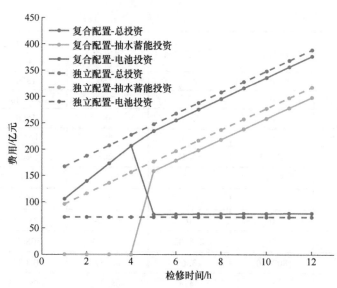

图 11-4 检修时间敏感性分析

2）在检修时间 4h 及以内时，不必配置抽水蓄能，只投资电池；在检修时间达 5h 时，需配置抽水蓄能，同时投资电池；检修时间超过 5h 后，电池投资基本不变，抽水蓄能投资呈线性增长。这是因为尽管抽水蓄能能量成本较低，但单台抽水机容量加大，为 300MW，配置成本较高，因此只有当配置抽水蓄能能量相对于配置电池能量能够节省的费用高于抽水机组投资时，才倾向于配置抽水蓄能。

从抽水蓄能及电池储能独立配置结果来看：随着检修时间的增加，独立配置方案中，电池投资不变，抽水蓄能投资随检修时间线性增加，总的投资高于混合配置方案的投资。

综合来看，检修时间不超过 4h 时，通过增加电池能量配置来保证供电量要求，相对于配置抽水蓄能而言更加经济；当检修时间超过 5h 时，适当增加抽水蓄能投资，可降低总的储能投资。

**（2）基于重要负荷价值的敏感性分析**

保持其他参数不变，改变重要负荷价值参数，对重要负荷价值进行灵敏度分析，如图 11-5 所示。

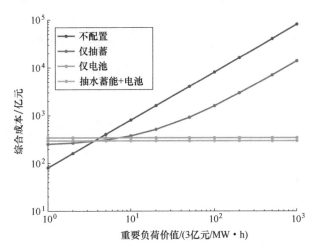

图 11-5　基于重要负荷价值的敏感性分析

从图 11-5 中可以看出：

1）仅配置储能电池或同时配置抽水蓄能和电池时，随着重要负荷价值的增大，其配置方案不变，综合成本不变。

2）不配置储能或仅配置抽水蓄能时，其综合成本随着重要负荷价值的增加而增加，且不配置储能时增加得更快。这是因为不配置储能时的重要负荷切除量远比仅配置抽水蓄能时要大，而配置电池储能或同时配置抽水蓄能和电池储能方案时，重要负荷无切除。

因此，在重要负荷的价值相对较低时，不配置储能方案或只配置抽水蓄能方案的综合成本相对较低；但随着重要负荷价值的增加，失负荷损失在综合成本中的比重逐渐提高，不配置储能方案或只配置抽水蓄能方案的综合成本将超过其他两种配置新型储能的方案。

# 第四篇
## 实 践 篇

# 第 12 章 国外新型储能政策及发展实践

## 12.1 美国

### 12.1.1 激励政策

#### （1）提供创新资金支持

2009 年，为应对金融危机和经济衰退，美国政府推出复苏与再投资法案（ARRA），基于此背景，美国能源部（DOE）安排了 1.85 亿美元政府配套资金发展储能技术。这些资金共资助了 16 个新兴技术储能项目，被资助的公司包括飞轮储能公司 Beacon Power、氯化锌液流电池公司 Primus Power 以及压缩空气储能公司等。同时美国能源部还通过先进能源研究计划署（ARPA-E）安排了至少 1.3 亿美元支持新型储能技术发展，主要用于储能技术研发和工程示范应用。2018 年 9 月，美国能源部宣布再增加 1.48 亿美元支持两类储能技术的研发，其中，2800 万美元用于支持 10 个能够持续提供超过 100h 的储能项目；1.2 亿美元用于支持能量存储研究联合中心（JCESR）开展电池科学和技术研究，JCESR 是由阿贡国家实验室牵头的美国能源部下属的能源创新中心。

#### （2）初始投资补贴

初始投资补贴多集中在户用储能。在支持分布式储能发展方面，各国都出台了一系列的投资补贴激励政策。2011 年 9 月，美国实施自发电激励计划（SGIP），加州公共事业委员会（California Public Utilities Commission，CPUC）宣布开始对独立的储能系统进行补贴，对先进储能系统按照 2 美元/W 的标准补贴；2014 年 6 月，将补贴年限延长至 2019 年，加大用户侧发电技术的补贴资金；2016 年 5 月，CPUC 提出修订 SGIP，不再按照系统安装功率（kW）以初投资的方式进行补贴，而是按照储能项目电量（kW·h）进行补贴。

国外对商业化运行的储能电站直接进行初投资的补贴相对较少，仅有个别地区出台相关政策。纽约州计划到 2025 年安装 1.5GW·h 的储能设施。为了实现这个目标，纽约州能源研究与发展署（NYSERDA）和纽约州公共服务部（DPS）推出 2.8 亿美元的储能投资激励措施。该补贴主要用于两类项目：一类是参与零售市场容量小于 5MW 的储能设施；另一类是参与批发市场的大型储能电站项目。其中参与零售市场的储能项目补贴资金为 1.3 美元，参与批发市场中的储能项目补贴为 1.5 亿美元。

参与批发市场的储能项目分为小于 20MW 和大于 20MW 两类，其补贴标准见表 12-1、表 12-2。

表 12-1　小于 20MW 储能项目补贴标准

| 时间/年 | 补贴标准/[美元/(kW·h)] | 时间/年 | 补贴标准/[美元/(kW·h)] |
|---|---|---|---|
| 2019 | 110 | 2023 | 70 |
| 2020 | 100 | 2024 | 60 |
| 2021 | 90 | 2025 | 50 |
| 2022 | 80 | — | — |

表 12-2　大于 20MW 储能项目补贴标准

| 时间补贴标准 | 起始时间 | 补贴标准/[美元/(kW·h)] |
|---|---|---|
| NYISO 第一轮采购 | 2019 年 | 85 |
| NYISO 第二轮采购 | 2021—2022 年 | 75 |

尽管对于参与批发市场的储能项目没有最大容量限制，但每个项目的总补贴金额最高为 2500 万美元。对于在批发市场中提供容量服务的储能项目，可按补贴标准得到全部的补贴；对于进行峰谷套利或辅助服务的项目，仅获得 75% 补贴标准的补贴。补贴金额将在三年内分四次以相同的金额发放，第一笔付款由组织日前批发市场、现货市场以及辅助服务市场的 NYISO 发放，其余三笔每 12 个月发放一次。如果储能项目不能持续 20 年，则将采取部分补贴资金回收措施。

**（3）税收减免优惠**

投资税收减免（Investment Tax Credit，ITC）是政府为了鼓励绿色能源投资而出台的税收减免政策。由光伏充电的储能项目可按照储能设备投资额的 30% 抵扣应纳税额。

2009 年 5 月，美国国会通过"2009 可再生与绿色能源存储技术法案"（S. 1091）（简称"储能法案 1091"）；2010 年 7 月美国国会又通过"2010 可再生与绿色能源存储技术法案"（S. 3617）（简称"储能法案 3617"）。储能法案 3617 是对储能法案 1091 的修正和补充，主要是针对美国储能系统的投资税收减免、性能标准和项目进展等方面作出规定，涉及的储能包括大规模储能电站、就近储能和户用储能等。具体内容包括：

1）大容量储能设施的税收优惠。合格的大规模储能设备是指能够并网售电且能够提高电网可靠性和经济性的设施，储能系统的装机容量至少 1MW，储能时长至少 1h，储能能量当量至少为 1MW·h，支持的储能技术包括抽水蓄能、压缩空气储能、可再生燃料电池储能、蓄电池储能、蓄热和氢储能等，同时还要求在该法案生效四年内对投资税收减免进行审查，并对投资税收减免进行重新分配。

2）就近储能设施的税收优惠。就近储能设施主要是分布式供能系统配建的储能设施，首先应满足当地电力负荷峰值需求，并可消纳更多的可再生能源。该法案对合格的燃料电池、太阳能发电、太阳能建筑供冷供热（不包含泳池供热）、太阳能照明（2009年1月1日之前安装）、地热能发电、蓄热及用于插电式混合动力等设施的投资税收优惠比例为30%，其他能源设施享受投资税收减免比例为10%，但是每年度税收优惠总额不高于100万美元。储能系统设施功率至少5kW，储能时长至少4h，储能容量至少20kW·h，系统效率不低于80%。

3）户用储能设施的税收优惠。户用储能设备是指用户在所拥有的房产上直接安装使用的储能设施，首先满足当地电力峰值需求并可消纳可再生能源来供当地消费，用户可享受年度税收优惠用于增效改造能源设备，以及购买新能源设备的30%的税收优惠额度，但不得高于1500美元；储能系统设施功率至少500W，储能时长至少4h，储能容量至少2kW·h，系统效率不低于80%，储能设备包含蓄热和插电式混合动力汽车的储能设备。

2016年，美国储能协会向美国参议院提交了ITC法案，明确先进储能技术都可以申请投资税收减免优惠，但该税收减免对象不得为公共机构（Public Entity）、学校（Public University）或联邦机构（Federal Agency），只能是私人机构或个体。

为推动储能与光伏发电的协同发展，对于居民用户储能，政策要求100%的电力来自于光伏发电，才能享受税收减免优惠，支持比例为系统投资的30%，否则不能享受补贴。对于工商业储能，要求储能系统储存的电能必须有不少于75%来自于光伏发电，才可享受ITC支持，支持比例是系统投资的30%；当储能75%~99.9%的电力来自于可再生能源发电时，税收减免额为该比例与30%的乘积，即如果储能80%电力来自光伏发电，其税收减免额为储能设施成本的24%；当储能电力全部来自于可再生能源发电时，才可享受30%的税收减免。详见表12-3。

表12-3　储能设备可享受的联邦税收减免

| 储能产权 | 光伏配置情况 | 储能电力来自光伏的充电率 | 税收减免 |
|---|---|---|---|
| 公用机构 | — | — | 无减免 |
| 私人机构 | 未配置光伏 | — | 7年MACRS |
| | 新建或已建光伏 | <75% | 7年MACRS |
| | | 75%~99% | 5年MACRS<br>30%×充电率的储能成本执行ITC |
| | | 100% | 7年MACRS<br>30%储能成本执行ITC |

注：MACRS即加速折旧法。

### 12.1.2　市场机制

**（1）立法确定储能的市场主体地位**

美国是储能商业化应用最早的国家之一，主要得益于美国联邦能源监管委员会（FERC）在立法层面给予的巨大支持。

1）2007 年推出的 890 法案为储能技术进入调频市场提供了基本制度保障，890 法案全称《防止输电服务中不正当的歧视和偏向性》（Order 890：Preventing undue discrimination and preference in transmission service），明确要求区域电力市场允许包括储能在内的非传统发电电源提供 AGC 调频服务。从 2008 年开始，美国各个电力市场（ISO）都相应制定了储能参与调频市场的方案，主要内容涉及储能系统参与 AGC 调频的详细市场规则、AGC 调度系统优化和评价考核系统等。

2）2011 年推出的 755 法案解决了储能系统参与电网 AGC 调频服务获得合理回报的问题。755 法案的全称是《批发电力市场的调频服务补偿》（Order 755：Frequency regulation compensation in the organized W·holesale power markets），其核心内容是要求各区域电力市场按照不同调频电源提供的调频服务的效果支付调频补偿费用。

3）2013 年 7 月推出的 784 法案为储能技术提供辅助服务并在全美境内推广奠定法律基础。784 法案的全称是《第三方提供辅助服务以及新型电储能技术的计算和财务报告》（Order 784：Third-party provision of ancillary services，accouting and financial reporting for new electric storage technologies）。

4）2013 年 11 月推出的 792 法案解决了储能并网的程序问题。首次将储能定义为小型发电设备，并推出快速并网检测程序（Order 792：Small generator interconnection agreements and procedures）。

5）2018 年 2 月推出的 841 法案消除了储能在批发电力市场中公平竞争的障碍。有助于储能在更多的市场中获得收益，提高经济性。同时还提出了标准化储能参与 RTO 和 ISO 运营的各类市场的相关政策。该法案有助于加强竞争，提高电力批发市场的效率，并有助于支持大容量电力系统的恢复能力（Order 841：Final rule on electric storage resource participation in markets operated by regional transmission organisations，or RTOs，and independent system operators，or ISOs）。

前四条法案的推出，解决了储能系统参与 AGC 调频服务市场的合法性以及获取合理投资收益的问题，以法案形式将储能调频应用规模化推广至全美境内，之后又定义储能类别并推出快速并网检测程序，这对整个储能行业的健康发展起到了决定性作用。最后 841 法案的推出，进一步明确储能参与市场的种类及要求。

841 法案旨在消除地区输电运营商（RTO）和独立系统运营商（ISO）运营的储能参与容量、能量和辅助服务市场的障碍。法案要求每个 RTO 和 ISO 修改其电价以规则建立能够识别储能特性的市场参与模型，从而促进储能参与 RTO/ISO 市场。该模型可以实现以下功能：

1）模型中的储能有能力提供其在技术上能够提供的所有容量、能量和辅助服务。

2）可以将批发市场出清价格设置为与买方和卖方现有的市场规则一致。

3）能够通过投标参数或其他方式考虑到储能的物理和操作特性。

4）确定参与 RTO/ISO 市场的最小容量要求为不超过 100kW。此外，每个 RTO/ISO 还必须明确的是，电能以批发市场边际价格从 RTO/ISO 市场销售到储能，再转售回 RTO/ISO 市场，以确保 RTO/ISO 价格的公正性和合理性。

**（2）修改市场规则，公平体现各类资源价值**

目前，美国宾夕法尼亚—新泽西—马里兰州（PJM）、加利福尼亚州（CAISO）、德克萨斯州（ERCOT）、中西部（MISO）和新英格兰（ISO-NE）区域电力市场中均允许储能参与调频辅助服务。其中，PJM、CAISO 和 ERCOT 市场较为典型。

在调频标的方面，PJM 和 CAISO 均同时考虑调频容量和调频里程，但两者在里程定价和机会成本计算方法上有差别。ERCOT 由于不受 FERC 监管，仅考虑单一的调频容量价格，没有设置里程价格。此外，在调频方向上，PJM 不区分向上调频和向下调频，CAISO 以及 ERCOT 区分向上调频和向下调频。

在电能与调频辅助服务市场出清关系方面，PJM、CAISO 和 ERCOT 均采用电能量和辅助服务联合优化出清方式。

在交易和结算方式方面，PJM 采用日前报价预出清、时前出清确定容量及实时出清确定价格和里程的方式，按照实时出清价格结算；CAISO 日前确定出清价格和调频容量，调频里程按照实际调用里程结算；ERCOT 采用日前确定出清价格，按照实际调用情况结算。详见表 12-4。

表 12-4　美国典型调频辅助服务市场机制对比分析

|  | PJM | CAISO | ERCOT |
|---|---|---|---|
| 调频容量 | 有 | 有 | 有 |
| 调频里程 | 有 | 有 | 无 |
| 调频方向 | 不区分 | 上调/下调 | 上调/下调 |
| 电能/调频出清 | 联合优化 | 联合优化 | 联合优化 |
| 考虑调频性能指标 | 容量/里程 | 里程 | 不考虑 |
| 结算容量确定 | 时前出清 | 日前出清 | 日前出清 |
| 容量价格确定 | 实时出清 | 日前出清 | 实际调用 |
| 结算里程确定 | 实际调用 | 实际调用 | — |
| 里程价格确定 | 实时出清 | 日前出清 | — |

## 12.1.3　发展实践

由于各个州具有独立的立法权以及各州对储能的需求度不同，美国储能电站商业应用的模式呈现多样化，本节选取两种典型模式进行分析，分别为具有管制色彩的加州公用事业公司储能项目以及完全市场化下的 PJM 调频市场储能项目。

**（一）加州三大公用事业公司储能强制采购计划项目**

**（1）加州政府出台强制采购储能计划的动因**

加州电力系统对"两个平衡"的迫切需求成为政府强制要求公用事业公司部署储能的主要驱动因素。"两个平衡"分别为：一是应对高比例新能源电力系统净负荷平衡；二是尖峰负荷或应急状态时保障电力平衡。

1）应对高比例新能源电力系统净负荷平衡。加州是美国清洁能源发展最为激进的州之一，截至 2017 年，加州境内装机总量 79644MW，风电、光伏和光热发电装机容量占加州总装机容量的 20.6%，其中光伏装机 9588MW，约占 12%。根据加州最新通过的法案，为实现加州可再生能源发展目标和温室气体减排目标，到 2030 年可再生能源在该州发电结构的占比将达到 50%；温室气体排放到 2020 年降至 1990 年排放水平，2030 年比 1990 年降低 40%，2050 年比 1990 年降低 80%。

随着加州电网光伏等新能源装机容量的快速增长，新能源发电出力占负荷比重越来越高。加利福尼亚独立系统运营商（CAISO）的数据显示，2019 年 3 月 16 日加利福尼亚在当地时间 14 时 45 分左右，系统光伏出力达到 10765MW，这是自 2018 年 6 月加利福尼亚州光伏发电出力创下 10740MW 之后的再创新高。如果考虑风电、地热、水电、生物质和沼气等电源，此刻的可再生能源出力达到 13437MW。此时，仅光伏发电出力占负荷的比重就达到 59%。具体如图 12-1 所示。

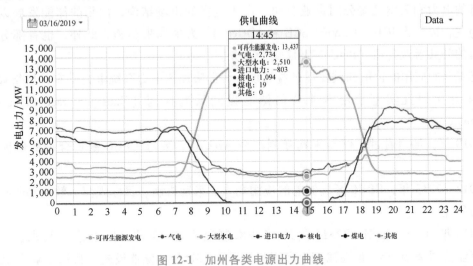

图 12-1　加州各类电源出力曲线

2）尖峰负荷或应急状态时保障供电平衡需求。由于加州圣奥诺弗雷核电站内部蒸汽管道泄漏导致核反应堆关闭，应急状态供电可靠性问题再次引起关注。2012 年 1 月 31 日，美国南加利福尼亚爱迪生公司晚间宣布，由于内部蒸汽管道可能发生泄漏，由该公司主要负责运营的圣奥诺弗雷核电站 3 号反应堆已被关闭。圣奥诺弗雷核电站有两个正在运行的核反应堆，装机容量为 2200MW，是南加州最大的电源，可满足 140 万家庭的电力需求。早在 2011 年 11 月，圣奥诺弗雷核电站还曾发生氨泄漏事件。

此外，加州阿里索（Aliso Canyon）天然气气田泄漏所引发的电力短缺危机加快了加州安装储能系统、保障供电安全的步伐。发生事故的 Aliso Canyon 天然气地下储气库隶属于美国 Sempra 能源公司下属的南加州天然气公司，该储气库位于加利福尼亚州洛杉矶西北约 50km 的圣苏珊娜山阿里索峡谷内。2015 年 10 月~2016 年 2 月期间，储气井共计泄漏天然气 10.7 万 t，是美国历史上最大的天然气泄漏事故。该事故造成了巨大的社会影响和经济损失，前后共导致 1.1 万名附近居民离家疏散，附近的牧场社区有超过 5000 户家庭和两个当地学校搬迁，直接经济损失约 3.3 亿美元，总损失约 10 亿美元。Aliso Canyon 天然气气田可以满足 10000MW 装机容量的电站发电用气需求，该电站冬季可以满足 CEC⊖所辖区域 20% 的高峰负荷，夏季满足 60% 的高峰负荷。若没有 Aliso Canyon 的天然气储备，将给该地区的供电、供暖和燃气供应带来严重挑战。为了弥补电力不足，加利福尼亚州在六个月的时间里在几个地点部署了 100MW 的储能设施。

核电站事故和储气库泄漏事故给加州造成了严重的停电事故和供电紧张，也给当地电网和能源供应体系带来了巨大的风险。储能在提供电力备用和容量服务、缓解调峰压力和延缓电力基础设施升级改造等方面具有明显优势，因此也特别受加州政府的青睐。

**（2）加州公用事业公司储能强制采购计划**

加州为受管制的电力市场，公用事业公司（IOU）是加州发电、配电和售电业务提供者，垂直一体化运作。加州独立系统运营商 CAISO 负责监督加州电力系统、输电网和电力市场的运营，属于非营利性机构。加州公用事业委员会（CPUC）监管加州境内的投资者拥有的电力和天然气等公用事业公司。由于这样的市场结构，加州的储能发展以政策引导为主，以三大 IOU（PG&E、SCE 和 SDG&E）⊜为主体来实施，此外，也有部分其他小规模的公共事业公司（POU）⊜开展储能业务。

随着储能应用的价值和重要性日益显现，为保障加州电力系统电力供应，加州政府从 2010 年开始研究实施公用事业公司储能强制采购计划（Energy Storage Procurement Mandate）。

2010 年，加州通过了储能采购强制法令 AB2514，要求 CPUC 制定合理的储能采购目标。

2012—2013 年，CPUC 开展储能的应用场景、采购机制、目标规模、效益和所有权等问题的研究。

2013 年 10 月，根据 AB2514 法案，CPUC 制定"储能采购目标计划"，要求加州三大公共事业公司 2020 年之前在输配电和用户侧采购 1325MW 储能设施。目标分解为 2014—2020 年间的四轮采购计划，储能设施原则上不指定技术路线，但为激励新型储能技术发展，大于 50MW 的抽水蓄能项目被排除在外。详见表 12-5。

---

⊖ CEC：California Energy Commission，加州能源委员会。
⊜ SDG&E：圣地亚哥天然气和电力公司，为圣地亚哥和南奥兰治县的 360 万居民服务；SCE：南加州爱迪生电力公司，为包括洛杉矶在内的加州中南部的 15 个县的 1500 万居民服务；PG&E：总部位于旧金山的太平洋天然气和电力公司，为包括旧金山市在内的加州中北部 540 万居民服务。
⊜ POU（Publicly Owned Utilities）：包括能源服务供应商和社区电力合作社，被要求到 2020 年采购其各自配电份额中最大负荷的 1% 的储能容量。

表 12-5　加州三大公用事业公司储能采购目标　　　　　（单位：MW）

| 接入位置 | 2014 年 | 2016 年 | 2018 年 | 2020 年 | 总计 |
|---|---|---|---|---|---|
| 输电网 | 110 | 145 | 192 | 253 | 700 |
| 配电网 | 67 | 90 | 115 | 153 | 425 |
| 用户侧 | 23 | 35 | 58 | 84 | 200 |
| 合计 | 200 | 270 | 365 | 490 | 1325 |

2016 年 9 月，在 AB2868 法案基础上，加州又通过了四项新的法令以加速储能发展，将 2020 年的装机容量目标提高了 500MW，到 2020 年储能装机容量达到约 1.8GW。此外，通过法令建立独立机构，确保 60 天内解决项目并网过程中的争议。

**（3）储能应用领域与资产归属**

加州储能采购目标计划中，储能设施按功能可分为三大类：保证输配电可靠性、发电侧调节和负荷侧调节。储能设施的资产归属主要根据功能确定。

保证输配电可靠性功能的储能设施，其作用是在输配电网中提供电压支撑或延缓变压器的增容改造等。根据加州公用事业法令，这类储能设备属于输配电资产，只能由公用事业公司所有。

发电侧调节功能的储能设施，主要作用是平缓发电侧的出力波动，例如与集中式风电或光伏电站配套建设以平抑其出力波动。这类储能设施既可由公用事业公司所有，也可由第三方所有（如独立发电商）。主要原因为：一方面，公用事业公司在电网的规划和运行中负有首要责任，其拥有的储能设施可在配置地点和响应速度方面充分保障系统运行可靠性；另一方面，允许第三方拥有储能设施，可促进储能参与发电侧市场竞争，降低成本，防止公用事业公司垄断市场。

负荷侧调节功能的储能设施主要由各类电力用户所有，参与用户侧的需求响应、电动汽车充电和提高电能质量等，主要由用户所有。

**（4）储能采购方式**

根据储能采购法案，公共事业公司作为"储能采购目标计划"的实施主体，2014—2020 年间每两年开展一轮储能竞争性招标，每轮采购实施过程如下：公用事业公司首先拟定储能采购建议书，明确拟采购的储能设施的接入点、功能、规模和所有权等方案，之后提交 CPUC 审批。CPUC 审批后，公用事业公司开展竞争性招标。公用事业公司需聘请独立的评估单位对竞标项目进行评估，确保公平性。在招标中最终中标的采购申请提交 CPUC 批准，获批后在一年内需完成合同签署，CPUC 对公用事业公司全部的采购程序进行监督与评估。

**（5）储能项目成本回收方式**

根据储能设施所有权及功能的不同，成本回收方式也有所区别。根据 CPUC 的规定，主要通过纳入输配电价和上网电价核价，参与市场以及政策激励回收成本。加州绝大多数电力用户由三大公用事业公司提供供电服务，用电电价由上网电价、输配电价、政府基金构成。上网电价覆盖公用事业公司从批发电力市场购电和自有发电设施供电的成本，输配电价覆盖其运营输、配电网的成本，激励政策包括太阳能激励计划以及投资补贴或税收减免等政策。

对于保障输配电可靠性功能的储能设施，属于公用事业公司的输配电资产，可直接计入输配电价收回成本。由于公用事业公司的公共属性，其输配电设施不通过市场获利，而是以成本加合理收益的方式，直接计入输配电价部分。

对于发电侧调节功能的储能设施，公用事业公司所有的，通过上网电价收回成本。由于公用事业公司的公共属性，其拥有的发电设施不参与市场，而是通过成本加合理收益的方式核定价格，直接计入上网电价部分，投资运行的成本和收益都计入平衡账户，在下次零售电价调整时纳入电价核定。第三方所有的，参与电力市场，通过在电能量市场以峰谷电价差套利、在辅助服务市场中提供辅助服务获利等回收成本。根据加州储能示范项目的运行评估，目前储能设备成本仍相对较高，尚不能在电力市场中收回投资，因此加州对第三方投资的储能项目给予20%的投资税收减免优惠，另外，采购计划中的储能项目可于最晚2024年前灵活安排投产时间，预留出设备成本下降的空间。

对于负荷侧调节功能的储能设施，主要由用户所有，通过加州现行的用户侧储能激励和优惠政策收回成本，如2015年发布的需求响应政策、分布式/太阳能自发电激励政策和电动汽车充电激励政策等。

**（6）实施效果**

加州储能强制采购计划有力推动了加州储能项目的快速规划部署，加州已经成为美国乃至全球储能应用的领先地区。截至2017年，加州已经完成了488MW的储能系统采购；截至2018年年底，三大公用事业公司强制采购储能计划中已投运144MW。尽管计划要求所有项目在2020年之前投运，目前多数项目尚处于规划或合同协商阶段。随着采购截止日期的日益临近，以及Aliso Canyon储气库泄漏事故发生后，公用事业公司加速储能系统的采购部署，可以预见，加州储能将进入大规模投运阶段。

加州储能强制采购计划对于推动储能应用、构建长期稳定储能市场发挥了良好的政策示范效应。在加州强制采购法案的带动下，其他各州也纷纷出台法案，提出储能的采购目标。详见表12-6。

表12-6 美国各州储能采购目标及法案

| 州名 | 采购目标 | 完成时间 | 法案名称 |
|---|---|---|---|
| 加州 | 1.325GW | 2024年 | AB2514法案 |
| | 500MW | 2024年 | AB2868法案 |
| 俄勒冈州 | 5MW | 2020年 | HB2193法案 |
| 马萨诸塞州 | 200MW·h | 2020年 | H.4568法案 |
| 纽约州 | 1.5GW | 2025年 | SB5190法案、AB6571法案 |

**（二）独立储能电站参与 PJM 调频市场**

第三方投资建设并运营的独立储能电站是储能参与 PJM 调频市场的主体，储能电站通过招投标进入市场并提供调频服务，按调频里程和调频效果获得收益。储能参与调频市场是储能商业化应用最典型的模式。

**（1）储能参与 PJM 调频市场的驱动因素**

快速调频差异化资源的机制设计以及考虑调频效果的两部制电价补偿机制成为储能参与 PJM 调频市场的主要驱动因素。

PJM 是经美国联邦能源监管委员会（FERC）批准，于 1997 年成立的一个非股份制有限责任公司。PJM 是宾夕法尼亚、新泽西和马里兰三个州的互联电力系统独立调度公司的简称，作为区域性独立系统运营商（ISO），PJM 负责美国 13 个州以及哥伦比亚特区电力系统的运行与管理，集中调度美国目前最大、最复杂的电力控制区，拥有独立的 AGC 调频市场。

近年来，美国希望通过推广储能应用加强电网的可靠性和提升效率，减少新建传统电厂并促进新能源发展。FERC 自 2007 年起陆续颁布了 890 号法令和 719 号法令，要求各电力市场的组织者，即电力系统运营商（ISOs/RTOs）修改市场规则，消除歧视性条款，允许包括储能在内的新兴主体接入电力系统并参与电力市场。由于在系统实际运行过程中发现，储能系统调节能力优于传统机组，对电网运行控制的调频贡献较高（例如 2011 年 3 月纽约州电力市场 9MW 储能系统占系统调频总容量的 3.3%，实际运行时却完成了总体调频任务的 23.8%），FERC 于 2011 年颁布了 755 号法令，提出了调频辅助服务的两部制补偿机制，即包括考虑机会成本的调频容量补偿和基于调频效果的补偿，从而激励快速调频资源获得合理的经济回报，美国各电力市场可以根据自身系统的特点完善相应的市场规则。

2012 年，依据 755 号法令要求，PJM 完善调频市场规则，将调频资源根据调频性能以及其市场策略选择分为 A 类资源和 D 类资源，分别指选择响应较慢调频信号的调频资源以及快速响应动态调频信号的调频资源。储能具有快速的响应特性和精确的调节能力，在 D 类调频资源中具有绝对优势，这样可以公平体现不同资源价值并按效果补偿的机制设计，促进了储能快速进入 PJM 的调频市场。

（2）调频市场机制和补偿机制。PJM 调频市场采用市场竞价和双边交易共存的模式。在竞价市场模式下，PJM 给每个市场参与者提供一个基于市场的买卖平台，调度机构对每台调频机组因提供调频服务而导致的机会成本进行测算，调频机组提供服务报价，每台机组的机会成本加上机组报价成为它的最优排序价格，将所有提供调频服务的机组按照最优排序价格进行排序，从而可以选出使总成本最小的调频机组组合，结算时将中选机组中的最高价作为出清价格。

PJM 调频市场发展较为成熟，其调频里程定价机制和机会成本计算方法设计巧妙，能够有效地引入储能参与调频市场。下面系统介绍 PJM 调频市场定价机制。

1）调频需求和调频资源。PJM 采用双向的调频服务。每小时的调频需求分为峰时需求（05:00~24:00）和谷时需求（00:00~05:00），PJM 负责预测下一运行日的负荷曲线，分别取峰荷和谷荷的 0.7% 作为这两个时段的调频需求。

PJM 设置了两种调频信号：响应较慢的传统调频信号（A 信号）和快速响应的动态调频信号（D 信号），可以根据其调频资源的性能和商业策略选择响应不同类型的性能。选择响应 A 信号的调频资源简称为 A 信号资源，选择响应 D 信号的调频资源简称为 D 信号资源。

2）日前报价。在日前市场上，对参与调频服务的资源进行报价，具体包括三个部分：容量报价、里程报价和愿意提供的调频容量。调频资源的机会成本由 ISO 计算，要求调频资源提供其运行成本曲线。为体现调频性能和调频资源类型的差异，PJM 对参与报价调频资源的容量报价和里程报价进行调整，具体为

$$P_{c,i}^{o,a} = \frac{P_{c,i}^{o}}{f_{b,i}} \times \frac{c_{q,i}^{o}}{s_{h,i}} \tag{12-1}$$

$$P_{m,i}^{o,a} = \frac{P_{m,i}^{o}}{f_{b,i}} \times \frac{a_{h,i}^{o}}{s_{h,i}} c_{q,i}^{o} \tag{12-2}$$

式中　$P_{c,i}^{o,a}$——经过调整后的容量报价；

$P_{m,i}^{o,a}$——经过调整后的里程报价；

$P_{c,i}^{o}$——未经过调整的容量报价；

$P_{m,i}^{o}$——未经过调整的里程报价；

$f_{b,i}$——该报价资源的收益因子，PJM 希望 D 信号资源的中标量在系统调频需量的占比为 50%~60%，并通过收益因子来影响 D 信号资源中标的概率，D 信号资源的收益因子在 0~2.9 范围内，A 信号调频的收益因子均为 1；

$c_{q,i}^{o}$——合格的申报调频容量；

$a_{h,i}^{o}$——该调频资源的里程调用率，指与该调频资源响应的信号类型一致的所有调频资源（即所有的 A 或 D 信号资源），在过去 30 天内的总调频里程除以总中标调频容量；

$s_{h,i}$——该资源的历史调频性能指标。

3）时前出清。在时前市场上，PJM 根据预测的实时市场节点边际电价（Locational Marginal Price，LMP）和调频资源的运行成本曲线，统一计算出每个机组的机会成本 $P_o^a$。将容量报价 $P_{c,i}^{o,a}$、里程报价 $P_{m,i}^{o,a}$、机会成本 $P_{o,i}^{o}$ 之和除以 $c_{q,i}^{o}$，得到排序价格 $P_i^r$，即

$$P_i^r = \frac{P_{c,i}^{o,a} + P_{m,i}^{o,a} + P_{o,i}^{o}}{c_{q,i}^{o}} \tag{12-3}$$

PJM 按照调频资源的排序价格由低到高排序并出清，直到中标的容量（实际可提供容量）满足总的调频容量需求，即

$$R_c = \sum_{i \in I} c_{q,i} f_{b,i} s_{h,i} \tag{12-4}$$

式中　$R_c$——运行日某 1h 的调频市场需购买的调频容量；

$c_{q,i}$——报价资源 $i$ 的中标容量；

*I*——所有参与调频报价的资源。

市场出清完成后，同时确定调频机组组合，即确定各调频资源调频容量的中标量。

4）实时出清。进入实时调度以后，每个调度小时分为 12 个调度时段，每个调度时段为 5min。每 5min 都会进行一次能量出清，并确定该调度时段的 LMP。PJM 根据每 5min 的 LMP 重新计算已中标调频资源的机会成本（该机会成本与时前市场的计算方法相同），在容量报价和里程报价不变的基础上，机会成本改为实时出清的机会成本，里程调用率由历史值改为实际值，从而得到新的排序价格。在每个调度时段内，PJM 根据新的排序价格实时出清：排序价格的边际为调频市场出清价格 $P_{s,5}$；被调资源的边际里程报价即为里程价格 $P_{m,5}$；调频市场出清价格减去里程价格得到容量价格 $P_{c,5}$，即

$$P_{c,5} = P_{s,5} - P_{m,5} \tag{12-5}$$

5）市场结算。PJM 调频市场采用两部制结算机制，即调频资源可以获得容量收益 $r_c$ 和里程收益 $r_m$，对任一调频资源 $i$，其具体结算过程为

$$r_{c,i} = c_{c,i} s_{a,i} P_c \tag{12-6}$$

$$r_{m,i} = c_{c,i} s_{a,i} a_{r,i} P_m \tag{12-7}$$

式中　$c_{c,i}$——该调频资源的中标容量；

　　　$s_{a,i}$——该调频资源的实际性能指标；

　　　$a_{r,i}$——该调频资源的实际里程调用率。

6）机会成本计算。PJM 对调频机会成本的定义为：调频资源由于提供调频而不能完全参与电能量市场而导致的损失。

机会成本分为三个部分：在进入调频时段前（Shoulder Hour Before），因调整出力而损失的收益；在调频时段内（Regulation Hour），因提供调频服务而不能参与能量市场而损失的收益；在退出调频时段后（Shoulder Hour After），因调整出力而损失的收益，分别记为 $C_{lo,shb}$、$C_{lo,rh}$ 和 $C_{lo,sha}$。

PJM 为既参与调频辅助服务又同时提供电能量的机组提供机会成本补偿。参与现货市场报价的容量资源称为池调度资源（Pool-Scheduled Resources），不参与现货市场报价的容量资源称为自调度资源（Self-Scheduled Resources），池调度资源的机会成本由 PJM 进行统一计算，自调度机组的机会成本为 0。不申报机组运行成本曲线的机组的机会成本也为 0。

理论上，机会成本是调频资源参与电能量市场的单位利润乘以损失发电容量在时间上的积分值，即

$$C_i = \int_{t_0}^{t_1} \left[ |P_i(t) - e(g_{r,i}(t))_i| (g_{lmp,i}(t) - g_{r,i}(t)) \right] d_t \tag{12-8}$$

式中　$t_0$——收到调频指令后，开始调整出力到调频出力水平的时刻；

　　　$t_1$——完成调频指令后，恢复到正常出力水平的时刻；

　　　$P_i(t)$——在时刻 $t$ 下，调频资源 $i$ 所在节点的 LMP；

　　　$g_{lmp,i}(t)$——资源 $i$ 在时刻 $t$ 对应的 LMP 情况下，假设不参与调频市场，仅参与能量市场的可中标出力水平；

$g_{r,i}(t)$——资源 $i$ 在时刻 $t$ 的实际出力水平；

$e(g_{r,i}(t))$——资源 $i$ 在时刻 $t$ 实际出力水平情况下的运行成本值；

$C_i$——资源 $i$ 参与调频的机会成本。

由于参与调频的容量一般都比较小，其成本变化值不大，可忽略成本的变化。因此，PJM 将机会成本的计算方法简化，直接由能量市场的最大单位利润乘以经济出力与调频容量出力调整量差值再乘以调频时间。

在时前市场上，任一参与调频市场的池调度资源的机会成本计算方法为

$$C_{lo,shb,i} = |P_{shb,i} - e_{shb,i}| |P_{lmp,shb} - g_{r,i}| t_{shb,i} \tag{12-9}$$

$$C_{lo,rh,i} = |P_{rh,i} - e_{rh,i}| |P_{lmp,rh} - g_{r,i}| \tag{12-10}$$

式中    $P_{shb,i}$——预测运行小时前 1h 的 LMP；

$P_{rh,i}$——预测运行小时的 LMP；

$e_{shb,i}$——在运行小时前 1h 内，因为提供调频服务而需要调整到调频出力水平，在该出力水平下的运行成本；

$e_{rh,i}$——在运行小时内，因为提供调频服务而需要调整到调频出力水平，在该出力水平下的边际成本；

$P_{lmp,shb}$ 和 $P_{lmp,rh}$——在运行小时前 1h 和运行小时内，假设仅参与能量市场报价，根据预测的 LMP 计算出的可中标出力水平；

$g_{r,i}$——调频出力水平；

$t_{shb,i}$——在运行小时前 1h 内，机组 $i$ 从可中标出力水平调整到调频出力水平所需的时间。

在实时调度中，机会成本的计算方法是一样的，区别在于仅考虑 $C_{lo,rh}$，不考虑 $C_{lo,shb}$，并且用实际出清的每 5min 的 LMP 代替预测的 LMP。

在时前预出清时，PJM 需要确定哪些调频资源可以中标，从而满足下一运行小时的调频需求。PJM 在计算调频资源的机会成本后，将 $C_{lo,shb}$ 和 $C_{lo,rh}$ 纳入初始报价中并进行出清。

在实时出清时，只有 $C_{lo,rh}$ 纳入市场初始报价中进行出清和定价。

在实时出清结束以后，PJM 会根据实际调度结果重新计算每个调频资源的 $C_{lo,shb}$ 和 $C_{lo,sha}$，并对没有完全补偿机会成本的调频资源进行补偿。PJM 对调频资源进行事后结算，取以下两者的最大值作为补偿值：一是按容量报价和里程报价计算的收益 $+ C_{lo,rh} +$ 重新计算的 $C_{lo,shb}$ 和 $C_{lo,sha}$；二是按调频市场出清价格计算的收益。

7）收益计算方法

收益因子在时前出清和实时出清时都会重新计算，对于任一 D 信号资源 $i$ 的收益因子的计算方法如下。

计算 $i$ 的可用调频容量 $c_{r,i}$，即

$$c_{r,i} = c_{q,i}^{o} s_{h,i} \tag{12-11}$$

计算初始排序报价，计算方法与报价资源排序方法类似，不同的是将原来的收益因子

取为 1。根据初始排序报价由小到大排序，并将对应的 $c_{r,i}$ 叠加，制作收益因子曲线图，根据收益因子曲线图计算每个 D 信号资源的收益因子。收益因子在 1~2.9 范围内的 D 信号资源更容易中标，而在 0~1 范围内的较难中标。

（3）实施效果。由于采用了新的市场规则，PJM 调频市场中储能规模显著提升。

2015 年，约有 177MW 储能作为快速响应资源参与 PJM 调频市场，占快速响应资源的 26%。

到 2016 年上半年，容量增加到 265MW，PJM 总调频费用 4295 万美元，较 2015 年同期减少 62.4%。

截至 2018 年，PJM 市场中共有 342MW 储能项目，其中 D 类调频资源平均市场出清容量 220MW。如图 12-2 所示。PJM 已经成为美国储能功率装机规模最大的区域电网，占到全美已投运储能项目近 40% 的功率规模和 31% 的能量规模。PJM 区域电力市场的储能项目以功率型应用为主，平均功率规模为 12MW，平均储能时长为 45min。

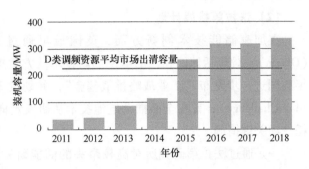

图 12-2　PJM 市场储能容量装机

随着储能调频容量增加，也暴露出一些问题。储能作为 D 类调频资源，响应速度快，但持续提供调频服务的时间有限制；传统 A 类调频资源响应速度慢，但在持续调频时间内几乎无限制。PJM 市场发现，由于电池储能存在持续充/放电时间，如果参与快速调频时充/放电耗尽，则可能反向放/充电，给系统增加调频负担，为此 PJM 不得不向 A 类调频资源支付更多调频费用以应对上述情况。因此，虽然储能参与调频市场可改善电网频率性能指标，但存在一定的最优容量上限，即系统中存在 A 类资源和 D 类资源的最优容量比例。

PJM 于 2015 年底调低快速调频资源效益因子，导致参与 PJM 调整服务市场的储能调频服务收益减少，2016 年总收入降幅达到 32%，直接影响了储能运营商投资积极性。

## 12.2　英国

### 12.2.1　激励政策

**（1）加强规划审批**

除抽水蓄能外，电力储能是从英格兰和威尔士的国家重大基础设施项目（NSIP）中剥离出来的项目类别，无论项目规模大小，都需要通过规划程序进行开发。此前英格兰区域的储能项目申请规模上限为 50MW，威尔士区域上限为 350MW，超过这一规模的项目须通过英国国家重大基础设施项目的规划申请流程。

2020 年 7 月 14 日，英国内阁通过了二级立法，取消电池储能项目容量限制，允许在英格兰和威尔士分别建设规模在 50MW 以上和 350MW 以上的储能项目。此举是英国储能产业发展迈出的重大、积极又适时的一步。此前，大量储能项目规模设计为 49.9MW 以规避容量限制，之前的容量限制也使得英国储能项目难以通过规模化开发达到降低单位投资成本的目的。

根据英国商业、能源和工业战略部（BEIS）的预测，取消储能项目容量上限能够帮助大型储能项目的建设周期缩短 3~4 个月，同时将激励大量投资进入储能领域，电池储能项目数量有望增加两倍。

**（2）法拉第挑战计划**

在加速储能技术创新方面，英国最早通过政府基金和英国燃气与电力办公室（Ofgem），对包括储能在内的电网创新技术及方案提供相关资金支持。在此基础上，2017 年英国进一步发布"工业战略挑战基金"，并划拨 2.46 亿英镑开展法拉第挑战计划（Faraday Challenge），旨在全面推动电池技术从研发走向市场。法拉第挑战计划的实施主要依托三项关键措施。

一是通过法拉第研究所对高校牵头的储能研发项目进行资金支持。2018 年，英国政府通过法拉第研究所提供 4200 万英镑支持包括延长电池寿命、电池系统建模、电池回收和再利用以及下一代固态电池在内的四个研究项目，由剑桥大学、帝国理工大学、伯明翰大学以及牛津大学分别牵头，并联合产业合作伙伴共同开展。通过法拉第研究所，英国还支持了由圣安德鲁斯大学领导的 NEXGENNA 钠离子技术研究项目，这项技术可以为固定式储能电站提供成本更低、可回收性更好以及安全性更高的电池技术。

二是通过"研究与创新项目资金"对各类企业、机构和科研院所牵头的创新项目提供资金支持。2017 年 11 月，通过此渠道共提供 3800 万英镑用于支持 27 个项目，涉及电池材料、电池组集成、电池管理系统及电池回收等领域。2018 年 6 月，提供 2200 万英镑支持 12 个项目，重点开展固态电池研发，以及对电池安全和先进电池管理系统的深入研究。

三是建立英国电池工业化中心。英国电池工业化中心主要致力于促进英国电池制造业产业化和电动汽车生产。通过法拉第挑战计划，英国利用新的电池科学理念和技术能力来帮助解决本国正面临的问题及需求。位于伯明翰市的 Aceleron 公司就是法拉第挑战计划支持的一个成功案例，该公司开发了新的低成本、可循环锂离子电池组，能够快速测试和替换有缺陷的电池，其第一批 2000 个产品已经出售给非洲太阳能公司（BBOXX Ltd）。

**（3）净零碳创新组合**

为了推动能源转型，实现净零碳系统目标，英国政府于 2020 年 11 月发布"十项关键计划"，并在此计划中推出 10 亿英镑的"净零碳创新组合"项目，用于加速低碳技术创新，降低英国低碳转型的成本。"净零碳创新组合"项目主要关注十大关键领域，储能及电力系统灵活性是其中之一。英国政府已经启动 1 亿英镑用于支持储能和电力灵活性技术创新，包括储存时长在小时、日、月等不同时间维度的储能技术，以提高可再生系统能源在电力系统中的占比。

## 12.2.2　市场机制

英国政府将储能定义为其能源战略中一个重要组成部分。2017 年 7 月，英国燃气与电力办公室（Ofgem）和商业、能源和工业战略部（BEIS）发布了英国智能灵活能源系统发展计划（Upgrading our energy system-smart systems and flexibility plan），从"消除储能发展障碍""构建智能能源的市场机制和商业模式""建立灵活性电力市场机制"三个方面入手，推动英国构建智能灵活的能源系统，并制定了推动储能发展的一系列行动方案。

**（1）明确储能定义，将储能的市场身份由此前终端负荷资源改为发电资源**

2017 年发布的英国智能灵活能源系统发展计划是 2016 年继"Smart Power Call for Evidence"报告发布并面向公众征询意见之后形成的延续性政策文件。该政策针对储能市场中存在的实际问题进行了回应，并提供了解决方案，包括明确储能的定义和所有权、取消储能的双重电网收费，以及协调配电网运营商简化储能并网流程等，是迄今为止有助于解决储能诸多实际问题的一项重大利好的政策。

英国燃气与电力办公室还开展了名为"Targeted Charging Review（TCR）"的研究，对于是否改革输配电价以外的电网收费，以及改革是否会导致激励扭曲等问题进行评估。对于储能，英国燃气与电力办公室认为在输配电水平上，储能设施不应支付电网费用中需要用户承担的费用，储能仅需承担系统平衡费用。

在 2016 年发布的"Smart Power Call for Evidence"报告中，英国燃气与电力办公室曾对储能系统进行了定义，并提请议会修订 Electricity. Act 1989 法案中对于储能的定义，将其归属于发电设备的一个子类。通过 2017 年夏季进一步研讨，英国燃气与电力办公室在战略中将储能的市场身份由此前归属的终端用户资源改为发电资源，由此结束了针对储能充电和放电时的双重收费。

进一步明确与储能相关的各利益主体责任。可再生能源场站配置储能方面，当储能配置在可再生能源发电场站内时，储能的配置将不影响现有的可再生能源上网电价政策以及可再生能源配额、差价合约等对可再生能源发电的奖励。并网方面，英国燃气与电力办公室加强统筹协调帮助解决储能系统并网问题。电网运营方面，为保证储能市场和灵活性服务市场的竞争性，英国燃气与电力办公室考虑禁止电网运营商直接拥有和运营储能资产，对于拥有储能的配电网运营商（DNOs）需要建立专门的监管机制。

**（2）根据电力系统运行需求，新增快速频率响应品种**

英国调频辅助服务市场有较多细分品种，详见表 12-7。其中，快速调频响应服务（Enhanced Frequency Response，EFR）对于近年来英国储能快速发展的影响最为重要。在引入快速调频服务之前，英国调频市场中已经拥有一次调频、二次调频等辅助服务，一次调频、二次调频分别要求调频资源于 10s 和 30s 内提供频率响应。2016 年，经过一系列技术分析，英国电力系统运营商英国国家电网（National Grid）公司认为，电力系统需要一部分响应速度更快的调频资源以弥补一次调频 10s 以内无法响应的缺陷，因此启动了快速调频服务（Enhanced Frequency Response Service）。

表 12-7  英国调频市场品种

| 调频种类 | 性能要求 |
| --- | --- |
| 强制性频率响应 | 所有并网发电机都需要能够根据频率变化自动改变其功率输出 |
| 需求管理频率控制（FCDM） | 该机制通过中断对某些客户的供电来提供频率响应 |
| 固定频率响应（FFR） | 为频率变化提供动态或非动态响应。FFR 每月通过竞争性招标程序采购，包括针对需求响应提供商的单独机制 |
| 快速频率响应（EFRS） | 2016 年新增的调频品种适用于频率响应非常快的提供商，能够在频率偏差 1s（或更短）内作出反应 |
| 增强的频率控制能力（EFCC） | 是 Ofgem 的电网创新竞赛项目，该项目测试风电场、太阳能光伏、储能和需求响应的能力，以帮助控制系统频率 |

对于快速调频，要求调频资源于 1s 内响应调频信号，并且在额定功率下持续提供调频服务不少于 15min。此外，对于快速调频资源的调频死区、爬坡速率等参数也有一定要求。详见表 12-8。

表 12-8  当前与提议的调频服务

| 当前调频服务 | | | 提议调频服务 | | |
| --- | --- | --- | --- | --- | --- |
| 种类 | 响应时间/s | 持续时间/min | 种类 | 响应时间/s | 持续时间/min |
| 快速 | 1 | 15 | — | — | — |
| 固定一次调频 | 10 | 20 | 故障前动态调频 | 1 | 10~30 |
| | | | 故障后动态调频 | | |
| 固定二次调频 | 30 | 30 | 静态调频 | | |

随着电力系统调频需求的变化，英国调频辅助服务市场机制也随之进行调整。2017年 12 月，英国国家电网终止了一些调频辅助服务品种，包括固定调频（Firm Frequency Response，FFR）、需求响应调频（Frequency Control by Demand Management，FCDM）以及快速调频，其他剩余调频品种的合约期也进一步缩短至 30 个月以内，对储能在调频市场的应用产生较大影响。

## 12.2.3  发展实践

由第三方投资建设的储能电站允许参与多个电力市场，绝大多数储能电站以竞拍方式同时参与调频市场和容量市场，既提供调频服务，也提供容量备用服务，全面发挥储能的价值，这种可以实现多重价值收益的市场模式为储能的商业化应用创造了条件。

### （1）驱动因素

英国自 1989 年至今对电力市场进行了三次比较大的改革。2011 年，英国能源部正式发布了《电力市场化改革白皮书（2011）》，开始了以促进低碳电力发展为核心的第三轮电力市场改革，容量市场作为本次改革的一个重要组成部分被提出。容量市场是基于特定的能源发展背景建立的。

1）欧盟决心推动新能源革命。《2030 年气候与能源框架协议》《欧盟可再生能源发展指南》（European Renewable Energy Directive 2009）、《巴黎协定》不断推动英国能源体系不断向低碳化发展，以风电、光伏为代表的新能源替代传统化石能源发电份额，加快了燃煤、核电等机组的退役。英国大部分煤电站建于 1960 年前后，核电站始建于 1965 年，进入 21 世纪，这两类电厂均进入了退役期。英国在 2010—2016 年间共退役了 23GW 的煤电站及核电站，这其中除了正常退役的机组以外，也包括了部分由于环保要求而提前退役的燃煤电厂。预计未来 10 年内，还将有 24GW 的燃煤电厂及核电站面临退役。

与此同时，可再生能源的大规模进入市场导致批发市场平均电价下降，很多化石燃料发电厂迫于运营成本的压力不得不关停，传统发电机组提前退出，导致系统可用容量减少，加剧了对备用容量的需求。与传统的化石燃料发电厂不同，太阳能和风电场的前期建设投资成本较高，而运行成本较低甚至可忽略不计。英国电力市场采取边际成本（即运行成本）出清的结算方式，其结果是太阳能和风力发电大规模进入市场，降低了批发市场整体电价。Good Energy 分析表明，2014 年，风能和太阳能发电进入市场导致平均批发电价降低 5.50 英镑/（MW·h）（超过 10%），与此同时出现了火电退役潮，系统备用容量需求激增。如图 12-3 所示。

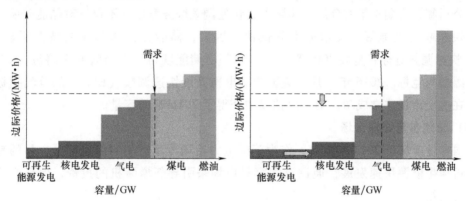

图 12-3　可再生能源对英国电力市场竞价的影响

注：资料来源：Richard Howard and Zoe Bengherbi，《Building a smarter, greener, cheaper electricity system》

2）为了满足电力需求及欧盟提出的 2020 年的清洁能源发展计划，分布式发电得到快速发展，装机容量由 2010 年的 7.1GW 增长到 2015 年的 25.1GW，其中包括 11GW 的小型太阳能电站。预计到 2025 年分布式电源装机将新增 16.8GW。由于分布式新能源发电系统自身所具备的间歇性、不确定性以及难预测性，需要更多的备用装机来保证系统运行的安全性以及稳定性。

3）随着经济和社会的发展，以及新能源汽车等产业的兴起，英国电力市场的需求将会继续增长。2013 英国能源气候变化部发布了《英国电力市场改革执行方案》（DECC），希望通过建立容量市场，为容量增长提供稳定、持续性的新刺激，保证现有机组的盈利能力，维持投资者对新建机组的热情，减少系统较高的容量储备所带来的资金损失。

除了容量市场外，英国国家电网对调频市场进行了改革，引入了快速调频品种，为储能的应用提供了另一个新的市场。

**（2）储能参与调频市场**

2016 年 4 月，英国国家电网发布超快速调频响应服务的招标计划，招标规模 200MW，竞标资源须满足如下条件：

1）调频资源应当在 0.5s 时间内响应电网频率波动，通过精确调控将电网频率维持在 50Hz。

2）招标采取技术中性原则，各种储能技术包括集中管理的户用储能电池，只要能够满足并网要求的都可以参与投标。

3）除了规定参与竞标储能系统的容量不低于 1MW，并未设定优选的系统规模，50MW、25MW 和 1MW 等都可以参与竞标。

4）国家电网将与竞标胜出方签署 4 年的服务合同，在此期间设备需要提供 7×24 的全天候服务。

5）参与投标的技术应当符合英国国家电网相关技术标准（DSR Battery Storage Test Procedure for Frequency Response）。

快速调频服务同样通过竞拍方式进行，一旦调频资源参与竞拍成功，将与英国国家电网有限公司签订为期 4 年的合约。实际上，快速调频服务竞拍并不仅针对储能开展，但由于调频快速响应性能好、技术成本降低快等因素，储能在快速调频领域占明显优势。2016 年快速调频竞标容量共 200MW，几乎全部由储能获得，而当时共有将近 1.5GW 的调频资源参与竞标。2016 年 4 月，英国国家电网开展快速调频（EFR）的首轮招标，电池存储在这个市场非常成功，第一次拍卖中获得了 201MW 的容量。

**（3）储能参与容量市场**

英国容量市场于 2013 年建立，作为英国电力市场改革框架的组成部分，目的是适应核电和可再生能源快速发展，通过设立容量市场来引导新增装机的投资，保证峰荷时备用容量的充裕。

英国容量市场以竞拍方式进行，英国国家电网有限公司为单一买家，竞拍主体包括各类发电机组、需求响应资源和储能等。为使这些容量资源能够获得更多收益机会，英国容量市场允许参与容量竞拍的资源同时参与电能量市场。英国国家电网有限公司支出的容量费用最终来自用户电费。英国于 2014 年开始第一轮竞拍。

英国容量市场竞拍一般经过容量需求确定、资格审查、第一次拍卖、第二次拍卖以及交付和费用分摊五个阶段。英国政府在容量定额和交付阶段进行市场引导，容量拍卖阶段实现完全市场竞争。其中，第一次拍卖先于交付年 4 年进行，能够满足绝大部分的容量交易。第二次拍卖先于交付年 1 年进行，用以将预审合格但未签署协议的部分容量替代第一次拍卖中标却无法兑现的容量。

容量市场是英国电池储能获得收益的主要市场之一。英国从 2016 年开始允许包括电化学储能在内的新型储能参与容量市场竞拍，即在一定容量需求和技术规范要求下，储能与其他资源公平竞争。容量市场对储能的市场准入极大促进了英国储能产业的发展。

在 2017 年 2 月的 "T-4 2016" 拍卖中，储能首次获得了 501MW 的容量。

2017 年 12 月，根据电力系统运行需要，英国修改了容量市场针对储能电池的下调系数（derating factor），该系数在一定程度上表征了在电力系统紧急事件中储能贡献的容量价值，因此也会影响储能在容量市场中的收益。下调系数的调整主要针对放电时间小于 4h 的储能系统，尤其对于放电时间为 30min 左右的储能系统影响很大。该调整使得持续放电时间较短的储能系统在容量市场中收益明显降低，而放电持续时间不短于 4h 的储能电池可能会在容量市场获得更大收益。

表 12-9    英国容量市场中储能下调系数调整

| 持续放电时间/h | T1-2018/19（%） | T4-2021/22（%） |
| --- | --- | --- |
| 0.5 | 21.34 | 17.89 |
| 1 | 40.41 | 36.44 |
| 1.5 | 55.95 | 52.28 |
| 2 | 68.05 | 64.79 |
| 2.5 | 77.27 | 75.47 |
| 3 | 82.63 | 82.03 |
| 3.5 | 85.74 | 85.74 |
| 4+ | 96.11 | 96.11 |

2018 年 11 月，因需求响应供应商 Tempus Energy 公司质疑英国容量市场规则偏向传统发电机组，歧视需求响应和储能等新兴资源，欧洲法院裁定暂停英国容量市场竞拍。容量市场暂停对储能收益产生影响，一方面，容量市场暂停 2019 年初的容量竞拍，将在短期内降低储能的市场收益；另一方面，如果欧洲法院裁决督促容量市场规则完善，或将有利于 "光伏+储能" 等新兴资源。2019 年 1 月，为尽快重新启动容量竞拍，英国国家电网有限公司提出将可再生能源加入容量市场，并针对系统紧急情况下的贡献将其放电系数设定在 1%~15%，同时提出储能系统的下调系数可能维持在 2018 年同一水平。

从 2016 年开始，英国允许包括电化学储能在内的新兴资源参与容量市场，容量市场允许参与容量竞拍的同时参与电能量批发市场，大大促进了英国储能装机容量的快速提升。2016 年，超过 500MW 的储能在容量市场拍卖中中标，占该年竞拍总容量的 6%，且拍卖出清价格为 22 英镑/(kW·a)，高于前一年 18 英镑/(kW·a)。

**（4）实施效果**

自 2016 年容量市场和调频市场对储能开放后，中标的采购容量共有 702MW，其中容量市场 501MW，快速调频市场 201MW，如图 12-4 所示。截至 2018 年底，英国储能总装机超过 280MW。

与此同时，作为新兴事物的储能，参与市场也非一帆风顺。储能电站在容量市场大量中

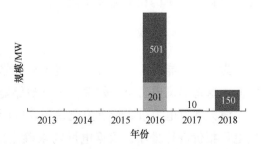

图 12-4    英国容量市场和调频市场规模

标，引起部分传统电源运营商质疑。2017 年初，传统电源运营商向主管部门施压，认为储能不具备长期供电能力，会对电力供应安全构成威胁。2017 年 12 月，英国容量市场修改了针对储能电池的放电系数。2018 年 11 月，又因需求供应商 Tempus Energy 公司质疑，欧洲法院裁定暂停英国容量市场竞拍。随着成本降低，储能将在更多应用领域扮演重要角色，与传统发电机组的博弈也才刚刚开始。

## 12.3 澳大利亚

### 12.3.1 激励政策

澳大利亚资助储能研发提高供电可靠性，提升新能源并网消纳水平。澳大利亚可再生能源署（ARENA）已对 14 个储能项目提供资金支持，支持资金总额达到了 5724 万澳元，主要涉及储能技术的研发与示范应用。

2017 年 2 月，ARENA 和澳大利亚清洁能源融资公司（Clean Energy Fianance Corporation，CEFC）发布一个优先为灵活性资源和大规模储能提供资金支持的方案。2017 年 3 月，澳大利亚维多利亚州政府发布"储能激励计划"（Energy Storage Initiative），并拨款 2500 万澳元支持该计划的实施；同时，南澳政府设立了可再生能源技术基金，用于支持可再生能源发电并网、大规模储能和生物质能源三个领域的技术或项目开发，帮助南澳实现稳定的电力供应。该基金共 1.5 亿澳元，其中 50% 的资金来自赠款，剩余 7500 万澳元通过贷款提供。

澳大利亚维多利亚州能源、环境和气候变化部长宣布，已经指示澳大利亚能源市场运营商（AEMO）与储能开发商 Neoen 以及储能技术提供商特斯拉签署建设一个名为"Victoria Big Battery"的电池储能合同。这个大型电池储能系统将为维多利亚州与新南威尔士州之间的跨州输电通道增加 250MW 输电容量，从而通过减轻计划外输电负荷降低意外停电的可能性。为了保证该项目的顺利实施，AEMO 签署了一份为期 10 年的系统完整性保护计划（SIPS）合同。AEMO 通过技术中立的竞争性两阶段招标，以确保获得最优报价，并给维多利亚州的用电客户带来最佳价值。该储能系统带来的批发电力价格下降意味着维多利亚州用户将为他们的电力支付更少的费用。分析显示，在 SIPS 服务上每花费 1 澳元，收益与成本的比率为 2.4 澳元。

### 12.3.2 市场机制

为适应储能进入电力市场，澳大利亚修改了电力市场规则，将 30min 交易结算缩短至 5min。这将提高电力市场效率，为电池储能等快速响应资源提供更有利的价格机制。

澳大利亚电力市场特点为交易和调度同时完成，即调度交易一体化。交易时，系统对发电厂报价进行排序，根据电网需求确定成交额，低价者优先成交，交易完成后调度也同时完成。澳大利亚无日前交易市场，市场运营中心在现有电网传输限制下，对总体负荷进行预测后按照发电机组报价进行排序，直到满足负荷需求。市场每 5min 出清一次，即每 5min 对用电负荷预计一次、发电厂报价一次和供需撮合一次，每 30min 报出六次价格的平均值为该半小时成交电量的价格，市场交易数据即时向全社会公布。由交易情况决定各州电力价格、可调机组出力目标、跨州输送电、调频辅助服务价格及可用调频辅助服务出力。

澳大利亚国家电力市场 30min 交易结算价格与 5min 调度出清价格之间的差别导致市场运营低效，主要体现在：

一是阻碍了灵活响应技术和需求响应的发展，特别是储能电池、潜在负荷和一些输电系统能够在 5min 的调度间隔内响应的技术能力因为没有适当补偿机制而无法得到有效利用。一方面，所有在 30min 期间提供电能量的机组都获得相同的结算价格，尽管它们对 5min 出清价格的反应有快有慢。对于反应非常快速的电源（如储能电池）来说，即使它们在最需要的 5min 时段提供电能，其收入也必须按 30min 的平均价格计算。另一方面，启动相对较慢的发电机组（如有些单循环燃机）需要 15～20min 才能达到满负荷出力状态，但这时电力供应紧张局面可能已经过去了，这些机组既没有在需要时响应电力系统，而随后的发电又不能满足实际的电力需求。虽然它们几乎没有帮助缓解瞬时趋紧的供需关系，但还是升高了在其启动之前市场条件形成的电价。其结果是在 30min 范围内，具有响应能力的发电技术补贴了并没有在电力系统需要时做出及时反应的机组。

二是发电商会利用 30min 结算价格与 5min 调度出清价格的差别进行策略报价。例如，发电商可以在 30min 的第一个 5min 时段减少发电出力来抬高价格，试图推高整个 30min 的平均结算价格，并在后续的几个 5min 时段里增加发电出力，以期实现高电价和多发电的利益最大化。在电力市场出现 5min 高价时，随后时段增加发电量的动机是为了获利，利用已经发生的价格事件，而不是为了满足电力系统的实际需求。澳大利亚能源市场委员会认为，虽然发电商的行为是符合其商业利益的，但是如此形成的电力价格已经与实际电力供需关系脱节，降低了电力市场效率。基于这样市场规则的报价策略是可以通过发电商之间的默契实现的，因而很难通过加大电力市场监管力度来制止。

三是 30min 结算周期所造成的市场价格扭曲，不仅影响了电力市场有效运行，更为关键的是可能会导致电力投资低效。澳大利亚电力系统正处在历史性转变时期。近几年来以常规燃煤火电厂为主力的基荷机组不断地退役，而新增发电容量几乎都是风力发电，只有少量是燃气机组和集中式光伏发电。澳大利亚能源市场运营中心预计，到 2035 年现存老旧火电机组一半将退役，这将给电力系统的安全可靠运行带来额外的压力，对电源的灵活性提出了更高的要求，同时也比以往更需要需求侧的参与。例如，储能电池可以通过一个 5min 的间隔释电来捕捉或抑制电力价格飙升，而不必等待 30min。实行 5min 的结算可以使相同容量的电池储能获得更多收入，或者使更小的电池获得相同的收入（可能是最大容量的 1/6）。

2017 年 11 月 28 日，澳大利亚能源市场委员会公布了电力市场规则修订的最终决定，即将国家电力市场交易结算周期从现行的 30min 改为 5min。新规则把交易结算周期与调度运行的 5min 周期统一起来，提高了电力市场效率，为投资快速响应技术（如电池储能、新一代燃气轮机、需求侧响应等）提供更有效的价格信号，带来更高效的发电报价、发电生产和投资决策。为了使电力行业有时间适应现货市场、合约市场、电力计量以及技术支持系统的重大变化，澳大利亚能源市场委员会决定于 2021 年 7 月 1 日开始 5min 结算。

澳大利亚发电机组报价范围极宽，为 −1000~13800 澳元/(MW·h) 之间，正常情况下电价为 30~40 澳元/(MW·h)。当电力需求急剧升高时，电价会急剧攀升。储能无论是参与电能量市场还是辅助服务市场，其快速响应特性可随着价格变化及时做出调整，5min 交易、调度和结算的市场机制给储能发展创造了有利条件。

### 12.3.3　发展实践

澳大利亚电力市场较为自由，电能量市场、辅助服务市场价格波动较大。储能可与新能源发电结合，提高新能源并网特性，减少弃风弃光电量，可通过参与电量市场获取收益；也可以在系统需要时，独立参与辅助服务市场，提供辅助服务。

**（1）驱动因素**

截至 2017 年底，澳大利亚已投运的电池储能项目（不含户用储能）容量约 174MW，规划和建设中的电池储能容量超过 575MW，相比 2016 年 20MW 的规模，2017 年储能装机呈现爆发式增长，累计装机增幅是 2016 年的 7.7 倍。2017 年新增投运的储能项目主要应用在集中式可再生能源并网，以及偏远地区/校园的分布式及微电网领域。与 2016 年单个储能项目规模（10kW~6MW 之间）相比，2017 年新增项目中出现了大型储能电站项目，如位于南澳州 Hornsdale 风电场的特斯拉 100MW/129MW·h 储能项目。

2017 年初，在加速可再生能源发展计划下，ARENA 规划预留 2000 万澳元支持储能示范项目，维多利亚州政府宣布了投资 20MW 电池储能规划，南澳政府宣布了投资 100MW 电池储能规划。在政府资金的支持下，大量"可再生能源+储能"项目纷纷开始规划、建设及投运。

大型光储项目包括：位于北昆士兰 Cape York 的 55MW 光伏与 20MW/80MW·h 电池储能项目，位于维多利亚州 Nowing 的 250MW 光伏与 80MW/320MW·h 电池储能项目，以及位于南澳北部 Riverland 的 240MW 光伏与 100MW/400MW·h 电池储能项目。

"大型风电+储能"项目包括：维多利亚州斯塔威的 196MW 风电与 20MW/34MW·h 电池储能项目，南澳 Hornsdale 风电场的 100MW/129MW·h 电池储能项目，以及南澳奥古斯塔港 225MW 风电与 150MW 光伏+400MW 电池储能项目。

尽管上述大部分项目都还处于规划或在建阶段，但可以看出，维多利亚州、南澳州和北昆士兰州等州已将储能作为电力稳定安全供应，实现可再生能源发展目标的重要解决方案。

**（2）配置在新能源场站的储能设施商业模式**

南澳州可再生能源发电占比高，是澳大利亚可再生能源发电占比最高的州，天然气发电规模大，但气源紧张，电力供应不确定性大，且电网对外联系薄弱，难以依靠电网互联进行互济支撑，需要建设具有高灵活性的储能电站。

截至 2017 年底，南澳州电源总装机 5440MW，其中风电 1700MW，光伏 780MW，合计占比 46%；燃气发电装机 2670MW，占 49%。南澳州仅有两条输电线路（输电能力 820MW）与维多利亚州相连。由于恶劣的天气、燃煤电厂关停、来风不足以及天然气调峰资源的不足，南澳州在过去 6 个月经历了频繁的停电事故。

南澳州政府出台储能项目经济激励政策。2016 年以来，南澳州连续出现多起停电事故或限负荷事件。2017 年 3 月，南澳州政府出台《能源计划》，提出建立储能和可再生能源技术基金，对建设储能电站予以资金资助，总预算 1.5 亿澳元（约合人民币 7.6 亿元）。

南澳州特斯拉电池储能项目获得政府经济资助，并通过参与电能量市场和辅助服务市场获利。该项目位于南澳州 Hornsdale 风电场附近，由该风电场业主，即法国可再生能源研发公司（Neoen）投资并负责运营，由特斯拉公司承建。项目采用锂离子电池技术，总容量 100MW/129MW·h，2017 年 12 月 1 日与风电场三期项目同时投运。该项目是储能和可再生能源技术基金资助的第一个项目，获得部分资金支持，其中 70MW 的功率用于为系统提供安全备用，其余容量在正常情况下与风电场配合，参与电能量市场，"低充高放"买卖电力；同时参与辅助服务市场，提供辅助服务。特斯拉储能项目盈利水平测算见表 12-10。

表 12-10　特斯拉储能项目盈利水平测算

| 盈利渠道 | 收益/百万澳元 | 占比（%） |
| --- | --- | --- |
| 调频辅助服务 | 15.7 | 61.6 |
| 电量收益 | 3.3 | 12.9 |
| 政府合约（容量备用） | 4 | 15.7 |
| 其他 | 2.5 | 9.8 |
| 合计 | 25.5 | 100 |

该储能电站通过参与电力市场提升了自身的收益，同时也提高了南澳州电网的安全运行水平。2017 年 12 月 13 日，维多利亚州实时出力 560MW 的洛伊扬燃煤发电厂 A# 机组故障，20s 后系统频率跌破 49.8Hz（低于正常频率下限 49.85Hz）。此时，距离故障机组近 1000km 的特斯拉电池储能最先作出毫秒级响应，瞬时向电网注入 7.3MW 电力，比维多利亚州的调频电厂——格莱斯顿电厂提前至少 4s 作出响应。当调频电厂启动后，特斯拉电池储能电站退出响应。如图 12-5 所示。

特斯拉电池储能项目通过参与应急和调频辅助服务已将南澳大利亚州主电网的运行成本降低了 1.16 亿美元，该地区的调频辅助服务平均成本从 470 美元/（MW·h）降到 40 美元/（MW·h），降幅超过 90%。由于储能优越的表现，南澳州 Hornsdale 风电场 100MW 特斯拉储能系统进行了扩建，功率达到了 150MW。当地时间 2020 年 7 月 21 日

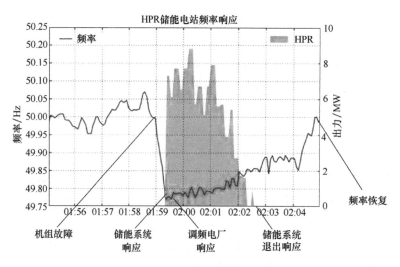

图 12-5　故障时段系统频率变化及电池储能响应示意图

注：图中 HPR 即特斯拉电池储能。

14:21 左右，向南澳大利亚电网供电 150MW，实现满负荷运行，创下了新的世界纪录。2020 年 6 月的一份报告显示，Hornsdale 储能项目 2019 年主要创造了如下业绩：

1）该储能项目抢占了澳大利亚国家电力市场应急调频辅助服务市场总量的 15%，以及常规调频辅助服务市场总量的 12%。

2）储能项目将应急调频辅助服务的总成本降低了约 8000 万美元，常规调频辅助服务市场的总成本降低了约 3600 万美元，澳大利亚国家电力市场的总运行成本降低了约 1.16 亿美元。节约的总成本中约有 88% 是来自南澳大利亚州与其他电力市场地区间的交易。

3）在 2019 年 11 月 16 日发生的南澳大利亚 5h 停电事件中，该储能项目的市场价值也尤为突出，其带来的直接市场收益约 1400 万美元。

4）在该储能项目进入调频辅助服务市场后，南澳大利亚州发电厂的年平均调频辅助服务成本从最高的 470 美元/（MW·h）降至不到 40 美元/（MW·h），大大节省了南澳大利亚州的供电成本。

## 12.4　相关启示

### （1）新能源的快速发展是新型储能广泛应用的主要驱动因素

以风能、太阳能为主，具有随机性、波动性和间歇性的新能源的快速发展，使得电力系统需要更加灵活的调节性资源。加州"鸭子曲线"下的负荷平衡问题、英国快速调频以及容量市场的建立、澳大利亚的风电及光伏场站配置储能等均与新能源的发展相关。新能源大规模接入，系统对调峰、调频、备用和平抑波动等需求有了更高的要求。各个国家或地区储能发展的驱动因素见表 12-11。

表 12-11　各个国家或地区储能发展的驱动因素

| 国家或地区政策 | 驱动因素 | | | | |
|---|---|---|---|---|---|
| | 提高系统灵活性 | | | | 本土储能产业扶持 |
| | 调频 | 容量备用 | 新能源消纳 | 输配电管理 | |
| 加州储能计划 | | | | | |
| 英国快速调频和容量市场 | | | | | |
| 美国 FERC841 法案 | | | | | |
| PJM 调频市场 | | | | | |
| 美国其他州的法案 | | | | | |
| 美国各州高峰供电规则 | | | | | |

注：来源 BloombergNEF. Global Energy Storage Policy Review，绿色图标表示主要驱动因素，黄色图标表示次要驱动因素。

**（2）通过电力市场盈利是国外储能电站规模化、商业应用主要途径**

国外几乎没有专门针对大规模储能电站应用的补贴，也没有参考新能源发电为储能电站设计专门的电价机制，通过参与电力市场盈利是国外储能电站商业应用的主要途径。

储能通过电力市场盈利有两个基本条件：一是构建公平的电力市场，无论是美国还是英国，首先明确了储能参与电力市场的主体地位，同时明确了准入要求；二是价格机制能够体现不同效果的灵活性价值，体现按效果付费。

**（3）政府的政策支持仍是国外新型储能发展的关键**

新型储能发展较快的国家均出台了储能激励政策。一是提供创新资金支持。如韩国、日本通过资助项目研发扶持本土储能企业，并意图成为全球储能产业引领者；美国通过资助技术研究推动本国储能发展；澳大利亚通过资助储能研发提高本地供电可靠性，提升新能源并网消纳水平。二是初始投资补贴。初始投资补贴多集中在户用储能。在支持分布式储能发展方面，各国都出台了一系列的补贴激励机制，如美国自发电激励计划（SGIP）。三是税收减免优惠。投资税收减免（ITC）是政府为了鼓励绿色能源投资而出台的税收减免政策，由光伏充电的储能项目可按照储能设备投资额的 30% 抵扣应纳税。

**（4）成本高、安全风险仍是制约新型储能发展和应用的主要因素**

储能电站虽然在多个领域可以发挥多重功能，但经济性并不具备竞争性，成本高仍然是制约新型储能规模化应用的关键因素。

新型储能电站与其他传统电源相比并不具备竞争优势，美国 PJM 调频市场针对新型储能效益因子的修改、英国容量市场储能项目下调系数的调整，一方面源于新型储能自身性能的限制，另一方面也是与传统电源博弈的结果。

新型储能电站作为新兴技术，国外经历了多年的发展，目前仍在不断探索之中，市场机制也在不断完善，特别是储能电站的经济性和安全风险，仍是储能发展的关键制约因素。各国仍然在积累和总结经验，储能的发展很难一蹴而就。

**（5）储能设施所有权和功能不同，其成本回收方式也不相同**

从国外经验来看，以提高输配电可靠性为主，发挥电压支撑、延缓配电设施增容的作用，所有权属于公用事业公司的储能设施，从输配电价中收回成本。用于平滑风光波动的储能设施，如果所有权属于公用事业公司，则视为发电资产，从上网电价回收成本；如果属于其他第三方，则通过参与电力市场获利，目前这一部分有政府补贴。所有权属于用户，用于发挥负荷调节功能的储能设施，主要通过需求响应、分布式发电和电动汽车充电等激励机制获利。

# 第 13 章　我国新型储能政策及要求

## 13.1　以技术创新和战略规划为主导的起步阶段（2016 年及以前）

我国一直以来高度重视储能发展，2016 年之前主要从技术创新和战略规划等方面引导推动储能发展，也推动建设了部分储能示范项目，发挥示范引领作用。

在发展战略方面，2014 年发布的《能源发展战略行动计划（2014—2020 年）》，明确将储能作为创新领域和重点创新方向，2016 年发布的《能源技术革命创新行动计划（2016—2030 年）》，明确将先进储能技术创新列为重点任务之一。

在技术创新方面。2014 年国务院发布《能源发展战略行动计划（2014—2020 年）》，将储能列入 9 个重点创新领域和 20 个重点创新方向。2015 年国务院发布《中国制造 2025》，将储能列入大力推动突破发展的 10 个重点领域之一。

在发展规划方面。2016 年中央发布《中华人民共和国国民经济和社会发展第十三个五年规划纲要》，提出将储能列入 100 个重大工程之一，提升新兴产业支撑作用，大力推进先进高效储能与分布式能源系统等新兴前沿领域创新和产业化。

2009—2016 年国家层面储能相关政策见表 13-1。

表 13-1　2009—2016 年国家层面储能相关政策

| 政策名称 | 储能相关主要内容 | 时间 |
|---|---|---|
| 《中华人民共和国可再生能源法修正案》 | 电网企业应加强发展应用储能技术 | 2009.12 |
| 《国家能源科技"十二五"规划》 | 各类储能电池研究内容与时间布局 | 2011.12 |
| 《关于做好 2012 年金太阳示范工作的通知》 | 考虑储能装置适当增加补助 | 2012.1 |
| 《能源发展战略行动计划（2014—2020 年）》 | 储能作为创新领域和重点创新方向 | 2014.11 |
| 《关于进一步深化电力体制改革的若干意见》 | 积极发展融合先进储能技术、信息技术的微电网和智能电网技术，提高系统消纳能力和能源利用效率 | 2015.3 |
| 《关于推进新能源微电网示范项目建设的指导意见》 | 储能系统是新能源微电网的重点建设对象 | 2015.7 |

（续）

| 政策名称 | 储能相关主要内容 | 时间 |
|---|---|---|
| 《中华人民共和国国民经济和社会发展第十三个五年规划纲要》 | 储能与分布式能源被列为战略性新兴产业，受国家政策支持 | 2016.3 |
| 《关于在能源领域积极推广政府和社会资本合作模式的通知》 | 储能项目适用于能源领域推广 | 2016.3 |
| 《能源技术革命创新行动计划（2016—2030 年)》 | 先进储能技术创新被列为重点任务之一，明确先进储能技术创新路线图，将储热/储冷、物理储能和化学储能作为战略方向，重点开展电化学储能在可再生能源并网、分布式及微电网、电动汽车的化学储能应用等方面的研发与攻关。<br>2020 年目标：示范推广 10MW/100MW·h 超临界压缩空气储能系统；示范推广 1MW/1000MJ 飞轮储能阵列机组；示范推广 100MW 级全钒液流电池储能系统；示范推广 10MW 级钠硫电池储能系统；示范推广 100MW 级锂离子电池储能系统。<br>2030 年目标：全面掌握战略方向重点布局的先进储能技术，实现不同规模的示范验证，同时形成相对完整的储能技术标准体系，建立比较完善的储能技术产业链，实现绝大部分储能技术在其适用领域的全面推广，整体技术赶超国际先进水平 | 2016.6 |
| 《关于促进电储能参与"三北"地区电力辅助服务补偿（市场）机制试点工作的通知》 | 促进发电侧和用户侧的电储能设施参与调峰调频辅助服务 | 2016.6 |
| 《电力发展"十三五"规划（2016—2020 年)》 | 开展风光储多元化技术综合应用示范，积极推进大容量和分布式储能技术的示范应用与推广 | 2016.11 |

## 13.2 以产业发展和示范为主的快速发展阶段（2017—2020 年）

"十三五"时期我国储能政策总体呈现指导性、方向性，推动了储能在电力系统中应用起步与快速发展，实现了多种储能技术类型示范应用和商业运营。国家出台了首份针对储能的专项文件——《关于促进储能技术与产业发展的指导意见》，提出 10 年内两个阶段的发展目标和重点实施的五个领域示范。各地政府也积极推动储能支持政策落地，通过推动辅助服务市场建设，完善需求侧响应等，进一步支撑储能应用发展。这一时期主要政策要点如下：

**（1）对国内储能技术发展和应用做出全面部署**

2017 年，国家五部委联合出台首个国家级储能政策《关于促进储能技术与产业发展的指导意见》（简称《意见》），对国内储能技术发展和应用做出战略部署。《意见》明确了储能对于推动能源革命的重要意义，要求地方政府、发电企业、电网公司及电力用户对储能应用价值予以重视。

在推动产业发展方面。提出了储能技术装备研发、提升可再生能源利用水平、提升电力系统灵活性和稳定性、提升用能智能化水平以及支撑能源互联网发展五个重点示范任务，详见表 13-2。

表 13-2　储能技术与产业发展五个重点示范任务解析

| 发展方向 | 具体支持政策 |
| --- | --- |
| 技术装备研发方面 | 促进产学研用结合，加速技术转化 |
| | 鼓励储能产品生产企业采用先进制造技术和理念提质增效 |
| | 鼓励通过创新投融资模式降低成本 |
| | 鼓励通过参与国外应用市场拉动国内装备制造水平提升 |
| 提升可再生能源利用水平 | 鼓励可再生能源场站合理配置储能系统 |
| | 推动储能系统与可再生能源协调运行 |
| | 研究建立可再生能源场站侧储能补偿机制 |
| | 支持应用多种储能促进可再生能源消纳 |
| 提升电力系统灵活性和稳定性 | 支持储能系统直接接入电网 |
| | 建立健全储能参与辅助服务市场机制 |
| | 探索建立储能容量市场 |
| 提升用能智能化水平 | 鼓励在用户侧建设分布式储能系统 |
| | 完善用户侧储能系统支持政策 |
| | 支持微电网和离网地区配置储能 |
| 支撑能源互联网发展 | 提升储能系统的信息化和管控水平 |
| | 鼓励基于多种储能实现能源互联网多能互补，多源互助 |
| | 拓展电动汽车等分散电池资源的储能应用 |

在体制机制保障方面。鼓励储能直接参与市场交易，探索建立储能容量电费和储能参与容量市场的规则，鼓励各省级政府对符合条件的储能企业可按规定享受相关税收优惠政策，将储能纳入智能电网、能源装备制造等专项资金重点支持方向。

**（2）积极推进储能技术试点示范项目建设**

2016 年，国家批复了 4 个国家级储能示范工程：金坛盐穴压缩空气储能、大连液流电池储能调峰电站、甘肃网域大规模电池储能和张家口百兆瓦级压缩空气储能。

2017 年，国家发改委发布《关于印发新能源微电网示范项目名单的通知》，批复的 28 个新能源微电网示范项目中有 26 个拟配套建设储能，总容量超过 150MW。

2018 年，国家能源局发布《2018 年能源工作指导意见》，积极推进 55 个"互联网+"智慧能源（能源互联网）示范项目、23 个多能互补集成优化示范工程、28 个新能源微电网项目以及储能技术试点示范项目建设。

2018 年 7 月，当年最大的电网侧储能电站在江苏镇江投运，容量达 100MW/200MW·h；此外，10MW/100MW·h 级超临界压缩空气储能系统、10MW/1000MJ 级飞轮储能阵列机组和 100MW 级锂离子电池储能系统等一批具有产业化潜力的储能技术和装备也在同步推进。

**（3）将储能作为市场主体纳入调峰、调频辅助服务市场规则**

2017 年 11 月，国家能源局发布《完善电力辅助服务补偿（市场）机制工作方案》，提出按需扩大电力辅助服务提供主体，允许第三方参与提供电力辅助服务，鼓励储能设备、需求侧资源参与提供电力辅助服务。

从各地调峰辅助服务市场建设来看，东北地区、新疆、福建、甘肃、宁夏、山西等先后出台了调峰辅助服务市场运营规则，允许储能作为调节资源之一参与调峰辅助服务市场，提高新能源消纳能力。有关储能参与辅助服务市场的政策规则主要包括：

1）设定了参与市场的容量要求。独立储能电站参与调峰，其容量配置最低要求普遍为 4MW/10MW·h。

2）补偿方面设定上下限。市场初期储能用户申报价格上限、下限分别为 0.2 元/（kW·h）、0.1 元/（kW·h）。

3）明确了火电厂以及新能源场站配置储能的结算方法。火电厂配置储能电站深度调峰，火电厂计量关口内安装储能设施，与机组联合调峰，按深度调峰管理、费用计算和补偿；新能源场站配置储能参与调峰，风电场、光伏电站计量关口内安装储能设施，释放电量等同于发电侧发电量，按发电厂合同电价结算。

从各地调频辅助服务市场建设来看，广东、福建和山西出台了调频辅助服务市场运营规则，并将储能纳入市场主体。

**（4）出台针对储能的接入规范**

2017 年 9 月，江苏省电力公司发布了《客户侧储能系统并网管理规定》，规定了客户侧储能系统监测内容。

2018 年 1 月，南方监管局发布了《南方区域电化学储能电站并网运行管理及辅助服务管理实施细则（试行）》，将电化学储能电站全面纳入并网运行和辅助服务管理"两个细则"，对可直接调度的 2MW/1MW·h 及以上的电化学储能电站提出频率异常响应特性、低电压穿越等要求和考核标准。

**（5）部分省份出台储能专项政策**

2018 年 9 月，安徽合肥市政府发布《合肥市人民政府关于进一步促进光伏产业持续健康发展的意见》（合政〔2018〕101 号），对"光伏+储能"系统中的储能按实际充电量给予 1 元/（kW·h）补贴，同一项目年度最高补贴 100 万元，补贴至 2020 年。此外，对销售收入过亿的储能电池厂商给予一次性奖励。

2019 年 3 月，苏州工业园区管委会发布《苏州工业园区绿色发展专项引导资金管理办法》（苏园管规字〔2019〕1 号），对储能项目放电量按照 0.3 元/（kW·h）进行补贴，补贴 3 年。

2020 年，山东省《关于开展储能峰谷分时电价政策试点的通知》明确，参与储能峰谷分时电价政策试点的用户，电力储能装置低谷电价在现行标准基础上，再降低 0.03 元/（kW·h）（含税）。

2017—2020 年各地区出台的储能专项政策见表 13-3。

表 13-3　2017—2020 年各地区出台的储能专项政策

| 政策名称 | 时间 | 发布机构 | 要点 |
|---|---|---|---|
| 《关于开展储能峰谷分时电价政策试点的通知》 | 2020 | 山东省发改委 | 电力储能技术装置低谷电价在现行标准基础上，再降低 3 分钱/（kW·h）（含税） |
| 《苏州工业园区绿色发展专项引导资金管理办法》 | 2019 | 苏州工业园区管理委员会 | 促进绿色发展 |
| 《湖南省先进储能材料及动力电池产业链三年行动计划（2021—2023 年）》 | 2021 | 湖南制造强省建设领导小组办公室 | 支持重大项目建设，支持基础研究，支持创新平台搭建，支持服务平台建设 |

## 13.3　支撑新型电力系统建设的规模化发展阶段（2020 年之后）

2020 年 9 月 22 日，习近平总书记在第七十五届联合国大会一般性辩论上宣布，中国将采取更加有力的政策和措施，$CO_2$ 排放力争于 2030 年前达到峰值，努力争取 2060 年前实现碳中和。

2020 年 12 月 12 日，习近平总书记在气候雄心峰会上进一步宣布，到 2030 年，中国单位国内生产总值 $CO_2$ 排放将比 2005 年下降 65% 以上，非化石能源占一次能源消费比重将达到 25% 左右，风电、太阳能发电总装机容量将达到 12 亿 kW 以上。

2021 年 3 月，中央财经委员会第九次会议提出深化改革，构建以新能源为主体的新型电力系统，进一步明确了"双碳"背景下我国能源电力转型发展的方向。面向碳达峰、碳中和以及新型电力系统建设新需要，当前乃至"十四五"时期，国家将出台更加具有针对性和操作性的储能政策，推动储能大规模发展和商业化应用。

2021 年 9 月 22 日，《中共中央国务院关于完整准确全面贯彻新发展理念做好碳达峰碳中和工作的意见》提出，加快推进抽水蓄能和新型储能规模化应用，加快形成以储能和调峰能力为基础支撑的新增电力装机发展机制。

2022 年 1 月 24 日，习近平在 2022 年中共中央政治局第三十六次集体学习的讲话中提出，推进先进储能技术规模化应用。

新的政策文件对储能技术的应用提出了更高要求。

**（1）将储能技术突破和应用纳入国家"十四五"规划和 2035 年远景目标纲要**

2021 年 3 月，《中华人民共和国国民经济和社会发展第十四个五年规划和 2035 年远景目标纲要》发布，提出加快电网基础设施智能化改造和智能微电网建设，提高电力系统互补互济和智能调节能力，加强源网荷储衔接，提升清洁能源消纳和存储能力，提升向边远地区输配电能力。要求加快抽水蓄能电站建设和新型储能技术规模化应用。在氢能与储能等前沿科技和产业变革领域，组织实施未来产业孵化与加速计划，谋划布局一批未来产业。

**（2）储能成为国家碳达峰、碳中和行动方案的重要组成内容和支撑技术**

2021 年 10 月，国务院发布《关于印发 2030 年前碳达峰行动方案的通知》（国发〔2021〕23 号，下文简称《方案》），《方案》是落实《中共中央国务院关于完整准确全面贯彻新发展理念做好碳达峰碳中和工作的意见》的要求。《方案》在碳达峰、碳中和政策体系中发挥统领作用，是 "1+N" 中的 "1"，是碳达峰阶段的总体部署，在目标、原则和方向等方面与意见保持有机衔接的同时，更加聚焦 2030 年前碳达峰目标，相关指标和任务更加细化、实化和具体化。

一是明确储能基本应用方向。提出积极发展 "新能源+储能"、源网荷储一体化和多能互补，支持分布式新能源合理配置储能系统。

二是首次明确新型储能发展规模量化目标。加快新型储能示范推广应用，到 2025 年，新型储能装机容量达到 3000 万 kW 以上。

三是加快储能技术创新和推广应用。鼓励高等学校加快储能等学科建设和人才培养，建设一批国家储能技术产教融合创新平台，聚焦储能等重点领域，深化应用基础研究。集中力量开展大容量储能技术研发和推广应用。

**（3）针对新形势新要求，国家出台推动新型储能发展指导意见，加快构建储能政策体系**

继 2017 年 10 月五部门联合发布《关于促进储能技术与产业发展的指导意见》之后，2021 年 7 月，国家发展改革委、国家能源局发布《关于加快推动新型储能发展的指导意见》（发改能源规〔2021〕1051 号）。文件对储能的发展规划、技术进步、政策体系、市场环境、价格机制和建设运行等多个方面进行了系统设计。该意见将成为 "十四五" 时期储能发展与应用的指导性文件，在此框架下，储能电价、储能规划、储能安全、储能技术创新、储能项目管理和储能并网调度规程等一系列文件将相继出台。

主要目标：到 2025 年，实现新型储能从商业化初期向规模化发展转变。新型储能技术创新能力显著提高，核心技术装备自主可控水平大幅提升，在高安全、低成本、高可靠和长寿命等方面取得长足发展，标准体系基本完善，产业体系日趋完备，市场环境和商业模式基本成熟，装机规模达 3000 万 kW 以上。到 2030 年，实现新型储能全面市场化发展。新型储能核心技术装备自主可控，技术创新和产业水平稳居全球前列，标准体系、市场机制和商业模式成熟健全，与电力系统各环节深度融合发展，装机规模基本满足新型电力系统相应需求。新型储能成为能源领域碳达峰、碳中和的关键支撑之一。

**（4）鼓励发电企业自建或购买调峰能力，增加可再生能源发电并网规模**

国家能源局在《关于 2021 年风电、光伏发电开发建设有关事项的通知》中指出，要建立保障性并网、市场化并网等并网多元保障机制。各省（区、市）完成年度非水电最低消纳责任权重所必需的新增并网项目，由电网企业实行保障性并网；对于保障性并网范围以外仍有意愿并网的项目，可通过自建、合建共享或购买服务等市场化方式落实并网条件后，由电网企业予以并网。

2021 年 7 月，国家发展改革委、国家能源局印发了《关于鼓励可再生能源发电企业自建或购买调峰能力增加并网规模的通知》，提出在电网企业承担可再生能源保障性并网责任的基础上，鼓励发电企业通过自建或购买调峰能力的方式，增加可再生能源发电装机并网规模。该政策的出台是对 2021 年风光建设方案提出建立保障性并网、市场化并网等并网多元保障机制的衔接，也是国家层面对省级行政区新能源配置储能模式给予的方向性指导。

鼓励发电企业自建储能或调峰能力增加并网规模。超过电网企业保障性并网以外的规模初期按照功率 15% 的挂钩比例（时长 4h 以上，下同）配建调峰能力，按照 20% 以上挂钩比例进行配建的优先并网。

允许发电企业购买储能或调峰能力增加并网规模。超过电网企业保障性并网以外的规模初期按照 15% 的挂钩比例购买调峰能力，鼓励按照 20% 以上挂钩比例购买。

**（5）从"十三五"时期少数省份出台政策支持储能创新应用，到大部分省份全面推动储能应用转变**

一是新能源场站配置储能成为一些省区新能源发电项目竞争优选的必要条件。

在能源转型背景下，各省风电、光伏快速发展，为进一步提升新能源消纳能力，促进风光发电高质量发展，自 2020 年开始，河南、内蒙古、辽宁和湖南等省份均提出了优先支持配置储能的新能源发电项目。以湖南省为例，湖南发改委印发《关于发布全省 2020—2021 年度新能源消纳预警结果的通知》，提出电网企业要通过加强电网建设、优化网架结构和研究储能设施建设等措施，切实提高新能源消纳送出能力，为省内新能源高比例发展提供空间。随后湖南省电力有限公司下发《关于做好储能项目站址初选工作的通知》，28 家企业承诺配套新能源项目总计建设 388.6MW/777.2MW·h 储能设施，与风电项目同步投产，配置比例为 20% 左右。

随着国家碳达峰、碳中和的"双碳"目标提出，各省（区）加大了对新能源场站配置储能的支持力度，山东、海南、贵州和宁夏等省（区）在 2021 年风电、光伏项目竞争性配置办法规定中明确要求配置一定容量的储能设施，新疆、广西和江西等省（区）优先支持承诺配置储能设施的新能源电站开发。2021 年部分省（区）新能源场站储能配置政策见表 13-4。

表 13-4　2021 年部分省（区）新能源场站储能配置政策

| 政策名称 | 时间 | 发布机构 | 要点 |
|---|---|---|---|
| 《关于有序推动 2021 年新增风电、光伏发电项目竞争优选相关工作的通知》 | 2021 | 新疆维吾尔自治区发改委 | 将配置储能作为竞争性要素 |
| 《关于征求 2021 年度平价风电、光伏项目竞争性配置办法有关意见的函》 | 2021 | 广西能源局 | 风电、光伏项目评分体系中，配置储能设施和风光储一体化发展共占 25 分（满分 100 分） |
| 《关于做好 2021 年新增光伏发电项目竞争优选有关工作的通知》 | 2021 | 江西能源局 | 自愿选择光储一体化的建设模式，储能标准不低于光伏装机的 10%，容量 1h，优选评分中给予倾斜支持 |
| 《关于开展 2021 年度海南省集中式光伏发电平价上网项目工作的通知》 | 2021 | 海南发改委 | 同步配套建设备案规模 10% 的储能装置 |
| 《关于印发 2021 年全省能源工作指导意见的通知》 | 2021 | 山东省能源局 | 新能源场站原则上配置不低于 10% 的储能设施 |

二是从电量补贴、容量补贴和投资补贴等多方面，各地区进一步出台支持储能发展的专项政策。

电量补贴方面。青海对"新能源+储能""水电+新能源+储能"项目中储能设施的上网电量给予 0.10 元/（kW·h）运营补贴。

容量补贴方面。为积极应对当前和今后一段时期内电力短缺形势，加快新型电力系统建设，2021 年 11 月，浙江省发展改革委、浙江省能源局联合印发《关于浙江省加快新型储能示范应用的实施意见》，对年利用小时数不低于 600h 调峰项目给予容量补偿，补贴期暂定 3 年，补偿标准按 200 元/（kW·a）、180 元/（kW·a）、170 元/（kW·a），后期逐年退坡。

投资补贴方面。为建设绿色能源供应基地，培育战略性新兴产业，推动储能技术与产业高质量发展，大同市人民政府出台《大同市关于支持和推动储能产业高质量发展的实施意见》，研究制定推动储能产业的支持政策。提出市财政根据财力情况对分布式储能项目、重大示范项目给予一定的投资补贴。

财税支持方面。《湖南省先进储能材料及动力电池产业链三年行动计划（2021—2023年）》提出优先支持先进储能材料、动力电池及新能源汽车产业链领域重点企业申报国家重点实验室，对新认定的国家重点实验室，从创新型省份建设专项中予以重点支持；对攻破关键共性技术的企业给予重点支持。对新创建的国家级、省级制造业创新中心分别给予 1000 万元、200 万元的一次性奖励；对氢燃料电池、加氢站、氢燃料电池汽车和储能电站等走在市场前端的示范应用项目给予重点支持。2021 年部分省出台的储能专项支持政策见表 13-5。

表 13-5　2021 年部分省出台的储能专项支持政策

| 政策名称 | 时间 | 发布机构 | 要点 |
| --- | --- | --- | --- |
| 《支持储能产业发展的若干措施（试行）》 | 2021 | 青海省发改委 | 对"新能源+储能""水电+新能源+储能"项目中自发自储设施所发售的省内电网电量给予 0.10 元/（kW·h）运营补贴 |
| 《大同市关于支持和推动储能产业高质量发展的实施意见》 | 2021 | 大同市人民政府 | 研究制定推动储能产业的支持政策。对分布式储能项目、重大示范项目，市财政根据财力情况给予一定的建设补贴 |
| 《关于浙江省加快新型储能示范应用的实施意见》 | 2021 | 浙江省发改委、浙江省能源局 | 2021—2023 年，全省建成并网 100 万 kW 新型储能示范项目，"十四五"力争实现 200 万 kW 左右新型储能示范项目发展目标 |

# 第 14 章 我国新型储能发展实践

## 14.1 我国新型储能项目运营总体情况

从目前我国新型储能项目运营实际来看，商业模式总体可以分为三类。

### （一）国家示范项目，按照一事一议原则给予相关电价政策支持

大连液流电池储能调峰电站国家示范项目，辽宁省发改委已于 2018 年发文同意该电站实行两部制电价。容量电价反映储能电站系统效用和对实验项目的支持。经核算，按收回动态投资的需求，容量电价为 2024 元/(kW·a)。电量电价体现储能电站的电量效用，电量电价暂执行煤电基准价格标准，充电（购电）价格通过直接交易确定。

甘肃网域大规模储能电站国家试验示范项目，国家能源局召开项目协调推进会提出，明确将甘肃储能项目作为商业模式创新试点，其独立市场主体地位，给予相应电价政策支持，通过市场化交易获得收益，并给予 2~3 年示范期，如试点成功将进行推广。

江苏盐穴压缩空气储能国家试验示范项目、张家口可再生能源示范区压缩空气储能示范项目，目前尚未明确电价政策。

### （二）地方鼓励建设的项目，通过参与电力辅助服务市场盈利

山西、广东和福建等省出台了调频辅助服务市场运营规则，将储能纳入市场主体，规则区分不同电源调频特性，提出按调频效果补偿的结算机制，体现市场的公平性。调频辅助服务市场采用调频里程报价，调频性能作为价格排序的重要参数，根据容量需求，市场统一出清，有利于调节性能好、调节速率快的调频辅助服务资源在市场出清排序中获得优势。

东北、甘肃、宁夏、福建、新疆等地区和省份出台了调峰辅助服务市场运营规则，允许独立的储能电站参加调峰辅助服务市场，目的在于减少弃风弃光，要求储能在低谷或者弃风、弃光、时段充电，其他时段放电。

《江苏电力辅助服务（调峰）市场建设工作方案》和《江苏电力辅助服务（调峰）市场交易规则》指出建立储能等新型调峰资源接入后市场化奖惩机制，充分利用市场化机制，充分发挥各类型，常规电源、储能电站的调节性能，调动市场主体提供电力辅助服务的积极性，使市场在辅助服务资源优化配置中起决定性作用。市场建设初期，储能

电站可参与启停调峰交易。启停调峰辅助服务市场采用日前报价、日前出清和日前调用的方式。

**（三）合作共建项目通过协商确定储能提供的服务类别和收益的模式**

储能应用方与储能投资运营商通过签订购买服务合同、租赁合同和能源管理合同等模式开展项目合作。储能应用方可以为电网企业、新能源发电企业和电力用户，储能投资运营商通过投资建设储能以提供并网、调峰、紧急备用和节能降损等服务，为应用方创造价值并获得收益。

## 14.2 新型储能典型商业模式及盈利能力分析

### 14.2.1 独立储能电站+两部制电价

**（1）商业模式**

为促进储能行业的发展，国家提出"探索建立容量电费机制"，但是尚未出台相关政策。两部制电价模式是在我国未出台新型储能电站电价机制前，对国家重点示范项目运营模式进行的试点探索，主要是参考抽水蓄能电站运营模式，以政府定价形成容量电价，并纳入输配电价；以竞争方式形成电量电价。

容量电价主要体现储能电站提供调频、调压和黑启动等辅助服务，通过对标行业先进水平，合理确定核价参数，按照经营期定价法核定容量电价，容量费用由电网运营商统一购买并支付，纳入输配电价，通过纳入终端销售电价由所有用户共同分摊。电量电价根据电力市场建设情况可以分为两类：一类是没有现货市场的环境下，储能电站按燃煤基准电价充放电，相关损耗、价差作为变动成本纳入容量电价平衡统一核定；另一类是开展现货市场地区，按市场充放电价格进行计算，电量电价收益或风险由储能运营方独自承担。

目前国家能源局仅批复辽宁大连全钒液流储能国家示范项目实行两部制电价模式。该电站为"200MW/800MW·h大连液流电池储能调峰电站国家示范项目"的一期项目，是国家能源局批复的首个大型电化学储能国家示范项目，也是目前国际上在建规模最大的全钒液流电池储能电站工程。大连液流电池储能电站容量电价是目前抽水蓄能电站的三、四倍，电站上网电量电价暂执行当地煤电基准电价，充电电量价格通过直接交易确定。

**（2）盈利能力分析**

当前，新型储能造价仍然偏高，大规模推广势必推高终端电价水平。参照国家发展改革委《关于进一步完善抽水蓄能价格形成机制的意见》（发改价格〔2021〕633号），适时降低政府核定容量电价覆盖电站设计容量的比例，以推动电站自主运用剩余容量参与电力市场，逐步实现电站主要通过参与市场回收成本，获得收益。因此，考虑发展趋势，可引入容量因子 $\lambda$，分析新型储能电站采用两部电价的盈利能力。

以 10MW/40MW·h 磷酸铁锂电池储能系统为例，运营期 10 年，循环次数 7200 次，保障在设计周期内每天可充放电两次，计及电池充放电损耗、PCS 以及变压器损耗，储能系统整体效率为 90%，固定资产残值为 10%，内部收益率取值 8%，项目按全投资测算。

储能电站经营收益包括容量收益、充放电价差收益，成本包括初始投资（设备购置费、建安工程费）、充电成本、运维费用和人工费用等。计算模型分别测算全容量电价和全市场化电量电价之间的对应关系，如图 14-1 所示，为不同市场阶段的储能电站容量电价核定提供参考。

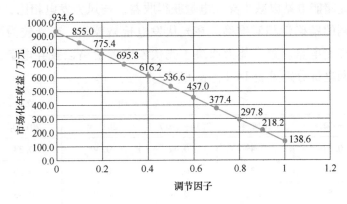

图 14-1　容量因子与市场化电量收益图

当 $\lambda=1$ 时，储能电站的全部固定资产投资通过容量电价回收，年投资费用为 796 万元，年电量费用为 138.6 万元，在没有电力市场的环境下，固定资产与电量损耗费用二者均通过容量电价回收，则电钻年容量费用达标到 934.6 万元。当 $\lambda=0$ 时，即储能电站全部通过市场的价差收益盈利，则要求储能电站充放电价差达到 0.64 元/（kW·h）。

两部制电价是针对当前储能成本较高，难以通过电力市场盈利的情况下，由政府核定容量电价保障储能电站持续发展的价格机制。两部制电价适用于如下两种情况：一是用于支持造价较高，但技术先进且未来具有商业化应用前景的示范项目；二是电力系统保安全、保供应运行需要，无法通过市场盈利但必须配置的储能项目。

## 14.2.2　新能源场站配置储能

### （1）商业模式

自 2020 年开始，河南、内蒙古、辽宁和湖南等省（区）均提出了优先支持配置储能的新能源发电项目。2021 年 7 月国家发展改革委、国家能源局出台《关于鼓励可再生能源发电企业自建或购买调峰能力增加并网规模的通知》，鼓励发电企业自建储能或调峰能力增加并网规模，"新能源+储能"成为大规模、高比例发展阶段新能源新增装机新的发展机制。

新能源场站配置储能主要服务新能源并网，通过减少新能源场站弃电、提高功率预测准确度等方式减少新能源考核费用获益。该模式下,储能建设在新能源场站内,可由新能源场站自主投资建设运营,也可引入第三方投资建设运营。储能主要功能为:平滑新能源出力波动;跟踪发电计划减小出力偏差;减少弃电提升消纳能力。储能的收益来源以减少弃电为主,减少考核费用为辅。国家电投集团黄河上游水电开发有限责任公司青海共和 45 万 kW 和乌兰 10 万 kW 风电场,配套储能系统分别为 4.5 万 kW/9 万 kW·h 和 1 万 kW/2 万 kW·h,均采用此模式。

1)电量收益。电量收益包括两类:一是弃风、弃光环境下,储能减少弃电量带来的收益;二是市场环境下,储能参与调峰的增值收益。

光伏电站配置储能电站以减少弃光电量获得收益。与风力发电相比,光伏发电的上网电价较高,且预测的精确性相对准确,在光伏发电价格较高、弃光较为严重的地区,通过配置储能减少弃光电量。盈利能力取决于光伏发电的价格以及弃电量。陆上风电和集中式光伏发电上网电价分别见表 14-1、表 14-2。

表 14-1　陆上风电上网电价　　　　　　　　　［单位:元/(kW·h)］

| 资源区 | 2009—2014 年 | 2015 年 | 2016—2017 年 | 2018 年 | 2019 年 | 2020 年 |
|---|---|---|---|---|---|---|
| Ⅰ类 | 0.51 | 0.49 | 0.47 | 0.40 | 0.34 | 0.29 |
| Ⅱ类 | 0.54 | 0.52 | 0.50 | 0.45 | 0.39 | 0.34 |
| Ⅲ类 | 0.58 | 0.56 | 0.54 | 0.49 | 0.43 | 0.38 |
| Ⅳ类 | 0.61 | 0.61 | 0.60 | 0.57 | 0.52 | 0.47 |

注:2019 年的价格为指导价。

表 14-2　集中式光伏发电上网电价　　　　　　　　［单位:元/(kW·h)］

| 资源区 | 2011 年 | 2012—2013 年 | 2013—2015 年 | 2016 年 | 2017 年 | 2019 年 | 2020 年 |
|---|---|---|---|---|---|---|---|
| Ⅰ类 | | | 0.9 | 0.80 | 0.65 | 0.4 | 0.35 |
| Ⅱ类 | 1.15 | 1 | 0.95 | 0.88 | 0.75 | 0.45 | 0.40 |
| Ⅲ类 | | | 1 | 0.98 | 0.85 | 0.55 | 0.49 |

注:2019 年的价格为指导价。

2)非电量收益。非电量收益主要指储能提高新能源并网特性,减少考核费用等带来的收益。

风电场配置储能多以提高风电并网特性。在风电场站内配置储能,可抑制风电出力的波动,提高风电功率预测精确性,减少跟踪计划曲线的偏差,不仅可以减少考核费用,还可增加发电设备利用小时数。风电场配置储能的价值在于其对整个风电场增发电量、减少考核带来的效益。

**(2)盈利能力分析**

新能源配置储能的盈利能力与当地新能源利用率水平和新能源上网电价密切相关。新疆出台的光伏电站配置储能的政策最具激励性。2019 年 7 月,新疆发改委和新疆能监办联合发布《关于开展发电侧光伏储能联合运行项目试点的通知》,提出光伏电站配套储能电站的电价执行所在光伏电站电价政策,与光伏电站一体化运行并享受相应补贴;配置储能的光伏电站从 2020 年起每年增加 100h 优先发电量，持续 5 年；原则上储能应按照不低于光伏电站装机容量 15%，且额定功率的储能时长不低于 2h 配置。

基于以上政策，以新疆某Ⅱ类地区光伏电站为例，分析盈利能力。该光伏电站规模为 50MW，按 15% 的比例配置了 7.5MW/15MW·h 的锂离子电池储能系统。新疆光伏发电资源利用小时数 1534h，2019 年该光伏电钻实际利用小时数 1310h，其中，保障性收购利用小时数为 650h。该光伏电站年弃光小时数为 224h，项目配置储能后，按政策前 5 年每年增加 100h 优先电量按保障性收购指导价结算，剩余 124h 按当地太阳能发电市场化交易平均价格 0.063 元/（kW·h）计算，当地燃煤基准电价为 0.25 元/（kW·h），则项目配置储能后的动态投资收益率为 12.4%；若新增 224h 发电量全部按市场化交易价格计算，项目动态投资收益率仅为 7.9%。

随着新能源发电成本持续下降，陆上风电和集中式光伏发电进入平价上网，通过在新能源场站内配置储能减少弃电获得收益的难度加大，未来主要依靠减少考核、提高功率预测准确度获得收益。

## 14.2.3　共享储能

### （1）商业模式

为提高新能源场站配置的新型储能的使用效率，降低新能源发电运营成本，新能源场站可向第三方出售或购买储能调峰服务，共享储能模式应运而生。该模式下新型储能电站可由第三方建设，由周边特定多个新能源场站共同使用，共同承担成本。

青海省是我国最早试点共享储能模式的省份，在国内率先提出"共享储能"概念。青海共享储能最早源于鲁能海西州多能互补示范工程的实践。2018 年 12 月 25 日，该项目建设的 50MW/100MW·h 的磷酸铁锂电池储能电站并网运行；2019 年 4 月 15 日，该储能电站与集中式光伏电站开展的调峰辅助市场化交易合约签订，标志着青海共享储能调峰辅助服务市场试点启动。

鲁能海西州多能互补示范工程的储能电站仍然属于电源侧储能，共享范围局限在新能源汇集站内。为进一步提高储能利用率，发挥调峰功能，2019 年青海发布《青海电力辅助服务市场运营规则（试行）》，首次将储能电站作为独立主体纳入电力辅助服务市场，提出了双边协商、双边竞价及单边调用三种市场化交易模式。该模式下储能电站由社会资本投资建设，作为独立主体参与市场，在现货市场尚未全面运行前与新能源发电企业通过双边协商、市场竞价或者调度机构直接调用第三种方式调用。储能收益包括充放电价差收益、辅助服务补偿收益。

截至 2022 年 2 月底，青海电网参与共享储能的电站有两座，总容量为 8.2 万 kW/16.4 万 kW·h，共有 366 家新能源发电企业参与共享储能交易，累计成交 3533 笔，总充电量 9903 万 kW·h，总发电量 8134 万 kW·h，新能源增发电量 10127 万 kW·h。

### （2）盈利能力分析

共享储能电站的盈利能力受两方面影响：一是储能利用率，储能利用率与当地调峰资源水平、年有偿调峰小时数密切相关，调峰资源越匮乏、年有偿调峰小时数越高的地区，储能利用率越高；二是调峰辅助服务市场交易价格。

以青海 10MW/40MW·h 的储能调峰电站为案例进行分析。新能源场站与储能签订双边协议，在新能源发电有调峰需求时向储能充电并支付一定的调峰补偿费用；在非调峰时段向电网放电，放电电价执行青海燃煤基准电价 0.3731 元/(kW·h)。若储能电站共享率为 100%，即每天满容量充放电一次，初步测算，当储能电站调峰辅助服务价格为 0.383 元/(kW·h) 时，项目可达到 8% 内部收益率，如图 14-2 所示；若共享率仅为 60% 时，调峰辅助服务价格上升至 0.475 元/(kW·h) 才可获得同样收益率。

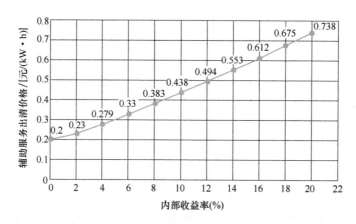

图 14-2　调峰辅助服务交易价格与内部收益率关系图

## 14.2.4　储能联合火电机组调频

### （1）商业模式

储能联合火电机组调频是我国现行辅助服务考核机制下的特有形式。通过在火电厂内部配置储能，发挥储能快速的响应特性和良好的调节精度，克服了火电机组跟踪调频指令响应慢、精度低的缺点，大大提高了火电厂调频性能，从而直接提升火电厂被调用机率和补偿费用。

此类项目商业模式多由储能等第三方厂家投资、建设、运行和维护，发电厂提供场地和接口。项目投运后每个月的调频收益增量由建设单位和电厂共享，按照比例分成。

京能集团北京石景山热电厂 2MW 储能联合调频示范项目，是国内首个储能联合火电机组调频的项目，该项目取得了较好的经济效益。山西京玉电厂是山西电网内首个安装电储能装置的电厂，配置功率为 9MW，采用三元锂电池组技术，加装储能装置后，调频性能指标最高可达 5.15。相比之下，山西电网未加装储能装置的火电机组性能指标的平均值在 2.8 左右，最大值不超过 4。

### （2）盈利能力分析

调频辅助服务市场收益与调频里程的出清价格密切相关。以某电厂 33 万 kW 的循环流化床机组为例，标准调节速率为 3.3MW/min，储能一般按照火电机组的额定容量的 3%

配置，持续充放电时间在 15min 以上，充放电倍率选择 2C。配置 9MW/4.5MW·h 锂离子电池储能后，机组调节性能指标显著提升，调节速率最快可达 16.75MW/min，调频性能指标最高可达 5.15。按照该省调频辅助服务市场规则，测算项目盈利能力如图 14-3 所示。当出清价达到 15 元/MW 时，该项目内部收益率达到了 49.7%；当出清价为 7.12 元/MW 时，该项目内部收益率为 8%；当出清价低于 5.8 元/MW 时，项目亏损。

目前，我国调频辅助服务费用在发电侧分摊，对于调节性能差、分摊费用多的机组，通过配置储能可较好地提高机组调频性能，并在调频辅助服务市场中获取收益。但与此同时，由于调频市场的容量有限，若越来越多的机组配置储能，则调频市场将会快速饱和，从而压低出清价格，影响火电厂联合储能调频项目的盈利能力。

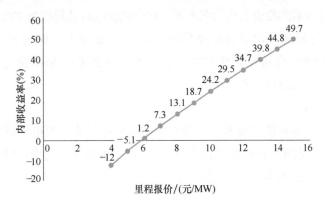

图 14-3　不同调频里程报价内部收益率

## 14.2.5　租赁模式

### （1）商业模式

电网运营商通过租赁储能投资商的储能项目的形式调用储能。该模式下，利益相关方包括储能电池厂商或综合能源服务公司等第三方、电网业主。储能电池厂商或综合能源服务公司负责储能项目投资、建设和日常运维，储能电站使用权归电网，电网企业支付储能租赁费用。电网企业支付给储能电站业主的租赁费用由价格主管部门进行核定，计入电网准许成本，纳入输配电价核算，通过输配电价进行疏导。这种模式仅在江苏试点。

江苏省镇江 101MW/202MW·h 储能项目采用该模式。该项目由江苏省综合能源服务公司、许继集团和山东电工电气集团三家共同投资建设，由江苏省综合能源服务公司负责运维，江苏省电力公司租赁使用。投资建设单位通过租赁合同定期回收投资，电网企业无须进行资本性建设投资，电网业主每年支付 1.6 亿元的租赁费，合同期限为 3 年，3 年合同到期后资产不属于电网。根据该项目储能容量测算，储能电站租赁费需达到每年 1600 元/kW。

### （2）盈利能力分析

电网运营商租赁模式下，储能电站由第三方投资运营，投资方通过租赁合同保障收益。电网运营商支付的租赁费用能否覆盖储能电站基本投资收益是储能项目能否盈利的关键。

### 14.2.6  合同能源管理

**（1）商业模式**

合同能源管理模式是一种成熟的商业模式。依托储能设施，通过峰谷电价差、降低需量/容量电费以及参与需求侧响应等降低用户电费支出，这是当前储能项目合同能源管理的主要运营模式。

如南都电源与无锡星洲科苑利用工商业用户用电峰谷电价差，采用削峰填谷模式为园区用户提供储能电站节能方案的投资、运营服务等，建设储能电站总规模为 20MW/160MW·h。由三峡电能（上海）有限公司投资的福耀集团上海汽车玻璃工厂储能项目容量为 7.5MW/22.5MW·h，采用 EMC 合同能源管理方式，该项目储能系统采用两充两放的运行策略，利用峰谷电价差减少企业用电成本。

**（2）盈利能力分析**

考虑两类用户开展盈利能力分析：一类是 1~10kV 电压等级的单一制电价一般工商业用户；另一类是 1~10kV 电压等级的两部制电价工业用户。储能系统选用 10MW/20MW·h 的磷酸铁锂电池，按每天充放电一次（365 次/a）和工作日充放电一次（260 次/a）分别测算。

1）单一制电价的一般工商业用户。若储能系统每天均充放电一次，北京峰谷价差最大，收益率最高，达到 22.2%；其次为江苏、河南、甘肃和山东，其余省（区、市）均难以达到 8% 的收益率。若储能仅在工作日充放电，则仅北京、江苏具有盈利空间，其余省（区、市）均难以达到 8% 的收益率。一般工商业用户峰谷电价差与配置储能内部收益率关系图如图 14-4 所示。

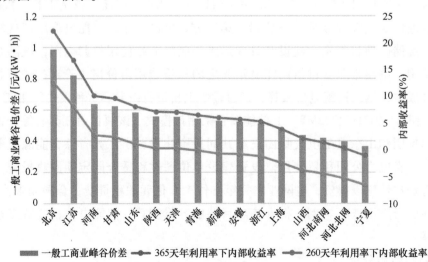

图 14-4  一般工商业用户峰谷电价差与配置储能内部收益率关系图

2）两部制电价的大工业用户，大工业用户峰谷电价差小于一般工商业用户，仅考虑峰谷价差，若储能系统每天均充放电一次，上海峰谷价差最大，收益率最高，达到14.8%；其次为江苏、陕西、河南、北京和山东，其他地区均难以达到8%的收益率。若储能仅在工作日充放电，则所有省份收益率均达不到8%。

两部制电价下，用户除承担度电用电成本外，还需缴纳需量电费。对于每日均有短时的高峰用电情况，储能可降低需量电费，降低程度由储能放电时长和放电功率共同决定。以上海为例，需量电费为40元/（kW·月），若10MW储能可降低5MW的需量，则每年降低需量电费240万元；若储能仅在工作日充放电，则综合内部收益率为19.8%。大工业用户峰谷电价差与配置储能内部收益率关系图如图14-5所示。

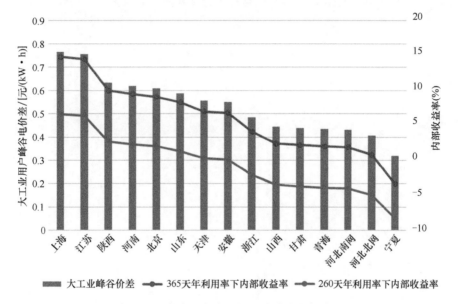

图 14-5　大工业用户峰谷电价差与配置储能内部收益率关系图

对于电力用户，储能盈利能力受两方面因素影响：一是本地的峰谷电价差，电价差越大收益越高，但峰谷电价政策性较强，储能套利属于数十年的长周期投资行为，政策风险较大；二是企业自身经营情况，储能峰谷套利需要长期稳定的负荷，特别是大工业用户，企业经营风险较大。因此，储能峰谷套利仍然集中在北京、江苏等峰谷价差较大、企业经营较为稳定的工业园区或商业经营场所。

# 第五篇
## 运营机制篇

# 第 15 章 我国新型储能政策机制及市场化运营模式

## 15.1 我国新型储能政策机制现状

储能是智能电网、可再生能源高占比能源系统、"互联网+"智慧能源（以下简称能源互联网）的重要组成部分和关键支撑技术。储能可为电网运行提供调峰、调频、备用、黑启动和需求响应等多种服务，是提升传统电力系统灵活性、经济性和安全性的重要手段；储能能够显著提高风、光等可再生能源的消纳水平，支撑分布式电力及微电网，是推动主体能源由化石能源向可再生能源更替的关键技术；储能有利于促进能源生产消费开放共享和灵活交易，实现多能协同，是构建能源互联网、推动电力体制改革和促进能源新业态发展的重要基础。通过市场机制实现商业化运营和盈利是我国新型储能发展应用的基本方向。

**（1）《关于促进储能技术与产业发展的指导意见》**

2017 年出台，提出了市场主导、改革助推的储能发展基本原则。充分发挥市场在资源配置中的决定性作用，鼓励社会资本进入储能领域。结合电力体制改革进程，逐步建立完善电力市场化交易和灵活性资源的价格形成机制，还原能源商品属性，着力破解体制机制障碍。加强电力体制改革与储能发展市场机制的协同对接。具体要求为：

一是加快电力市场建设，建立储能等灵活性资源市场化交易机制和价格形成机制，鼓励储能直接参与市场交易，通过市场机制实现盈利，激发市场活力。

二是结合电力市场建设研究形成储能应用价格机制，建立健全储能参与辅助服务市场机制。参照火电厂提供辅助服务等相关政策和机制，允许储能系统与机组联合或作为独立主体参与辅助服务交易。根据电力市场发展逐步优化，在遵循自愿的交易原则基础上，形成"按效果付费、谁受益谁付费"的市场机制。

三是探索建立储能容量电价机制和容量市场规则。结合电力体制改革，参考抽水蓄能相关政策，探索建立储能容量电价机制和储能参与容量市场的规则，使满足条件的各类储能系统获得容量补偿。

电源侧、电网侧和用户侧储能运营模式及配套市场机制建设重点：

1）电源侧储能。推动储能系统与可再生能源协调运行。鼓励储能与可再生能源场站作为联合体参与电网运行优化，接受电网运行调度，实现平滑出力波动、提升消纳能力和为电网提供辅助服务等功能。

市场机制建设要求：电网企业应将联合体作为特殊的电厂对待，在政府指导下签订并网调度协议和购售电合同，联合体享有相应的权利并承担应有的义务。研究建立可再生能源场站侧储能补偿机制。研究和定量评估可再生能源场站侧配置储能设施的价值，探索合理补偿方式。

2）电网侧储能。支持储能系统直接接入电网。支持各类主体按照市场化原则投资建设运营接入电网的储能系统。

市场机制建设要求：一是建立健全储能参与辅助服务市场机制。参照火电厂提供辅助服务等相关政策和机制，允许储能系统与机组联合或作为独立主体参与辅助服务交易。根据电力市场发展逐步优化，在遵循自愿的交易原则基础上，形成"按效果付费、谁受益谁付费"的市场机制。二是探索建立储能容量电费和储能参与容量市场的规则机制。结合电力体制改革，参考抽水蓄能相关政策，探索建立储能容量电费和储能参与容量市场的规则，对满足条件的各类大规模储能系统给予容量补偿。

3）用户侧储能。鼓励在用户侧建设分布式储能系统。支持具有配电网经营权的售电公司和具备条件的居民用户配置储能，提高分布式能源本地消纳比例，参与需求响应，降低用能成本，鼓励相关商业模式探索。

市场机制建设要求：一是结合电力体制改革，允许储能通过市场化方式参与电能交易；二是支持用户侧建设的一定规模的电储能设施与发电企业联合或作为独立主体参与调频、调峰等辅助服务。

**（2）《输配电定价成本监审办法》**

2019 年出台，第二监管周期新《输配电定价成本监审办法（2020—2022 年）》（简称《办法》）结合电力体制改革，在借鉴和吸收国外输配电监管经验，总结首轮输配电成本监审试点实践的基础上进行修订，主要有以下几个特点：

一是强化成本监审约束和激励作用。对电网企业部分输配电成本项目实行费用上限控制；明确对电网企业未实际投入使用、未达到规划目标、重复建设等输配电资产及成本费用不列入输配电成本，引导企业合理有效投资，减少盲目投资；对企业重大内部关联方交易费用开展延伸审核，提高垄断环节成本的社会公允性。

二是细化成本监审审核方法。明确不得计入输配电成本的项目，细化输配电定价成本分类、界限及审核方法，增加分电压等级核定有关规定等，进一步提升成本监审操作性。

《办法》第十条规定，下列费用不得计入输配电定价成本：与电网企业输配电业务无关的费用，包括抽水蓄能电站、电储能设施及电网所属且已单独核定上网电价的电厂的成本费用。

但同时第七条规定，输配电定价成本包括折旧费和运行维护费，第九条又进一步明确，本办法所指的运行维护费是电网企业维持电网正常运行的费用，包括材料费、修理费、人工费和其他运营费用，而其他运营费用含生产经营类费用，包括农村电网维护费、委托运行维护费和租赁费等。为储能电站采用电网企业租赁模式运营预留政策空间。

**（3）《贯彻落实〈关于促进储能技术与产业发展的指导意见〉2019—2020年行动计划》**

2019年出台，主要要求为：

一是引导地方根据《国家发展改革委关于创新和完善促进绿色发展价格机制的意见》，进一步建立完善峰谷电价政策，为储能行业和产业的发展创造条件，探索建立储能容量电费机制，推动储能参与电力市场交易获得合理补偿。

二是推动储能设施参与电力辅助服务市场。按照《国家能源局关于印发〈完善电力辅助服务补偿（市场）机制工作方案〉的通知》（国能发监管〔2017〕67号）有关要求，进一步完善和深化电力辅助服务补偿机制，推进电力辅助服务市场化，鼓励储能设施参与电力辅助服务市场。

**（4）《关于加快推动新型储能发展的指导意见》**

2021年出台，提出政策驱动、市场主导和多元发展的原则。加快完善政策机制，加大政策支持力度，鼓励储能投资建设；鼓励结合源网荷不同需求探索储能多元化发展模式。到2025年，实现新型储能从商业化初期向规模化发展转变，新型储能市场环境和商业模式基本成熟；到2030年，实现新型储能全面市场化发展，市场机制、商业模式成熟健全。完善政策机制，营造健康市场环境，具体要求为：

一是明确新型储能独立市场主体地位。研究建立储能参与中长期交易、现货和辅助服务等各类电力市场的准入条件、交易机制和技术标准，加快推动储能进入并允许同时参与各类电力市场。因地制宜建立完善"按效果付费"的电力辅助服务补偿机制，深化电力辅助服务市场机制，鼓励储能作为独立市场主体参与辅助服务市场。鼓励探索建设共享储能。

二是健全新型储能价格机制。建立电网侧独立储能电站容量电价机制，逐步推动储能电站参与电力市场；研究探索将电网替代性储能设施成本收益纳入输配电价回收。完善峰谷电价政策，为用户侧储能发展创造更大空间。

三是健全"新能源+储能"项目激励机制。对于配套建设或共享模式落实新型储能的新能源发电项目，动态评估其系统价值和技术水平，可在竞争性配置、项目核准（备案）、并网时序、系统调度运行安排、保障利用小时数和电力辅助服务补偿考核等方面给予适当倾斜。

**（5）《"十四五"新型储能发展实施方案》**

2022年出台，以推动新型储能规模化、产业化和市场化发展为目标，提出市场主导、有序发展的发展原则。明确新型储能独立市场地位，充分发挥市场在资源配置中的决定性作用，更好地发挥政府作用，完善市场化交易机制，丰富新型储能参与的交易品种，健全配套市场规则和监督规范，推动新型储能有序发展。到2025年，新型储能由商业化初期步入规模化发展阶段，具备大规模商业化应用条件。市场环境和商业模式基本成熟。到2030年，实现新型储能全面市场化发展，市场机制、商业模式成熟健全。

1）加快推进电力市场体系建设。

明确新型储能独立市场主体地位，营造良好市场环境。研究建立新型储能价格机制，研究合理的成本分摊和疏导机制。创新新型储能商业模式，探索共享储能、云储能和储能聚合等商业模式应用。具体要求为：

一是营造良好的市场环境，推动新型储能参与各类电力市场。加快推进电力中长期交易市场、电力现货市场和辅助服务市场等建设进度，推动储能作为独立主体参与各类电力市场。完善适合新型储能的辅助服务市场机制。推动新型储能以独立电站、储能聚合商和虚拟电厂等多种形式参与辅助服务，因地制宜完善"按效果付费"的电力辅助服务补偿机制，丰富辅助服务交易品种，研究开展备用、爬坡等辅助服务交易。

二是合理疏导新型储能成本。

电源侧：加大"新能源+储能"支持力度。在新能源装机占比高、系统调峰运行压力大的地区，积极引导新能源电站以市场化方式配置新型储能。对于配套建设新型储能或以共享模式落实新型储能的新能源发电项目，结合储能技术水平和系统效益，可在竞争性配置、项目核准、并网时序、保障利用小时数和电力服务补偿考核等方面优先考虑。

电网侧：完善电网侧储能价格疏导机制。建立电网侧独立储能电站容量电价机制，逐步推动储能电站参与电力市场。科学评估新型储能输变电设施投资替代效益，探索将电网替代性储能设施成本收益纳入输配电价回收。

用户侧：完善鼓励用户侧储能发展的价格机制。加快落实分时电价政策，建立尖峰电价机制，拉大峰谷价差，引导电力市场价格向用户侧传导，建立与电力现货市场相衔接的需求侧响应补偿机制，增加用户侧储能的收益渠道。

2）拓展新型储能商业模式。探索推广共享储能模式。鼓励新能源电站以自建、租用或购买等形式配置储能，发挥储能"一站多用"的共享作用。积极支持各类主体开展共享储能、云储能等创新商业模式的应用示范，试点建设共享储能交易平台和运营监控系统。

研究开展储能聚合应用。鼓励不间断电源、电动汽车和充换电设施等用户侧分散式储能设施的聚合利用，通过大规模分散小微主体聚合，发挥负荷削峰填谷作用，参与需求侧响应，创新源荷双向互动模式。

创新投资运营模式。鼓励发电企业、独立储能运营商联合投资新型储能项目，通过市场化方式合理分配收益。建立源网荷储一体化和多能互补项目协调运营、利益共享机制。积极引导社会资本投资新型储能项目，建立健全社会资本建设新型储能公平保障机制。

## 15.2　储能电站典型市场化运营模式

储能电站典型运营模式主要有三种，即一体化运营、独立运营和电网租赁运营，不同运营模式，其配套市场机制也不同。

**（1）一体化运营**

所谓一体化运营模式，是指储能设施由电网公司所有并统一运营或发电企业内部建设的储能设施，储能设施不是独立的法人实体，没有独立的产品销售，也没有独立的储能电价，主要通过作为联合主体的附属设施分享主体收益。典型模式主要有四种：

一是由电网公司或厂、网合一的电力公司所有并统一运营的产业组织形式。这种模式的特点是储能电站由所属的电力公司或电网公司统一建设、经营和管理，电站完全按所属的电力公司或电网公司调度运行，并对电站的运行进行考核。电站的成本、还本付息等开支由电力公司统一负责，并通过向用户销售电价回收。我国早期抽水蓄能电站运营模式就采用这种运营模式。国外，如实行全国发、输、配电一体化的法国，抽水蓄能电站仍采用此模式，由法国电力公司统一建设、经营和管理。

二是常规火电厂内部建设、与火电厂联合参与系统调频的储能设施，储能设施，不单独接受电网调度，主要通过联合调频获得收益。储能和火电的联合调频运行流程是由电网调度发送 AGC 指令给电厂远程终端控制系统（Remote Terminal Unit，RTU），再将 AGC 指令转发至储能主控单元和发电机组 DCS，随后发电机组按常规流程响应 AGC 指令，储能主控单元根据 AGC 指令和机组并行运行，并控制储能系统自动补偿机组出力误差。

三是新能源场站内部建设的储能设施，不单独接受电网调度，主要通过增加新能源发电出力、减少新能源场站预测误差等获得收益。根据计划跟踪误差和储能能量状态，通过储能的充放电，使新能源与储能的联合发电系统实际出力尽可能接近发电计划曲线，满足联合发电输出功率的稳定性。其运行流程是：电网调度根据新能源预测出力、传统机组出力、负荷需求、各单元运行状态约束和成本，制订新能源储能联合计划出力曲线并下发至新能源场站；场站进行协调控制以跟踪出力曲线。

四是用户内部、用户电能表内储能设施，不单独接受电网调度，主要通过峰谷价差和需量管理获得收益。用电客户在表内安装的储能装置主要有三种收益来源：一是利用峰谷价差套利，降低电量电费；二是需量管理，通过削减用电尖峰，降低基本电费；三是参与需求响应，通过响应电网调度指令实现用电负荷调整或时移获取收益。主要应用于普通工业与大工业用户，储能装置厂家与用户合作运营共享收益。

**（2）独立运营**

独立储能设施通过独立的产品销售或提供服务，在市场中获取收益。对于已经建立成熟电力市场的地区，储能主要通过辅助服务市场、电能量市场和容量市场等获得收益；对于尚未完全建立电力市场的地区，多采用以核算制定单一容量电价和两部制电价机制，容量电价采用政府定价，电量电价采用政府定价或竞争定价。

独立储能设施通过参与电力市场获取收益的途径主要有：一是参与电能量市场，包括中长期交易和现货交易，即利用谷峰电电价差获取收益。电力市场的价格随市场供需关系变化而变化，储能通过低电价时充电、高电价时发电的价差盈利，但需要考虑储能设备充放电的损耗；储能参与中长期市场赢利能力取决于市场峰谷价差。二是参与辅助服务市场。储能凭借其响应快速等优越性能，通过提供备用、调频、调压和黑启动等辅助服务获得收益。三是参与容量市场获得收益。

目前，我国电力市场化尚在建设中，现货市场处于试点阶段，储能电站参与市场程度不高。

### (3) 电网租赁运营

拥有储能产权的企业不直接运营电站，而是将电站租赁给电网，这种模式称为电网租赁运营模式，在这种模式中，储能设备租赁的价格仅是运营权的价格，而非储能产品的价格。

过去，在未实行"厂、网分离"电力重组的市场经济国家和地区，如果存在产权独立电站，普遍由电力公司租赁运营。由于电价仍受监管，因而租赁价格通常根据可避免成本确定。在已经施行"厂、网分离"但电力市场尚未完全建立的国家，采用电网运营商租赁模式也是一种可供选择的方案。

# 第 16 章

## 我国电力市场建设进展及储能参与电力市场现状

### 16. 1. 1　我国电力市场建设总体进展

电力市场是我国统一开放、竞争有序现代市场体系的重要组成部分。自 2015 年 3 月开启新一轮电力体制改革以来，我国电力市场建设持续向纵深推进，在市场架构建设、市场主体参与、交易机构组建及规范运行等方面取得了重要进展。

一是"管住中间，放开两头"的行业格局基本形成。在上一轮电力改革的基础上，《关于进一步深化电力体制改革的若干意见》（中发〔2015〕第 9 号）确立了以"管住中间，放开两头"为总体思路的新一轮电力改革，近五年来，我国持续推进输配电价改革，推动售电侧改革，多途径培育市场主体，完善市场化交易机制。目前，我国电力工业结构已经发生根本性变化。电网环节已经完成两个监管周期的输配电价监审，按照"准许成本+合理收益"原则，建立了具有中国特色的输配电价机制。北京、广州电力交易中心和 33 家省级电力交易中心组建并初步实现独立化运作，实现交易机构管理运营与各类市场主体相对独立。

二是电力市场交易体系基本建立。我国已初步形成在空间范围上覆盖省间、省内，在时间周期上覆盖多年、年度、月度、月内的中长期交易及日前、日内现货交易，在交易标的上覆盖电能量、辅助服务、合同和可再生能源消纳权重等交易品种的全市场体系结构，"统一市场、两级运作"的全国统一电力市场总体框架基本建立。省间、省内中长期交易常态化运行，交易平台实现定期开市、协调运营。以中长期交易为主、现货（主要包括日前、日内、实时）交易为补充的市场模式基本形成各界共识现货市场试点取得突破性进展，经营区第一批 6 个试点省全部实现连续结算试运行，第二批试点积极推进。省间现货市场启动模拟试运行。

三是市场开放度和活跃度显著提升。随着发用电计划的放开，符合准入条件的电力用户、发电企业等市场主体逐步被赋予了购（售）电选择权，市场主体的活力逐步释放。截至 2020 年底，国家电网公司经营区域内电力交易平台已累计注册各类市场主体 19. 8 万家，较 2015 年底增长 6 倍多。其中，用电侧市场主体增长迅猛，电力用户达到 16.48 万家，增长了 60 倍；售电公司从无到有，目前已超过 4000 家。各类主体积极通过交易平台参与交易，所有制的多元化以及交易的高频性充分保障了电力市场交易的活跃性和高效性。

四是市场配置资源的决定性作用逐步显现。新一轮电力体制改革以来，我国发用电计划有序放开，逐步建立了市场化的电量电价形成机制，资源配置逐步由以计划为主向市场为主转变，市场化交易规模持续扩大。2020 年国家电网公司经营区域市场交易电量突破 2.3 万亿 kW，占售电量的比重超过 50%，是 2015 年的 4.7 倍，年均增长 36.1%。其中，电力直接交易电量完成 1.8 万亿 kW·h，是 2015 年的 16.4 倍，年均增长 57.1%。通过市场竞争降低用户用电成本 550 亿元，改革红利惠及广大用户。充分发挥以特高压和超高压为骨干网架、各级电网协调发展的坚强智能电网作用，2020 年省间交易电量 11577 亿 kW·h，占售电量的 25.3%，高效推动了西部地区富余电能外送，有效缓解华北、华东等省份的缺电情况，通过市场机制促进能源资源大范围优化配置。

五是公开透明的市场环境已初步形成。北京电力交易中心和 27 家省级交易中心先后组建由市场主体、第三方机构代表为主构成的市场管理委员会，积极开展市场规则编制、重大事项协商等工作，委员会的协商议事作用充分发挥。推动组建全国电力交易机构联盟，全国 35 家电力交易机构全部成为联盟成员，促进了市场主体、研究机构、交易机构间的协同合作和信息共享。利用电力交易平台数据库资源，构建电力市场信用评价体系，配合政府主管部门做好守信激励和失信惩戒工作。建立健全市场交易风险识别和防控机制，常态化开展市场交易风险评估应对，强化风控工作的监督评价。

经过五年多的建设和发展，我国电力市场发展取得了明显进展。从市场建设看，各项市场要素已经初步具备，基于电量的中长期电力交易已实现常态运营，现货交易试点工作取得突破，电力市场体系初步形成；从市场运营看，各类交易规范组织，市场主体广泛参与，市场活力有明显提升；从市场成效看，发用电计划全面放开，全部燃煤发电上网电价放开，取消工商业目录电价，工商业用户全部进入市场，竞争性环节价格基本由市场形成。

## 16.1.2　我国电力市场建设面临的新形势

自 2020 年 9 月，习近平总书记在第七十五届联合国大会一般性辩论上提出中国的碳达峰、碳中和目标后，党中央、国务院相继印发的《关于完整准确全面贯彻新发展理念做好碳达峰碳中和工作的意见》《2030 年前碳达峰行动方案》等相关重要文件中，进一步要求深化电力体制改革，加快构建全国统一电力市场体系。

2021 年 2 月，国家发展改革委、国家能源局印发《关于加快建设全国统一电力市场体系的指导意见》（简称《指导意见》），提出加快建设全国统一电力市场体系，实现电力资源在更大范围内共享互济和优化配置，提升电力系统稳定性和灵活调节能力，推动形成适合中国国情、有更强新能源消纳能力的新型电力系统。我国电力市场建设面临新形势新要求。

一是电力系统运行更加复杂，要求建立更加可靠的电力供应保障机制。随着风电、光伏装机高速增长，电力系统运行特性显著变化，电力电量平衡更加复杂，给电网运行和安全保障带来较大挑战。一方面，新能源、直流等大量替代常规机组，电动汽车、分布式能源和储能等交互式用能设备广泛应用，电力系统呈现高比例可再生能源、高比例电力电子设备的"双高"特征，系统转动惯量持续下降，调频、调压能力不足。另一方面，风电和太阳能发电具有随机性，发电出力"靠天吃饭"，现有预测手段难以准确预测其出力水平。近年来，我国用电需求呈现冬、夏"双峰"特征，峰谷差不断扩大，北方地区冬季高峰负荷往往接近或超过夏季高峰，电力保障供应的难度逐年加大。因此，"双碳"目标下的电力市场建设必须统筹考虑实现电力可靠供应和促进新能源发展需求，科学设计市场运行机制和应急保障措施，通过市场化手段促进电力供需平衡，引导发电合理投资，保障系统长期容量充裕度，充分发挥大范围电力市场余缺互济和优势互补作用，确保电力系统安全稳定运行和可靠供应。

二是各类电源功能定位变化，要求建立全形态的市场体系和成本疏导机制。随着"减碳"任务的深入推进、新能源迅猛发展，各类电源在电力系统中的功能定位将出现调整。煤电利用小时数不断下降，逐步从电力电量供应主体转为电力供应主体，为系统提供调峰、容量支撑，以及转动惯量、应急备用等服务；天然气发电将成为重要的灵活调节电源；抽水蓄能电站将承担调峰、调频、调压、系统备用和黑启动等多种功能。各类电源功能定位的变化导致电力商品价值的差异化，需要通过多样的交易品种，反映不同的价值属性。在电能交易品种之外，通过容量成本回收机制，反映电能商品的容量价值，保障充足的发电投资；通过辅助服务市场反映电能商品的安全稳定价值，补偿灵活调节资源的收入。要求加强电能量市场、容量市场和辅助服务市场的统筹协调，实现电能商品电能量价值、容量价值和安全稳定价值三者协调。同时，在市场建设过程中，应做好相关价格形成与传导机制的设计，按照"谁受益、谁承担"的原则，在市场主体中公平、合理分摊有关成本。

三是系统灵活调节需求增大，要求通过市场充分激发发用两侧灵活调节潜力。随着新能源装机比例不断提高，出力波动幅值不断增加，对系统调频、调峰资源的需求也将显著增加。预计2025年新能源日内波动最高达3亿kW，接近华东电网的最大负荷。现有以煤电为主体的电力装机结构难以满足新能源高速发展对系统灵活调节资源的要求，需要通过合理构建电力市场机制，引导发用双侧灵活互动，充分挖掘全网消纳空间。在发电侧，发挥市场机制的引导作用，鼓励火电机组开展灵活性改造，发挥抽水蓄能电站和调峰气电作用，推广应用大规模储能装置，优化调峰、调频等辅助服务的机制设计，同时创新转动惯量、爬坡和备用等辅助服务机制设计，以保障高比例新能源电力系统的安全稳定运行。在用户侧，要发挥电力市场价格对电力用户的引导作用，改变用户用能习惯，扩大需求侧响应规模，通过激励措施挖掘用户侧需求响应能力，以更好地发挥电网的资源配置平台作用，引导储能、电动汽车和柔性负荷等主体广泛参与和友好互动，实现能源互联网价值创造与共享，引导发用两侧灵活互动。

四是新能源成为市场主体，要求更加精细的市场机制设计。随着新能源发电成本降低和出力预测等关键技术的进步，新能源市场属性不断增强。要推动新能源逐步成为合格的市场主体，合理确定并逐步降低新能源保障利用小时数，不断提高市场消纳比例。为了适应新能源间歇性、难预测的特点，电力市场需要向更精细的时间维度和更精确的空间颗粒度发展。要加快建立适应新能源发电特性的交易组织方式，推进电力交易向更短周期延伸、向更细时段转变，加大交易频次，缩短交易周期，鼓励新能源参与市场、优化辅助服务市场机制设计，满足市场主体灵活调整的需求。针对日前、日内市场，考虑新能源在时间上的随机性和不确定性，应建立以保障新能源消纳为主要目标的交易调整机制，在日前和实时运行中为新能源发电留足消纳空间，同时允许新能源在日前、日内市场中根据功率预测精度灵活调整报价策略。

## 16.2 新型储能市场化交易现状

从我国新型储能产业政策来看，通过市场机制实现商业化运营是我国新型储能发展应用的基本方向。尽管在现有的电力市场框架和规则下，储能可作为市场主体参与中长期电力市场、现货市场、调峰辅助服务市场和调频辅助服务市场，但由于当前我国电力现货市场建设目前处于试点阶段，新型储能电站规模比较小，还没有储能直接参与中长期市场和现货市场的案例，目前新型储能主要参与调峰辅助市场和调频辅助服务市场，按照"谁提供谁获利，谁受益谁承担"的原则获得补偿收益，部分地区依据灵活性需求建立容量市场或容量补偿机制。

储能作为一类特殊的电源，很难像常规电源那样主要通过参与电能量市场实现商业化运营。辅助服务市场机制、容量市场机制等反映灵活资源价值的市场机制，对于新型储能成功实现商业化运营尤为重要。

### 16.2.1 辅助服务市场建设及最新管理办法

#### (1) 辅助服务市场发展历程及面临的问题

2006 年，国家电力监管部门印发了《发电厂并网运行管理规定》（电监市场〔2006〕42 号）和《并网发电厂辅助服务管理暂行办法》（电监市场〔2006〕43 号），各区域在此基础上制定"两个细则"。

基于细则，有偿调峰辅助服务在激励火电深度调峰方面有一定作用，但由于补偿力度较低，作用有限。在大规模新能源接入电网，系统调峰约束日益加剧的情况下，原有有偿调峰辅助服务规则不能有效激励系统调峰潜力的发挥。2014 年，东北针对网内风电快速发展、冬季热电矛盾突出，以及系统调峰能力不足、弃风严重的问题，率先在国内启动电力调峰辅助服务市场，在发电侧通过市场化机制深度挖掘调峰电力。

截至 2020 年底，全国除西藏外，6 个区域电网和 30 个省级电网启动电力辅助服务市场，实现各区域、省级辅助服务市场全面覆盖，具有中国特色的电力辅助服务市场体系基本建立，与电力中长期市场有效衔接、协同运行。在各方努力下，电力辅助服务市场切实发挥电力系统"调节器"作用，有效提升电力系统综合调节能力，显著增加可再生能源消纳水平。

近年来，我国电力行业电源结构、网架结构发生重大变化，电力装机规模持续扩大，新能源发展迅猛，辅助服务市场建设面临新的挑战。系统运行管理的复杂性不断提高，对辅助服务的需求量显著增加，现有辅助服务品种须进一步适应系统运行需要；仅通过发电侧单边承担整个系统辅助服务成本，已无法承载系统大量接入新能源产生的需求；跨省跨区交易电量规模日益扩大，省间辅助服务市场机制和费用分摊原则有待完善；新型储能、电动汽车充电网络等新产业新业态也亟须市场化机制引导推动发展。

**（2）电力辅助服务管理办法相关要求**

根据 2021 年国家能源局出台的《电力辅助服务管理办法》，主要变化及要求包括：

1）辅助服务提供主体。提供辅助服务的主体范围由各类发电厂等发电侧并网主体扩大到包括新型储能、自备电厂、传统高载能工业负荷、工商业可中断负荷、电动汽车充电网络、聚合商和虚拟电厂等能够响应电力调度指令的可调节负荷主体。

2）辅助服务分类和品种。对电力辅助服务进行重新分类，分为有功平衡服务、无功平衡服务和事故应急及恢复服务，其中有功平衡服务包括调频、调峰、备用、转动惯量和爬坡等电力辅助服务，事故应急及恢复服务包括稳定切机服务、稳定切负荷服务和黑启动服务。此外，新增引入转动惯量、爬坡、稳定切机服务和稳定切负荷服务等辅助服务新品种。

3）补偿方式与分摊机制。按照"谁提供谁获利，谁受益谁承担"的原则，确定补偿方式和分摊机制。在补偿方面，明确了各类电力辅助服务品种的补偿机制。在分摊方面，强调为电力系统运行整体服务的电力辅助服务，补偿费用由发电企业、市场化电力用户等所有并网主体共同分摊，逐步将非市场化电力用户纳入补偿费用分摊范围。

4）建立电力用户参与辅助服务分担共享机制。根据不同类型电力用户的用电特性，因地制宜地制定分担标准。电力用户可通过独立或委托代理两种方式参与电力辅助服务，其费用分摊可采取直接承担或经发电企业间接承担两种方式。在电费账单中单独列出电力辅助服务费用。对于不具备提供调节能力或调节能力不足的电力用户、聚合商和虚拟电厂，应按用电类型、电压等级等方式参与分摊电力辅助服务费用，或通过购买电力辅助服务承担电力辅助服务责任。

## 16.2.2 储能参与调峰辅助服务市场

调峰辅助服务市场是我国特有的电力市场类型，也是我国电力市场建设在过渡期出现的一类市场。在国外，调峰不属于辅助服务范畴，主要通过日前现货市场、日内实时市场来实现电力平衡。我国调峰辅助服务市场的设计以消纳新能源为目标，早期市场主要目的是鼓励常规火电机组压降出力为新能源腾出发电空间，仅设计了向下调峰补偿机制。

近年来，随着新能源快速发展，电力系统呈现出"双高""双峰"新特征，为保障电力供应安全，设计了鼓励电力负荷高峰时段机组快速顶峰出力的向上调峰补偿机制。

**（1）我国调峰辅助服务市场的特点**

我国调峰辅助服务市场主要为火电机组设计，地方能源主管部门核定火电机组有偿调峰基准值（通常为机组额定容量的百分比），由火电机组最小运行方式、调峰需求以及补偿资金情况确定。基准值以上的调峰范围为义务调峰辅助服务，基准值以下的属于有偿调峰辅助服务。各省出台的调峰辅助服务市场主要有以下特点：

1）在启动条件及类型方面，主要在新能源消纳困难时段启动，以下调调峰为主。

2）在市场交易主体方面。主要是火电、水电等各类具有灵活调节能力的常规电源，部分地区纳入跨省区联络线、售电主体、需求侧响应和储能等，均将新能源纳入调峰辅助服务市场主体，多作为购买调峰辅助服务的分摊主体。东北、新疆和福建等多数地区允许储能参与调峰辅助服务。

3）在交易组织方面。除山西外均采用由调度机构统一购买的调峰辅助服务，山西由调度机构直接组织新能源（调峰辅助服务需求方）与火电（调峰辅助服务购买方）开展调峰辅助服务交易。

4）从报价及出清方式来看。多采用单向报价、集中竞争和统一价格出清。

5）从调用原则来看。均采用按需调用、按序调用和价格优先的原则。

6）从结算和分摊机制来看。多数省份由各类资源共同参与调峰辅助服务，具体采用按电量或按电费等形式分摊费用。

**（2）储能参与调峰辅助服务相关规定**

1）东北。电储能调峰交易是指蓄电设施通过在低谷或弃风、弃核时段吸收电力，在其他时段释放电力，从而提供调峰辅助服务的交易。电储能可在电源侧或负荷侧为电网提供调峰辅助服务。

鼓励发电企业、售电企业、电力用户和独立辅助服务提供商等投资建设电储能设施。充电功率在 10MW 及以上、持续充电时间在 4h 以上的电储能设施可参与发电侧调峰辅助服务市场。

在火电厂计量出口内建设的电储能设施，与机组联合参与调峰，按照深度调峰管理、费用计算和补偿。在风电场和光伏电站计量出口内建设的电储能设施，由电力调度机构监控、记录其实时充放电状态，其充电优先由所在风电场和光伏电站提供，由电储能设施投资运营方与风电场、光伏电站协商确定补偿费用。

用户侧电储能设施充放电量的购售电价按照有关规定执行。在用户侧建设的电储能设施，须在省级及以上电力调度机构能够监控、记录其实时充放电状态的前提下参与辅助服务市场，不得在尖峰时段充电，不得在低谷时段放电，否则不予补偿。

2）新疆。电储能交易指蓄电设施通过化学或物理方法，在低谷或弃风、弃光时段储存电力，在需要时段释放电力，从而提供调峰服务的交易。

鼓励发电企业、售电企业、电力用户和独立辅助服务提供商等投资建设电储能设施，要求充电功率在 10MW 及以上，持续充电时间在 4h 以上。

在火电厂计量关口出口内建设的电储能设施，与机组联合参与调峰，按照深度调峰管理、计算费用和补偿。在风电场、光伏电站计量关口出口内建设的电储能设施，由电力调度机构监控、记录其实时充放电状态，其充电电量优先由所在风电场和光伏电站提供，由电储能设施投资运营方与风电场、光伏电站自主协商确定补偿费用，释放电量等同于发电厂发电量，按照发电厂相关合同电价结算。

发电企业计量出口内的储能设施也可自愿作为独立的电力用户参与辅助服务市场。

用户侧电储能设施须在新疆电力调度机构能够监控、记录其实时充放电状态的前提下参与辅助服务市场，不得在负荷高峰时段充电，不得在负荷低谷时段放电，否则不予补偿。

作为独立市场主体的电储能设施，可与发电企业通过双边协商确定交易价格，也可通过市场平台集中交易确定价格。

3）福建。电储能调峰交易是指一定容量的储能设施通过在低谷或弃风、弃核时段吸收电能，在其他时段释放电能，从而提供调峰服务的交易。电储能既可在发电侧，也可在负荷侧或以独立市场主体为系统提供调峰等辅助服务。

合理配置电储能设施。鼓励发电企业、售电企业、电力用户和电储能企业等投资建设电储能设施，鼓励集中式间隙性新能源发电基地配置适当规模的电储能设施，实现电储能设施与新能源、电网的协调优化运行；鼓励在小区、楼宇工商企业等用户侧建设分布式电储能设施。

① 在电厂计量出口内建设的电储能设施作为电厂配建设备，改善机组调频、调峰等发电性能，可与机组联合参与调频、调峰，或作为独立主体参与调峰辅助服务市场交易。

电厂侧电储能充电：电厂侧电储能设备可利用所在电厂内富余电力进行充电，也可与其他发电企业签订低谷时段调峰交易合同进行充电。

电厂侧电储能放电：电厂侧电储能放电电量等同于发电厂发电量，具体电费结算按照国家有关规定执行。

② 在用户侧建设的电储能设施作为用户的储能放电设备，既可自用，也可参与调峰市场交易。

用户侧电储能充电：充电电量既可执行目录电价，也可参与直接交易购买低谷电量。

用户侧电储能放电：在现货市场建设前，放电电量用户可自用，也可视为分布式电源就近向用户协商出售电量，放电价格按照独立电储能放电价格执行。

③ 独立电储能作为电力市场主体参与调峰，其充放电状态接受电力调度统一调度指挥。电网企业要为其设施接入电网提供服务；各电储能设施经营运行单位要加强电储能设备运行和维护工作，提高电储能设施的安全可靠性。

独立电储能充电：充电电量既可执行目录峰谷电价，也可参与直接调峰交易购买低谷电量。

独立电储能放电：放电电量作为分布式电源就近向电网出售电量，放电价格按照有关

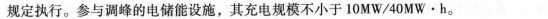

规定执行。参与调峰的电储能设施，其充电规模不小于 10MW/40MW·h。

**（3）储能参与调峰辅助服务市场的主要模式**

1）源侧特定电源配置储能参与调峰辅助服务市场。对于支撑高比例可再生能源基地外送，通过"风光水火储一体化"多能互补模式配置的新型储能，以及为促进沙漠戈壁荒漠大型风电光伏基地开发消纳而配置的新型储能，多配置在新能源汇集站、公用电网侧，除为特定调节电源外，为最大限度发挥储能调峰功能，还可以通过参与调峰辅助服务市场为系统调峰。当系统调峰资源用尽时，调度有权调用新能源场站内储能进行系统调峰，并按规定的费用分摊机制给予储能运营商调峰补偿。

如国网青海省电力公司，在国内率先将源侧储能电站作为独立主体纳入调峰辅助服务市场，构建了双边竞价和双边协商两种市场化交易模式。2019 年，青海发布《青海电力辅助服务市场运营规则（试行）》的通知，提出在新能源弃电时对未能达成交易的储能进行调用，价格暂定 0.7 元/(kW·h)。

2）储能作为独立电站参与系统调峰市场。独立储能电站调峰主要是指直接接入公用电网的储能电站作为公用资源参与电网调峰。

2022 年 3 月，国家能源局南方监管局就《南方区域电力并网运行管理实施细则》《南方区域电力辅助服务管理实施细则》（征求意见稿）公开征求意见，该细则提出独立储能电站作为新兴主体纳入南方区域"两个细则"管理，纳入范围须是容量为 10MW/10MW·h 及以上的新型储能电站，不受接入位置限制。在补偿方面，独立储能电站参照煤机深度调峰第二档的补偿标准，以广东为例，2021 年储能深度调峰补偿标准约为 0.792 元/(kW·h)。

## 16.2.3　储能参与调频辅助服务市场

电力调频辅助服务是指电源在一次调频以外，通过自动发电控制（AGC）功能在规定的出力调整范围内跟踪电力调度指令，按照一定调节速率实时调整发电出力，以满足电力系统频率和联络线功率控制要求的服务。

**（1）调频辅助服务市场建设情况**

2017 年 8 月，山西能监办出台《山西省电力辅助服务市场化建设试点方案》，提出第一阶段（2017—2018 年）开展调频辅助服务市场建设，建立有偿调峰辅助服务市场，探索无功补偿、黑启动辅助服务的市场化运作机制。

1）市场主体。具备自动发电控制装置（AGC）的统调火电机组与满足相应技术标准的新能源机组、电储能设备运营方、售电企业和电力用户等可参与调频辅助服务市场。

2）交易组织。采用集中竞价、边际出清和统一价格的方式组织。调频辅助服务通常由调度机构组织，日前调度机构发布调频容量需求，提供调频服务的市场主体单向报价、集中竞争，采用边际价格独立出清，交易标的为调节里程。日内调度按需调用，调用机组按调节里程和容量给予补偿，对出清但未调用机组给予容量补偿。

3）调频性能指标。包括调节速率、调节精度与响应时间。在按照统一标准计算的基础上，建立基于调频性能指标的激励与惩罚机制，统计时段内平均调频性能指标小于规定值的调频辅助服务供应商不得获得调频辅助服务收益，以激励各市场主体提高调频辅助服务质量。

4）调节深度指标。调节深度指标是计算调频辅助服务收益和给予具备不同响应能力的调频辅助服务资源不同程度激励的重要依据。

5）市场申报与调整。调频辅助服务供应商申报调频辅助服务资源须包括可用调频容量（单位为 MW）和调频报价（单位为元/MW）两部分信息。调频报价的范围暂定为 12~20元/MW。

**（2）调频辅助服务市场补偿机制**

储能联合火电机组调频是我国现行辅助服务考核机制下的特有形式。为体现各发电单元的调频性能差异，在调频补偿机制中引入机组调节性能指标作为报价排序和补偿计算的系数。通过在火电机组侧配置储能，可充分发挥储能快速的响应特性和良好的调节精度，弥补了火电机组跟踪调频指令响应慢、精度低的缺陷，可有效分担火电机组调频压力，减少火电机组磨损，提高发电单元整体调节能力，从而直接提升机组被调用机率和补偿费用。

对于调节性能差、分摊费用多的机组，通过配置储能可较好地提高机组调频性能，并在调频辅助服务市场中获取收益，大部分调节性能较好的机组没有配置储能的需求。

调频市场的容量有限且基本固定，若越来越多的机组配置储能，虽然优化了系统的频率，降低了火电机组频繁调节带来的损失，但从调频市场来看，由于我国辅助服务市场在发电侧分摊费用，收益将逐渐被摊薄。

## 16.2.4　储能参与容量市场

目前我国国家层面尚未出台关于容量市场的专门政策文件，一些地区为了保证电力系统长期容量的充裕性以及提升火电深度调峰的积极性，开展了容量市场的探索。

**（1）华北电网**

为落实"十四五"期间，"三北"地区完成 2.2 亿 kW 火电机组灵活性改造任务，推动建立调峰容量市场机制。自 2021 年 11 月 1 日起，华北电力调峰容量市场开展正式出清结算，标志着国内首个调峰容量市场机制正式启动，对具备深度调峰能力的火电机组给予奖励。

华北调峰容量市场的建立，有利于推动火电企业盈利模式转型升级，提高火电企业市场收益，使具备深调能力的电厂尽快实现固定成本的回收；有利于推动火电向支撑性、调节性电源转型升级，促进火电机组从电量供应主体逐步转变为电力供应主体；有利于华北电网向新型电力系统转型升级，大幅提升系统调节能力，显著扩展了新能源发展空间。随着调峰容量市场的深入推广，华北电网 2.83 亿 kW 的火电机组调峰能力将得到有效释放，大幅增加新能源消纳空间。

**（2）山东电网**

为稳妥推进山东电力现货市场建设，保证电力系统长期容量的充裕性，根据《国家发展改革委办公厅 国家能源局综合司关于进一步做好电力现货市场建设试点工作的通知》（发改办体改〔2021〕339号）等文件规定，2022年3月，山东省出台《关于电力现货市场容量补偿电价有关事项的通知》，明确山东电力现货市场的容量补偿电价。

一是山东容量市场运行前，参与电力现货市场的发电机组容量补偿费用从用户侧收取，电价标准暂定为0.0991元/（kW·h）（含税）。补偿机组范围、补偿费用收取（支付）方式等根据《山东省电力现货市场交易规则（试行）》等规定执行。

二是在保持容量补偿费用总体水平基本稳定的基础上，根据山东电力系统用电负荷或净负荷特性变化，参考现货电能量市场分时电价信号，研究探索基于峰荷责任法的容量补偿电价收取方式，引导电力用户削峰填谷、错峰用电，改善电网供需状况。

# 第 17 章　国内外储能市场化交易及价格机制

国外储能市场化交易及价格机制

### 17.1.1　基于单边交易的价格机制

单边交易市场是电力市场初期的一种市场形态，是一种由市场组织者代表用户在电力批发市场向发电商购电的交易方式，属于强制性电力库模式。不允许场外实物交易，所有发电商都必须到现货市场内竞价售电。从市场构架的角度看，单边交易市场构架单一，只有日前或实时市场。交易机构基于对系统负荷的预测，按报价从低到高的原则对各投标发电机组进行排序，在满足输电容量限制等技术条件的前提下，统一安排各台机组的发电计划，并将满足系统需求的最后一台机组报价定为市场出清价格。

在国外单边交易电力市场中，储能电站的电能量交易和辅助服务交易均以市场招标的方式进行。对于电能量交易，储能电站充电价格和全部发电量价格均由批发市场竞争决定，可选择在低谷时以较低的电价储电，在高峰时以高价出售电能，获得差价收入。对于调频等辅助服务交易，通过提供调频等辅助服务获得收益。

### 17.1.2　基于双边交易的价格机制

就市场构架而言，双边交易市场由三部分构成：场外双边交易、日前市场和实时平衡市场。

场外双边交易由供需双方自由选择交易对象，以中远期或其他个性化合约交易为主，亦即国内的"长协"交易。

日前市场属于场内的双边交易。日前市场以现货及其他标准化合约交易为主，由电力交易机构等市场交易组织者对各个买方和卖方的交易要求进行整合并统一出清。

实时平衡市场，也称日内市场，一般是在交割前若干小时，市场成员将各自基于场内外交易结果形成的发、用电计划送至系统运行机构，并同时对该发、用电计划做出财务绑定的承诺。如因市场成员未履行合同而导致系统能量不能实时平衡，系统运行机构就要在市场招标采购中平衡电量，该平衡费用由不平衡责任者承担。

在国外双边交易电力市场中，储能电站的电能量交易和辅助服务交易均以市场竞价方式进行。对于电能量交易，储能电站与电力用户均可自由选择交易对象，也可自主决定中长期交易与日前、日内交易的比例。储能电站可与机组调节性能相对较差的发电商签订长期购电协议，以此获得较低的充电价格，或与适合带基荷的机组联合运行，通过提高后者的灵活性来获得调峰收入；也可直接参与日前现货交易，直接获取系统高峰、低谷电价的差价收入；还可参与日内现货市场，根据系统平衡的需要上调或下调出力以获得提供爬坡服务的收入。

## 17.1.3　辅助服务的价格机制

国外电力辅助服务一般是指在电力系统运行中，为保障系统安全和电能质量，由并网发电企业、接入电网的终端用户提供非电能量产品，电力辅助服务包括备用服务、调频服务、调压服务和黑启动等。在电力市场中，电力辅助服务与电能量一样是独立的产品，专门的电力辅助服务市场，辅助服务有不同于电能量的单独的价格形成机制。

辅助服务产品具有不同于常规电能量产品的特点，在国外电力市场设计中，一般认为，辅助服务属电力系统的公共产品，很难由发电企业单独出售给特定电力用户，由系统运营商统一代购较为合理。其特点为：

一是辅助服务通过保证系统的安全稳定和电能质量，使系统内的所有用户受益；某一用户对辅助服务的消费不会影响其他用户的消费。

二是用户对辅助服务的消费是间接的，用户在消费电能量的同时消费了辅助服务，并没有可行的手段将一些用户排除在外。

三是电力用户无法作为辅助服务的直接采购主体。辅助服务的公共产品属性决定了辅助服务作为公共产品，无法直接卖给电力用户，考虑大部分国家由系统运行机构承担保障电力系统辅助服务的责任，因此电力辅助服务多由系统运营商统一收购和出售。

四是不同辅助服务产品定价机制也不相同。电力辅助服务产品种类较多，不同辅助服务的特点不同，如调压服务和黑启动具有明显的地域特征；而频率服务和备用服务在满足输电约束的条件下不受地域限制。因此，同一市场对不同的辅助服务可以采用不同的采购方式和定价机制，也可能通过两种或以上的途径采购同一种辅助服务；而不同电力市场同一辅助服务也可采用不同的采购方式和定价机制。

### (1) 辅助服务采购模式及定价机制

辅助服务的定价机制与采购方式密切相关。通过竞价采购的辅助服务价格由竞争形成，如投标价或以投标价为基础的市场出清价格；若采购为非竞争方式，即强制或通过谈判方式采购辅助服务，执行管制价格或管制下的协商价格。

一是强制义务摊派。为保证系统安全，电力规程中规定一定规模以上的发电机组必须提供一定范围的辅助服务，常见于一次调频和提供一定功率因数内的无功。为调动发电商的积极性，大部分系统运行机构认可发电机组提供这些服务的成本，并通过默认价格给予补偿。但是，如果发电商达不到承诺的技术指标，则会受到经济惩罚，如西班牙等国家。

二是双边协议。一些辅助服务只有特定位置的发电机组或者只有少数发电机组才能提供，如黑启动、无功。为获得充足的供应，通常由调度机构与发电商协商，由发电商安装必要的设备提供这些服务，系统运行机构对其进行经济补偿。补偿标准可能事先由监管机构制定，或者买、卖双方自由协商，补偿费用通过输配电价向用户疏导。如英国的黑启动服务，由国家电网公司与提供商签订双边合同的形式采购。

三是双边合同。对一些竞争程度相对较高的辅助服务，系统运行机构定期组织招投标。首先由发电商提交报价，然后系统运行机构根据系统需要，按规定原则选择中标者，双方签订双边合同，在合同中约定可用容量、时间和价格等。这种采购方式适用于所有的辅助服务产品，不仅调频和备用，也适用于调压和黑启动。典型的国家是英国，大部分辅助服务都通过招投标签订双边合同的方式采购，并通过输配电价向用户疏导。英国各类辅助服务及其主要特点、采购途径、周期与价格结构见表17-1。

四是辅助服务现货市场。一些国家对频率调整、旋转备用等辅助服务分别建立了相应的现货市场，且通常与电能量市场联合优化。通过现货市场采购辅助服务，适用于竞争较为充分市场的调频、旋转备用等辅助服务，一般依托于已经建立的集中模式的电能量市场。如美国、新西兰和新加坡的备用市场均与电能量市场一起调度。

表 17-1　英国各类辅助服务及其主要特点、采购途径、周期与价格结构

| | | 主要特点 | 采购途径 | 价格结构 |
|---|---|---|---|---|
| 频率响应 | 强制频率响应 | 一定容量以上机组必须提供 | 强制服务协议 | 容量持有费（进入响应模式时间×机组提交价格）；电量响应费（响应电量×市场参考价格×调节因子） |
| | 固定频率响应 | 自愿提供，约定响应时间段及价格 | 市场招标（1个月一次）合同或双边合同 | 可用性付费（约定时间保持容量可用的成本）；窗口启动与持有费（根据调度指令启动和持有容量费用）；窗口修订费（取消调用指令的补偿）；电量响应费（实际电量补偿） |
| 无功服务 | 强制无功服务 | 46MW以上发电机必须提供 | 默认协议 | 默认协议价格（补偿使用量）或市场协议价格 |
| | 加强无功服务 | 自愿参加，是强制无功的补充 | 市场招标（6个月一次）合同或双边合同 | 可用容量价格（欧元/Mvar/h）、同步容量价格（欧元/Mvar/h）、使用价格（欧元/Mvar/h）中的一项或多项 |

（续）

| | | 主要特点 | 采购途径 | 价格结构 |
|---|---|---|---|---|
| 备用服务 | 快速启动 | 在规定时间内快速启动 | 双边合同 | 可用性付费（欧元/h）；<br>启动付费（欧元/启动次数）；<br>自动出力付费（欧元/min） |
| | 短期运行备用 | 20～240min 以内响应 | 每年举行 3 次竞争性投标，签订合同 | 可用性付费；<br>使用付费 |
| | 快速备用 | 与短期运行备用类似，响应时间和爬坡速度更快 | 市场招标或双边合同 | 可选服务：可用性付费；固定服务：可用性付费+窗口启动费；<br>启动费+持有费+使用费 |
| 黑启动 | | — | 双边合同方式 | 可用性付费；<br>测试费用和电量费用；<br>捐助建设 |

资料来源：根据英国国家电网公司网站资料整理。

**（2）辅助服务分摊机制**

国外电力辅助服务分摊的方法主要有两种：受益者或责任者付费和全社会平均分摊。其中，受益者付费有利于向消费者提供成本信号，更有利于资源合理配置。但是执行成本较高，如设计分摊方法和安装计量装置、计费系统等；此外，由于大部分辅助服务没有明确的受益对象，识别成本太高。

1）全社会平均分摊。实践中各国采用较多的是社会化的平均分摊的方法，根据用电量或高峰负荷比例，将各项辅助服务的采购成本和费用平均分摊到用户。大部分国家仅分摊给终端用户或其供电商，但也有少数国家分摊给终端用户和发电用户，无论是分摊给供电商还是发电商，最终都传导给终端消费者。

2）受益者付费。少数国家对全部或部分辅助服务采用受益者付费的方法。根据所有权和功能不同，分摊也有所区别。以提高输配电可靠性为主，发挥电压支撑、延缓配电设施增容的功能，所有权属于公用事业公司的储能设施，通过输配电价分摊；用于平滑风光波动的储能设施，如果所有权属于公用事业公司，则视为发电资产，通过上网电价分摊；如果属于其他第三方，则通过电能量市场获利；所有权属于用户，用于发挥负荷调节功能的储能设施，主要通过需求响应、分布式发电和电动汽车充电等激励机制分摊。

## 17.2　我国最新抽水蓄能价格政策

2021 年 5 月，国家发展改革委印发《关于进一步完善抽水蓄能价格形成机制的意见》（发改价格〔2021〕633 号），明确现阶段抽水蓄能电站坚持两部制电价政策为主体，进一步完善抽水蓄能价格形成机制，以竞争性方式形成电量电价，将容量电价纳入输配电价回收，同时强化与电力市场建设发展的衔接，逐步推动抽水蓄能电站进入市场。

## 17.2.1 定价机制

根据国家发展改革委最新政策文件，现阶段我国抽水蓄能电站定价应坚持并优化两部制电价政策。

**（1）以竞争性方式形成电量电价**

电量电价体现抽水蓄能电站提供调峰服务的价值，抽水蓄能电站通过电量电价回收抽水、发电的运行成本。

1）发挥现货市场在电量电价形成中的作用。在电力现货市场运行的地方，抽水蓄能电站抽水电价、上网电价按现货市场价格及规则结算。抽水蓄能电站抽水电量不执行输配电价，不承担政府性基金及附加责任。

2）现货市场尚未运行情况下，引入竞争机制形成电量电价。在电力现货市场尚未运行的地方，抽水蓄能电站抽水电量可由电网企业提供，抽水电价按燃煤发电基准价的75%执行，鼓励委托电网企业通过竞争性招标方式采购，抽水电价按中标电价执行，因调度等因素未使用的中标电量按燃煤发电基准价执行。抽水蓄能电站上网电量由电网企业收购，上网电价按燃煤发电基准价执行。由电网企业提供的抽水电量产生的损耗在核定省级电网输配电价时统筹考虑。

3）合理确定服务多省区的抽水蓄能电站电量电价执行方式。需要在多个省区分摊容量电费（容量电价×机组容量）的抽水蓄能电站，抽水电量、上网电量按容量电费分摊比例分摊至相关省级电网，抽水电价、上网电价在相关省级电网按上述电量电价机制执行。

**（2）完善容量电价核定机制**

容量电价体现抽水蓄能电站提供调频、调压、系统备用和黑启动等辅助服务的价值，抽水蓄能电站通过容量电价回收抽发运行成本外的其他成本并获得合理收益。

1）对标行业先进水平合理核定容量电价。在成本调查基础上，对标行业先进水平合理确定核价参数，按照经营期定价法核定抽水蓄能容量电价，并随省级电网输配电价监管周期同步调整。上一监管周期抽水蓄能电站可用率不达标的，适当降低核定容量电价水平。

2）建立适应电力市场建设发展和产业发展需要的调整机制。适应电力市场建设发展进程和产业发展实际需要，适时降低或根据抽水蓄能电站主动要求降低政府核定容量电价覆盖电站机组设计容量的比例，以推动电站自主运用剩余机组容量参与电力市场，逐步实现电站主要通过参与市场回收成本获得收益，促进抽水蓄能电站健康有序发展。

## 17.2.2 分摊机制

**（1）建立容量电费纳入输配电价回收的机制**

政府核定的抽水蓄能容量电价对应的容量电费由电网企业支付，纳入省级电网输配电价回收。与输配电价核价周期保持衔接，在核定省级电网输配电价时统筹考虑未来三年新投产抽水蓄能电站容量电费。在第二监管周期（2020—2022年）内陆续投产的抽水蓄

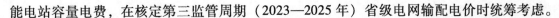

能电站容量电费，在核定第三监管周期（2023—2025 年）省级电网输配电价时统筹考虑。

**（2）建立相关收益分享机制**

鼓励抽水蓄能电站参与辅助服务市场或辅助服务补偿机制，上一监管周期内形成的相应收益以及执行抽水电价、上网电价形成的收益，20%由抽水蓄能电站分享，80%在下一监管周期核定电站容量电价时相应扣减，形成的亏损由抽水蓄能电站承担。

**（3）完善容量电费在多个省级电网的分摊方式**

根据功能和服务情况，抽水蓄能电站需要在多个省级电网分摊的容量电费，由国家发展改革委组织相关省区协商确定分摊比例，或参照《区域电网输电价格定价办法》（发改价格〔2020〕100 号）明确的区域电网容量电费分摊比例合理确定。已经明确容量电费分摊比例的在运电站继续按现行分摊比例执行，并根据情况适时调整。

**（4）完善容量电费在特定电源和电力系统间的分摊方式**

根据项目核准文件，同时服务于特定电源和电力系统的抽水蓄能电站，应明确机组容量分摊比例，容量电费按容量分摊比例在特定电源和电力系统之间进行分摊。特定电源应分摊的容量电费由相关受益主体承担，并在核定抽水蓄能电站容量电价时相应扣减。

# 第 18 章 新型储能市场化交易机制及价格机制

## 18.1 建立新型储能市场化交易机制的基本原则

**（1）有利于促进新型储能技术研发和推广**

新型储能是构建新型电力系统的重要技术和基础装备，是实现碳达峰、碳中和目标的重要支撑，也是催生国内能源新业态、抢占国际战略新高地的重要领域。"十三五"以来，我国新型储能行业整体处于由研发示范向商业化初期的过渡阶段，在技术装备研发、示范项目建设、商业模式探索和政策体系构建等方面取得了实质性进展，市场应用规模稳步扩大。面向新型储能更大规模的发展，一方面，国家层面明确了通过市场机制实现商业化运营和盈利的基本方向；另一方面，我国电力市场还处在探索试点阶段，新型储能技术经济性有很大提升空间，新型储能市场化发展还面临缺乏成熟商业模式、盈利能力不强的挑战。这就要求新型储能市场化机制的设计既要遵循电力市场的一般原则，也要考虑储能在电力系统中不同于常规电源的功能特性，确保市场机制的设计能够为新型储能项目获得合理收益创造条件，促进新型储能技术的研发和推广，推动新型电力系统的建设，助力国家"双碳"目标的实现。

**（2）有利于促进新型储能提高竞争力**

新型储能在电力系统中具备调峰、调频、调压、黑启动、爬坡以及峰谷套利等多重功能，但新型储能并不是提供这些功能的唯一技术选择，这些功能市场上均具备可选择、可替代的技术。因此，市场机制的设计应鼓励储能在不同的应用场景与其他技术进行竞争，推动新型储能不断提高效率、降低成本，提高新型储能的竞争力，推动新型储能行业的健康发展。

**（3）有利于新型储能多重价值的发挥**

新型储能的技术特性决定了其产品的多样性，电价形成机制应体现其产品多样性的特点。新型储能的运行既不能完全依赖电能量市场以发电为主，也不能完全依赖辅助服务市场或容量市场，而应从电力系统需要出发，允许储能参与电力市场的各个环节、各类市场，充分发挥新型储能多重价值，杜绝"重建设轻管理不管用"，提高新型储能的利用效率和利用价值，确保新型储能功能的合理发挥。

**（4）有利于与我国电力市场建设进程的衔接**

在竞争性的电力市场中，已经细分了电力产品的种类，我国正在开展新一轮电力市场化改革，在此背景条件下，我国新型储能市场机制的设计，既要考虑服务新型储能发展的市场过渡期的机制设计，也要为下一步顺利进入电力市场创造条件。

## 18.2 不同发展阶段新型储能市场化交易机制设计

### 18.2.1 第一阶段：新型储能规模较小、电力市场建设初期

完善市场机制，发挥储能自身优势，重点提升新型储能在辅助市场上的竞争力。目前，我国已经初步形成多元市场主体参与的竞争格局，形成覆盖年度、月度、日前、日内和实时等多时间尺度，以及省内、省间多空间维度的交易体系。根据现行市场规则，新型储能具备进入电能量市场和辅助服务市场的条件。由于当前新型储能总体成本仍然较高、规模比较小，不具备直接参与电能量市场的条件。因此在此阶段，一方面完善市场机制，构建公平的电力市场环境，允许储能在内的各类资源无歧视参与电力市场；另一方面，建立体现不同资源价值的价格机制，按效果付费。详见图 18-1。

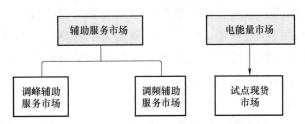

图 18-1 电力市场建设初期储能参与电力市场类型

**（1）调峰辅助服务市场**

这一阶段电力现货市场尚未完全建立，调峰辅助服务市场是新型储能重点参与的市场，市场机制设计上应考虑：

1）建立准入标准，允许在新能源发电企业、用户计量出口外或公用电网侧接入储能设施，参与系统调峰辅助服务市场。由于独立新型储能电站的规模还比较小，目前除青海省外，多数省份或地区尚未出台新型储能直接接入公用电网的市场准入管理规定。随着新能源的快速发展，"十四五"期间对系统灵活性需求更加迫切。应重点加快建立新型储能参与电力市场的准入条件、交易机制和技术标准，明确相关交易、调度和结算细则。同时应允许新能源场站内、汇集站内储能设施参与系统调峰，辅助服务费用在特定电源和电力系统间分摊。

2）从交易模式来看，调峰辅助服务交易主要采用双边协商交易和市场竞价交易。

一是双边协商交易由新型储能与新能源电站开展协商确定调峰的交易时段、交易价格以及交易电量，经调度机构安全校核后执行。其中，充电电价为低谷时段的目录电价或

双边协商的充电电价；放电电价为本地区煤电标杆的上网电价。双边协商交易主要适用于年度和月度的中长期交易，属于场外交易，新能源场站通过支付储能电站调峰费用或给予充电电价优惠，不再参与该时段的全网调峰费用分摊。

二是单独集中报价、统一出清的市场竞价交易。市场竞价交易主要包括两种：一是由调峰需求方（新能源电站）以及调峰供应方（储能）双方集中报价，同时提交交易时段、交易电量，交易机构根据报价按高低匹配的方式撮合；二是由电网调度机构根据系统调峰需要，向市场公布调峰需求，储能供应商集中报价，统一出清，按需调用，按报价由低到高调用，相关费用根据一定规则在电网内分摊。市场竞价主要适用于日内或日前的调峰交易。

3）新型储能参与调峰辅助服务市场应优先出清，价格不应低于同一时段的火电深度调峰出清价格。我国调峰辅助服务市场的建设主要以消纳新能源为目标，设计对象为火电机组，通过降低火电机组出力，为新能源发电创造更多空间。储能调峰具有响应速度快、调节精度高等特点，在集中竞价过程中，可与火电机组共同报价，优先出清储能，且价格不应低于同一时段的火电深度调峰出清价格。

**（2）调频辅助服务市场**

新型储能联合火电厂参与调频辅助服务市场。市场机制设计的重点为：一是区分不同电源调频特性，建立按调频效果补偿的机制，体现市场的公平性；二是实行两部制补偿机制，即调频里程补偿和容量补偿，既考虑调节能力也考虑机会成本；三是引入调频性能的价格排序，依据排序价格进行市场出清，有利于调节性能好、调节速率快的调频辅助服务资源在市场出清排序中获得优势。

**（3）试点现货市场**

现货试点省份应将新型储能纳入市场主体。我国《关于促进储能技术与产业发展的指导意见》中提出，鼓励各省级政府依照已出台的电力现货市场等相关政策对储能进行支持。目前我国第一批八个现货试点省份已经全部进入试运行，浙江、山西和福建等省份的现货市场方案中已将储能纳入市场主体。现货试运行结算数据显示，以目前的峰谷价差，新型储能参与现货市场具有良好的盈利空间。但这一阶段新型储能规模较小，可考虑采用储能聚合商、虚拟电厂等多种形式参与现货市场。

## 18.2.2 第二阶段：新型储能具备竞争优势、电力市场基本建立阶段

储能参与电能量市场以及辅助服务市场，并逐步扩展到新的辅助服务市场类别，在多个市场中发挥价值。

电力市场基本建立阶段的特点是：中长期市场、现货市场与辅助服务市场共存，储能一方面可以参与中长期和现货市场实现电能量的交易，另一方面仍可以参与辅助服务市场。在现货市场内推动调峰服务，现货市场运行期间，由现货电能量市场替代调峰辅助服务市场。辅助服务市场重点是调频辅助服务市场，随着新能源的快速发展，辅助服务市场的市场品类更加丰富，新型储能可逐步参与新的辅助服务市场，如快速调频市场、

备用市场和有偿调压等。详见图 18-2。

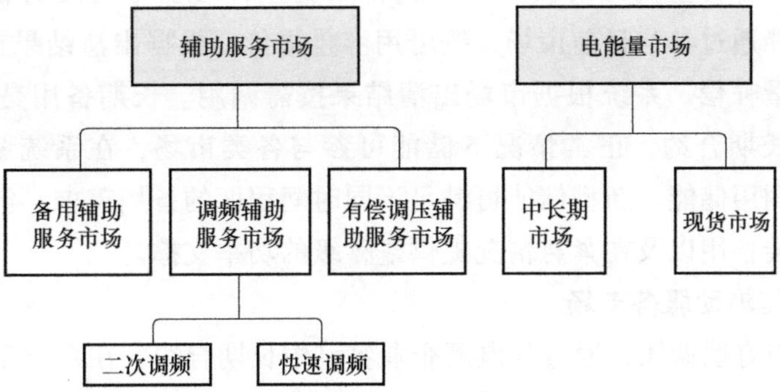

图 18-2　电力市场基本建成阶段储能参与电力市场类型

**（1）中长期市场**

由于新型储能具有充放电双重特性，参与中长期电量交易，储能可与发电企业签订中长期购电合同，或与用电负荷签订中长期供电合同。中长期电量交易适合大容量电量型新型储能电站。中长期交易目的在于稳定市场预期，提前锁定交易价格，降低交易风险。从新型储能优势特点看，中长期电量交易更多的价值在于降低储能充电成本。储能可与新能源发电联合，共同参与中长期交易。

**（2）现货市场**

允许储能作为独立市场主体直接参与现货市场，或通过储能聚合商参与现货市场获取收益。成熟运行后的现货市场将取代调峰辅助服务市场，电力系统实时平衡将由现货、调频和备用联合出清完成。此时，现货价格将全面反映电力供需情况，储能通过日前、日内现货交易实现套利。对于直接参与市场的方式，要求新型储能规模相对较大，满足现货市场准入条件；对于规模较小的分散储能，可采用储能聚合商的方式，满足现货市场准入条件，参与现货市场交易，充电电价、上网电价按现货市场价格及规则结算，通过电量电价差价回收充电、放电的运行成本。

**（3）调频辅助服务市场**

根据系统需要，启动快速调频市场，允许独立新型储能电站接入公用电网调频。随着高比例新能源接入系统，电网频率波动加剧，同时随着我国跨省区直流输电通道的建设，电力系统电力电子化程度不断提高，转动惯量缺失，当系统发生较大扰动时，系统频率会出现快速跌落。传统二次调频已不能满足电力系统频率稳定控制的需要，因此有必要建立适应高比例新能源接入、高占比电力电子系统的快速调频辅助服务市场。新型储能具有响应速度快、调节精度高的特性，较常规煤电机组在快速调频领域具有显著优势。

**（4）备用辅助服务市场**

允许新型储能参与旋转备用、非旋转备用以及紧急功率支撑等备用市场。备用是电力系统运行时，需要实时保留发电机与可调节负荷的部分容量，以应对电网中的发电机、线路故障与负荷、可再生能源的波动。根据备用类型，可以分为短时备用与长期备用。短时备用是指储能通过参与日前市场，按可用容量报价，根据出清结果预留充放电空间，市场给予备用容量补偿，系统根据市场出清结果按需调用。长期备用是指储能通过与电网运营商签订中长期合约，正常情况下储能可参与各类市场，在系统紧急运行需要时，电网运营商直接调用储能。新型储能可满足不同时间程度的备用需求，包括 10min 以内的旋转备用、非旋转备用以及在紧急情况提供毫秒级的功率支撑。

**（5）有偿调压辅助服务市场**

允许储能参与有偿调压，通过与电网企业签订中长期合约，在系统需要时提供无功补偿和电压调节。电化学储能通过四象限变流器并网，本身具备容性、感性无功的补偿功能。储能系统在输出无功进行调压的过程中，只产生变流器损耗和电池浮充损耗，但需要占用变流器的容量空间。因此，在储能系统不参与有功功率交换时，可以参与系统的电压调节。

## 18.2.3 第三阶段：新型储能竞争力优势明显、电力市场成熟阶段

储能可全面参与电量、辅助服务和容量等各类市场，重点是创新新型储能应用新业态、新模式，提升电力系统灵活性。现货市场成熟运行后，形成包括电能量市场、辅助服务市场和容量市场三类不同时间尺度的市场体系。与此同时，电动汽车、户用光储和虚拟电厂等包含新型储能设施的新业态、新模式逐渐兴起，市场机制的设计应充分调动各类资源，提升系统灵活性。详见图 18-3。

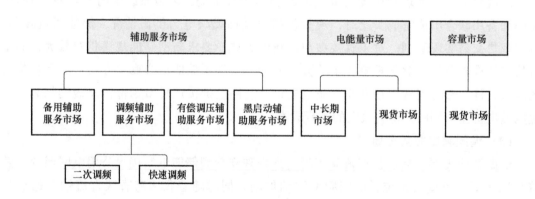

图 18-3　电力市场成熟阶段新型储能参与电力市场类型

**（1）黑启动辅助服务市场**

允许新型储能参与黑启动，通过与电网运营商签订中长期合约，在系统需要时提供黑启动服务。随着新型储能成本的降低、技术的成熟，单体大容量新型储能电站将逐步接近百兆瓦级规模，具备在系统中作为黑启动电源的条件。

### （2）容量市场

随着新能源占比的逐步提升，电力系统容量充裕性下降，将推动容量市场的建设。发电容量的充裕程度是保证电力系统长期稳定运行的基础。随着新能源装机的快速发展，需适时建立容量市场机制。允许新型储能参与容量市场或作为容量提供主体，并给予中标的储能一定容量补偿。新型储能参与容量市场已有相关实践，英国容量市场于 2013 年建立，作为英国电力市场的组成部分，目的是适应核电和可再生能源快速发展，通过设立容量市场来引导投资，保证峰荷时期备用容量的充裕性。从 2016 年开始，英国允许包括电化学储能在内的新型储能参与容量市场竞拍，即在满足一定容量需求和技术参数要求下，新型储能可与其他资源公平竞争。随着新能源发展，我国容量市场建设也将提上日程，新型储能也将成为容量市场的重要市场主体。

## 18.3　辅助服务市场补偿机制

### 18.3.1　辅助服务补偿机制设计基本原则

根据国家能源局相关文件要求，按照"谁提供谁获利，谁受益谁承担"的原则，确定辅助服务补偿方式和分摊机制。

在补偿方面：对于采用固定补偿方式确定补偿标准，应综合考虑电力辅助服务成本、性能表现及合理收益等因素，按"补偿成本、合理收益"的原则确定补偿力度；对于采用市场化补偿形成机制，应遵循考虑电力辅助服务成本、合理确定价格区间及通过市场化竞争形成价格的原则。

在分摊方面：为电力系统运行提供整体服务的电力辅助服务，补偿费用由发电企业、市场化电力用户等所有并网主体共同分摊，逐步将非市场化电力用户纳入补偿费用分摊范围。原则上，为特定发电侧并网主体服务的电力辅助服务，补偿费用由相关发电侧并网主体分摊。为特定电力用户服务的电力辅助服务，补偿费用由相关电力用户分摊。各类电力辅助服务品种补偿机制见表 18-1。

表 18-1　各类电力辅助服务品种补偿机制

| 电力辅助服务分类 | 具体品种 | 补偿方式 | 固定补偿参考因素 |
|---|---|---|---|
| 有功平衡服务 | 一次调频 | 义务提供、固定补偿、市场化方式（集中竞价、公开招标/挂牌/拍卖、双边协商） | 电网转动惯量需求和单体惯量大小 |
| | 二次调频 | | 常规机组：维持电网频率稳定过程中实际贡献量；<br>其他并网主体：改造成本和维持电网频率稳定过程中实际贡献量 |
| | 调峰 | | 社会平均容量成本、提供有偿辅助服务的投资成本和由于提供电力辅助服务而减少的有功发电量损失 |
| | 备用 | | |
| | 转动惯量 | | |
| | 爬坡 | | |

（续）

| 电力辅助服务分类 | 具体品种 | 补偿方式 | 固定补偿参考因素 |
|---|---|---|---|
| 无功平衡服务 | 自动电压控制 | 义务提供、固定补偿、市场化方式（公开招标/挂牌/拍卖、双边协商） | 按低于电网投资新建无功补偿装置和运行维护的成本的原则 |
| | 调相 | | |
| 事故应急及恢复服务 | 稳定切机 | | 稳控投资成本、错失参与其他市场的机会成本和机组启动成本 |
| | 稳定切负荷 | | 用户损失负荷成本 |
| | 黑启动 | | 投资成本、维护费用、黑启动期间运行费用以及每年用于黑启动测试和人员培训费用 |

### 18.3.2 调频辅助服务市场补偿机制设计

**（1）"里程+容量"补偿机制**

鼓励新型储能参与调频辅助服务市场，需要建立计及调节效果的"里程+容量"补偿机制，其中里程补偿是机组实际调节过程中减出力的收益，容量补偿是机组为 AGC 调节预留的发电容量收益。其优点是：

一是区分不同电源调频特性，建立按调频效果补偿的结算机制，体现市场的公平性。

二是建立双补偿机制，既考虑了调节能力也考虑了机会成本，其中仅里程补偿采用竞争性报价方式，容量电价补偿可采用政府定价方式。

三是引入调频性能的价格排序，依据排序价格进行市场出清，有利于调节性能好、调节速率快的调频辅助服务资源在市场出清排序中获得优势。

**（2）调频效果评价模型**

调频辅助服务市场补偿考核办法中规定，发电单元每次响应 AGC 指令的调频里程是指响应 AGC 指令结束时，实际出力值与响应指令时的出力值之差的绝对值，某时间段内的总调频里程为该时段内发电单元响应 AGC 指令的调整里程之和。简而言之，是发电单元实际的出力里程之和。调频里程、调频容量如图 18-4 所示。

$$D = \sum_{i=1}^{n} |D_i - D_{i-1}| \tag{18-1}$$

式中，$D$——一个计费周期内总调频里程；

$D_i$——发电单元 $i$ 时刻出力或调频指令；

$D_{i-1}$——发电单元 $i-1$ 时段出力或调频指令。

调频容量是指发电单元 AGC 容量为发电单元当前出力点在 5min 内向上可调容量与向下可调容量之和。

发电单元标准调频容量=min（发电单元标准调节速率×5min，发电单元容量×7.5%）。

里程补偿费用

$$R_{\text{AGC调频里程收益}} = \sum_{i=1}^{n} D_i Q_i K_i \tag{18-2}$$

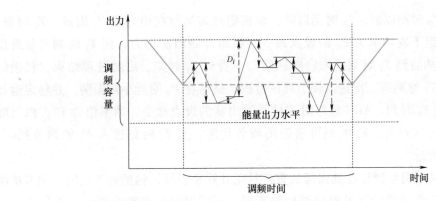

图 18-4　调频时间、调频容量

式中，$n$——月度交易周期数；

　　$D_i$——发电单元在第 $i$ 个交易周期内提供的调频里程；

　　$Q_i$——第 $i$ 个交易周期内里程结算价格（出清价）；

　　$K_i$——发电单元在第 $i$ 个交易周期内的综合调频性能指标平均值。

容量补偿费用

$$R_{月度AGC容量收益} = \sum_{i=1}^{m} C_j T_j s \tag{18-3}$$

式中，$m$——每月总调度时段数；

　　$C_j$——该发电单元在第 $j$ 个调度时段的发电单元 AGC 容量；

　　$T_j$——该发电单元在第 $j$ 个调度时段的调频服务时长；

　　$s$——AGC 容量补偿标准。

总补偿费用

$$R_{AGC总补偿费用} = R_{AGC调频里程收益} + R_{月度AGC容量收益} \tag{18-4}$$

调频效果如图 18-5 所示。图中，$P_{\min,i}$ 是该机组可调的下限出力；$P_{\max,i}$ 是其可调的上限出力；$P_{Ni}$ 是其额定出力；$P_{di}$ 是其启停磨临界点功率。

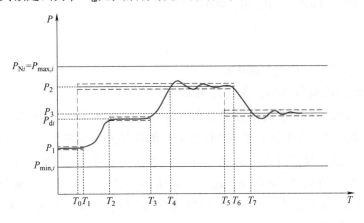

图 18-5　调频效果

调频过程：$T_0$ 时刻以后，$T_1$ 时刻以前，该机组稳定运行在出力值 $P_1$ 附近。$T_0$ 时刻，AGC 程序对该机组下发功率为 $P_2$ 的设点命令，机组开始增加出力，到 $T_1$ 时刻可靠跨出 $P_1$ 的调节死区，然后到 $T_2$ 时刻进入启磨区间；一直到 $T_3$ 时刻，启磨过程结束，机组继续增加出力，至 $T_4$ 时刻第二次进入调节死区范围，然后在 $P_2$ 附近小幅振荡，并稳定运行于 $P_2$ 附近；直至 $T_5$ 时刻，AGC 程序对该机组发出新的设点命令，功率值为 $P_3$，机组随后开始进入降出力的过程，$T_6$ 时刻可靠跨出调节死区，至 $T_7$ 时刻进入 $P_3$ 的调节死区，并稳定运行于其附近。

调频效果可采用机组调频性能指标的直接量化计算来表征，包括调节速度、调节精度和响应时间。由于负荷特性以及电源结构的不同，不同电网对调频效果中具体指标的定义以及权重要求也不同。以《华北区域发电厂并网运行管理实施细则》相关规定为例。

**调节速率**：是指机组响应设点指令的速率，可分为上升速率和下降速率。在增加出力阶段，即 $T_1 \sim T_4$ 区间，由于跨启磨点，在计算其调节速率时必须消除启磨的影响；在降出力阶段，即 $T_5 \sim T_6$ 区间，未跨停磨点，因此计算时无须考虑停磨的影响。综合这两种情况，实际调节速率计算公式如下

$$v_i = \begin{cases} \dfrac{P_{\mathrm{E}i}-P_{\mathrm{S}i}}{T_{\mathrm{E}i}-T_{\mathrm{S}i}} & P_{\mathrm{D}i} \notin (P_{\mathrm{E}i}, P_{\mathrm{S}i}) \\[3mm] \dfrac{P_{\mathrm{E}i}-P_{\mathrm{S}i}}{(T_{\mathrm{E}i}-T_{\mathrm{S}i})-T_{\mathrm{D}i}} & P_{\mathrm{D}i} \in (P_{\mathrm{E}i}, P_{\mathrm{S}i}) \end{cases} \tag{18-5}$$

式中　$v_i$——第 $i$ 台机组的调节速率，MW/min；

$P_{\mathrm{E}i}$——其结束响应过程时的出力，MW；

$P_{\mathrm{S}i}$——其开始动作时的出力，MW；

$T_{\mathrm{E}i}$——结束的时刻，min；

$T_{\mathrm{S}i}$——开始的时刻，min；

$P_{\mathrm{D}i}$——其启停磨临界点功率，MW；

$T_{\mathrm{D}i}$——启停磨实际消耗的时间，min。

$$K_{1i} = \frac{v_i}{v_{\mathrm{N}}} \tag{18-6}$$

式中　$v_i$——该次机组 AGC 调节速率；

$v_{\mathrm{N}}$——机组标准调节速率，单位是 MW/min。

其中，一般直吹式制粉系统汽包炉的火电机组的标准调节速率为机组额定有功功率的 1.5%；带中间储仓式制粉系统的火电机组的标准调节速率为机组额定有功功率的 2%；循环流化床机组和燃用特殊煤种（如劣质煤，高水分低热值褐煤等）的火电机组的标准调节速率为机组额定有功功率的 1%；超临界定压运行直流炉机组的标准调节速率为机组额定有功功率的 1.0%；其他类型直流炉机组的标准调节速率为机组额定有功功率的 1.5%；燃气机组的标准调节速率为机组额定有功功率的 10%；水力发电机组的标准调节速率为机组额定有功功率的 50%。

$K_{1i}$——该机组 AGC 第 $i$ 次实际调节速率与其应该达到的标准速率的比值。

**调节精度:** 是指机组响应稳定以后,实际出力和设点出力之间的差值。调节精度的考核指标 $K_{2i}$ 计算过程如下:

在第 $i$ 台机组平稳运行阶段,即 $T_4 \sim T_5$ 区间,机组出力围绕 $P_2$ 小幅波动。在类似这样的时段内,对实际出力与设点指令之差的绝对值进行积分,然后用积分值除以积分时间,即为该时段的调节偏差量,即

$$\Delta P_{i,j} = \frac{\int_{T_{Sj}}^{T_{Ej}} |P_{i,j}(t) - P_j| \mathrm{d}t}{T_{Ej} - T_{Sj}} \tag{18-7}$$

式中　$\Delta P_{i,j}$——第 $i$ 台机组在第 $j$ 计算时段内的调节偏差量,MW;

　　$P_{i,j}(t)$——其在该时段内的实际出力;

　　　$P_j$——该时段内的设点指令值;

　　　$T_{Ej}$——该时段终点时刻;

　　　$T_{Sj}$——该时段起点时刻。

$$K_{2i} = \frac{\Delta P_{i,j}}{调节允许的偏差量} \tag{18-8}$$

式中　$\Delta P_{i,j}$——该次机组 AGC 的调节偏差量,单位为 MW。调节允许的偏差量为机组额定有功功率的 1%。

　　$K_{2i}$——衡量该机组 AGC 第 $i$ 次实际调节偏差量与其允许达到的偏差量相比达到的程度。

**响应时间:** 指 EMS 发出指令之后,机组出力在原出力点的基础上,可靠地跨出与调节方向一致的调节死区所用的时间,即

$$t_{i-1} = T_1 - T_0, t_i = T_6 - T_5 \tag{18-9}$$

$$K_{3i} = \frac{t_i}{标准响应时间} \tag{18-10}$$

式中　$t_i$——该次机组 AGC 的响应时间,火电机组 AGC 响应时间应小于 1min,水电机组 AGC 的响应时间应小于 10s。

　　$K_{3i}$——衡量该 AGC 机组第 $i$ 次实际响应时间与标准响应时间相比达到的程度。

**调频效果:** AGC 动作时,可按下式计算 AGC 调节性能

$$K_{Pi} = \frac{K_{1i}}{0.75 \times K_{2i} \times K_{3i}} \tag{18-11}$$

式中,$K_{Pi}$——机组每次调频的综合性能,也称为调频效果。

其中,考虑到 AGC 机组在线测试条件比并网测试条件更苛刻,因此对调节速率指标的要求降低为规定值的 75%。

**(3) 调频效果系数的应用**

一是作为调频里程报价的影响因子。调频辅助服务市场出清顺序主要根据调频服务商

的价格排序。将价格由低到高依次排序，以满足市场需求的最后一位中标机组的报价作为统一的市场出清边际价格。将调频效果作为里程报价的影响因子，可以有利于调节效果好、报价低的机组中标。

最终调频里程排序价格

$$P_{\text{sort\_}i} = \frac{P_{\text{initial\_}i}}{P_i}$$  （18-12）

式中，$P_{\text{sort\_}i}$——调频资源 $i$ 最终里程排序价格；

$P_{\text{initial\_}i}$——调频资源 $i$ 里程初始报价；

$P_i$——调频资源 $i$ 的归一化后的综合调频性能指标。

调频效果的归一化可以根据不同的市场需求进行调整，以达到初始报价与调频效果的合理比例，可按下式执行

$$P_i = \frac{K_{Pi}}{K_{P\text{-max}}}$$  （18-13）

式中，$K_{Pi}$——第 $i$ 台机组综合调频性能系数；

$K_{P\text{-max}}$——区域内所有发电单元综合调频性能指标最大值。

二是作为补偿费用的影响因子。将调频效果系数作为补偿费用的影响因子，可以更好地体现按效果补偿的激励机制，新型储能具有快速的响应特性、快速的调节速率以及高精度的调节性能，在调频效果上优于常规机组，这种按效果补偿的辅助服务补偿机制可为新型储能参与市场交易提供良好的竞争环境。

## 18.4 新型储能价格机制探讨

### 18.4.1 新型储能定价思路

考虑新型储能发展的现状以及电力市场建设的进展，目前我国现货市场还处在建设试点期，辅助服务市场机制不健全、容量市场尚未建立，完全依靠市场回收成本难度很大。现阶段，新型储能的定价可考虑以两部制电价为主体，以竞争性方式形成电量电价，将容量电价纳入输配电价回收，同时强化与电力市场建设发展的衔接。未来，参考国际经验，应加快两部制电价与电力市场的衔接，逐步降低新型储能容量核定比例，通过现货市场、辅助服务市场和容量市场等市场化方式疏导储能成本。

**（1）现阶段新型储能电站应可参考抽水蓄能以两部制电价为主体**

从技术成熟的抽水蓄能电站的情况看，现阶段抽水蓄能电站尚不具备通过参与市场回收成本获得收益能力。从全球范围来看，储能电站多通过参与能量市场和辅助服务市场获取收益。但在市场上所获收入仅能覆盖其成本的 20%~30%，还需要与电力运营商签订中长期合同，出售黑启动、无功等服务获取稳定收入才能解决投资回报问题。从我国现阶段来看，参与电能量市场仅能覆盖储能电站充放运行成本，还必须通过辅助服务和容

量市场回收抽发运行成本外的其他成本并获得合理收益。因此，现阶段新型储能可考虑以两部制电价为主体，以竞争性方式形成电量电价，按照经营期定价法核定储能容量电价并纳入输配电价回收，同时鼓励储能电站参与辅助服务市场建立辅助服务补偿机制。

**（2）对于在电源侧配置的部分新型储能，可参照抽水蓄能考虑采用容量电费在特定电源和电力系统间分摊的方式**

对于支撑高比例可再生能源基地外送，通过"风光水火储一体化"多能互补模式配置的新型储能，以及为促进沙漠戈壁荒漠大型风电光伏基地开发消纳而配置的新型储能，可参照同时服务于特定电源和电力系统的蓄能电站的费用分摊方式，按照项目核准文件中明确的该电源和电力系统的机组容量比例分摊，并在核定储能电站容量电价时相应扣减，拓展储能电站应用场景，降低对终端电价的影响。

**（3）强化与电力市场建设的衔接，逐步推动新型储能进入市场**

鼓励享受容量电价的新型储能参与辅助服务市场并分享收益，实现与电力市场的衔接。为鼓励新型储能电站参与各类电力市场，实现与电力市场的衔接，可借鉴抽水蓄能的收益分享机制，对于享受容量电价的新型储能，上一监管周期内形成的参与辅助服务市场获得的相应收益以及执行充放电价形成的收益，一部分由储能电站分享，另一部分在下一监管周期核定电站容量电价时相应扣减。分享比例可根据新型储能技术发展不同阶段进行调整。

建立适应电力市场建设和产业发展需要的容量电价补偿调整机制。一方面，为避免储能电站出现"重配建轻利用"的情况，可参照抽水蓄能将容量电价核价水平与电站可用率关联起来。对标同类型先进水平，对于上一监管周期储能电站可用率不达标的，适当降低核定容量电价水平。另一方面，为推动新型储能进入电力市场，应建立适时降低容量电价覆盖的储能电站设计容量比例的调整机制，鼓励剩余容量进入市场，逐步实现主要通过参与市场回收成本并获得收益，形成由政府定价到市场竞价的有效通道。

## 18.4.2　新型储能电价机制

**（1）初期阶段**

1）由于电力现货市场尚未完全建立，上网电价暂执行燃煤发基准价格。尽管储能电站上网电量多用于平衡系统高峰负荷需要，其价值要高于电价平均水平，但我国发电侧尚无分时的电价结构设计。因此，为减少争议、便于操作，在现货市场尚未建立和完善的条件下，储能电站的上网电价可参照煤电基准电价核定，并与之联动。

2）确定充电价格应尽可能反映系统负荷低谷阶段的供求关系。充电（购电）价格可考虑两种方式：一是在开展储能专项调峰市场或充电电量招标的地区，储能电站充电电价通过直接交易或招标确定购电价格；二是在未开展储能专项调峰市场或充电电量招标的地区，充电电价可参考抽水蓄能电站的抽水电价，按燃煤基准电价的 75% 执行。

3）容量电价以补偿投资成本为原则，按储能电站全部容量进行核定。容量电费纳入输配电价，由所有用户共同承担。

初期阶段新型储能电站价格构成如图18-6所示。

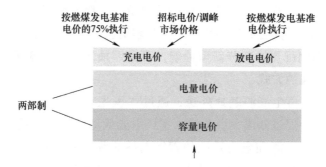

图 18-6　初期阶段新型储能电站价格图

**（2）过渡阶段**

现货市场已基本建立，新型储能电站两部制中的电量电价，即充电、放电电价按现货市场价格结算；两部制中的容量电价按照新型储能电站部分容量进行核定；剩余未核定容量自主参与现货市场或辅助服务市场，按现货或辅助服务市场价格结算。过渡阶段新型储能电站价格构成如图18-7所示。

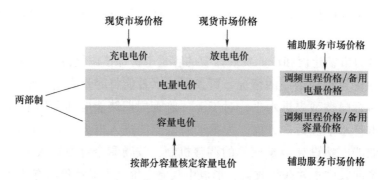

图 18-7　过渡阶段新型储能电站价格图

尽管竞争性的电力市场会使储能电站的真实价值得以充分体现，尤其是上网价格将大大高于煤电基准价格，但毕竟新型储能技术尚未成熟到可与抽水蓄能竞争的程度，仍需要有政府的政策支持。在国外的竞争性电力市场中，有些市场集中度较高的辅助服务，如无功、黑启动等，政府通常要求发电商提交基于成本的报价，或执行管制约束下的协商价格。借鉴国外成熟的经验，我国可将政府定价改为政府授权合同，以与竞争性的市场规则相兼容。

**（3）成熟阶段**

电力现货市场和辅助服务市场已基本成熟，新型储能电站的全部容量可自主参与现货市场和调频、备用、无功和黑启动辅助服务市场，同时新型储能还可参与容量市场，从容量市场获得收益。成熟阶段新型储能电站价格构成如图18-8所示。

1）现货市场、辅助服务市场可主要解决新型储能电站运行收益问题。新型储能电站可采用单独参与或与其他电源大捆参与等多种方式，参与现货市场获得价差收益。在辅

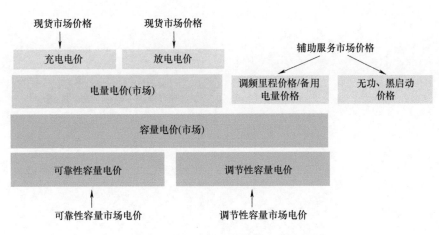

图 18-8　成熟阶段新型储能电站价格图

助服务市场，则通过提供调频、调压、黑启动等多元化的辅助服务，获得相应收益。

2）容量市场可保障电力系统中长期发电容量的充裕性，引导储能电站的建设。在容量市场，储能电站可获得相应的收益，保障其运营周期内的合理收益水平，激励市场主体投资建设储能电站。

3）为应对市场收益不足以补偿成本的风险，可考虑由政府或其授权机构与储能电站签订长协，以差价合约等兜底方式，保障储能电站的稳定收益预期。

# 第六篇
## 案 例 篇

# 案例 1　辽宁大连液流电池储能调峰电站国家示范项目

**（1）项目概况**

大连是我国东北地区重要中心城市、港口及风景旅游城市，大连电网地处辽宁电网的最南端，通过 6 回 500kV 瓦渤 1#、2#线，瓦海 1#、2#线，丹海 1#、2#线及 2 回 220kV 黄岫线、宫永线与辽宁主网相连。大连电网以 6 座 500kV 变电站为中心，220kV 电网形成南北两个分区运行，南部电网在地理上形成了双回"C"网架结构，北部电网基本形成了双环网或单环网的网架结构。由于特殊的地理形态，当市区南部电网遇到严重灾害天气或特殊情况时，若发生同塔 4 回线路事故，雁水以东地区将出现大面积停电，电力系统安全稳定运行和电力可靠供应面临巨大压力。同时，大连地区海上风电资源丰富，但调峰资源匮乏，火电多为热电联产机组，冬季供暖期电网调峰压力较大。为满足大连电网调峰需求，提高电网供电可靠性，改善电网电源结构，需要建设储能电站。

大连液流电池储能调峰电站国家示范项目是由大连市发展改革委牵头组织，经国家能源局批准建设的第一个大型化学储能国家示范项目，是《中国制造 2025》2016 年度 15个重大标志性项目中"互联网+"智慧能源系统关键技术装备的组成项目之一。

大连液流电池储能调峰电站建设规模为 200MW/800MW·h，拟采用国内自主研发、具有自主知识产权的全钒液流电池储能技术，项目建成后将成为全球规模最大的全钒液流电池储能电站。全钒液流电池响应速度快，安全性能高，储存容量配置灵活，技术上能够满足电网调峰需求，同时该技术方案选址灵活，不受地形、水源等自然资源的制约。

**（2）建设方案**

项目预计总投资超过 30 亿元，大连恒流储能电站有限公司为项目的主要运营方，该公司由大连市热电集团有限公司和大连融科储能技术发展有限公司共同出资组建而成。作为国家级示范项目，在竞争性市场形成之前，省级价格主管部门将参考抽水蓄能电站按照两部制电价机制核定容量电价，既反映储能电站系统效用和对实验项目的支持，也体现储能电站在不同时段的电量效用。

根据能源局批复意见，按照"统一规划、分期建设、逐步接入、整体调度"的原则，先期建设规模 100MW/400MW·h，待运行稳定后建设二期。

一期 100MW/400MW·h 分成 4 个储能单元，分别为 3 个容量 24MW/96MW·h 和 1个容量 28MW/112MW·h。

容量 24MW/96MW·h 的储能单元接线方案为：2 个 250kW 储能电池组串联接至 1 个 500kW 的 PCS，4 个 PCS 接入 1 台 2500/625-625-625-625kV·A 低压侧四分裂的 35kV 汇流变压器，12 台汇流变压器组成 1 个 24MW 的储能单元，经 1 回 35kV 集电线路接入站内 35kV 母线。

容量 28MW/112MW·h 的储能单元其接线方案为：2 个 400kW 储能电池组串联接至 1 个 800kW 的 PCS，4 个 PCS 接入 1 台 4000/1000-1000-1000-1000kV·A 低压侧四分裂的 35kV 汇流变压器，9 台汇流变压器组成 1 个 28MW 的储能单元，经 1 回 35kV 集电线路接入站内 35kV 母线。

**（3）项目进展**

2015 年，大连液流电池储能调峰电站项目通过技术路线、技术方案和工程方案的评审。2016 年 4 月，国家能源局正式批准建设大连液流电池储能调峰电站国家示范项目。截至 2022 年 2 月，项目一期完成主体工程建设，进入单体模块调试阶段，计划 2022 年 6 月完成并网调试。

**（4）项目意义**

大连液流电池储能调峰电站的建成，一方面，将改善辽宁尤其大连电网电源结构，该电站一期建成后，将在大连电网出现异常时为一级用电负荷提供后备电力支撑；另一方面，提高辽宁尤其是大连电网调峰能力，电站的示范应用将推进大规模储能技术在电力调峰及可再生能源并网中的应用，为能源革命和能源结构调整，实现双碳目标提供技术和装备支撑。

作为国家能源局在全国首个批准建设的国家级大型化学储能示范项目，该储能电站的建设将极大地推动新型储能产业的发展，对储能产业的发展产生深远影响。通过优化和完善大规模电池储能电站智能管理控制、智能调度等技术，探索新型储能电站商业化应用经验，对新型储能技术的应用模式和商业模式都将产生积极的示范和引领作用；通过分析和验证储能电站对区域电网可再生能源发电并网的运行效率、运行安全性、资源配置和经济贡献等方面的作用，为低碳电网的规划建设提供依据。

**（1）项目概况**

盐穴压缩空气储能是指在电网负荷低谷期使用电能压缩空气，将其高压密封在地下1000m的盐穴中（即地下盐层被开采后形成的腔穴），在负荷高峰期释放压缩空气推动空气透平发电的一种储能技术。

为探索先进压缩空气储能技术应用，金坛盐穴压缩空气储能国家试验示范项目于2017年获国家能源局批复，该项目也是2019年和2020年江苏省重大推进建设项目。

金坛盐穴压缩空气储能国家试验示范项目由中盐集团、中国华能和清华大学按照55：35：10出资合作开发，华能江苏公司承担建设运维。一期工程发电装机容量60MW，储能容量300MW·h，占地约60亩（1亩＝666.6m²），设计效率60%，预计投资4.8亿元（8000元/kW），远期规模120万kW。项目建成后，将成为世界首座非补燃式压缩空气储能电站，也将成为国内首个利用盐穴资源建设的压缩空气储能项目。

项目采用清华大学非补燃压缩空气储能发电技术，用电低谷时将压缩过程产生的压缩热以热能的形式存储在蓄热罐中，用电高峰时将压缩热反馈给进入膨胀机做功的空气，推动空气透平发电，从而提高系统的整体效率，实现全过程的无燃烧、无排放。该项目示意图如图 A-1 所示。

图 A-1　金坛盐穴压缩空气储能国家试验示范项目示意图

**（2）建设方案**

本项目拟建设 1 套 60MW×5h 非补燃压缩空气储能发电系统。压缩空气储存在中盐金坛公司已有盐腔中，容积 22 万 $m^3$。

系统运行分为蓄能过程和发电过程，包括空气压缩子系统、储热子系统、盐穴储气子系统和膨胀发电子系统 4 个子系统。4 个子系统不同时工作。在储能过程，压缩空气子系统、储热子系统和盐穴储气子系统工作，利用电能将空气压缩成高温高压空气后完成分别储存的过程，压缩空气的显热通过储热子系统，利用导热油与高温高压空气换热，升温后的导热油储存在储热罐中，高压空气储存在地下盐穴内，实现了电能转化为热能和势能的解耦存储。在发电过程，盐穴储气子系统、储热子系统和膨胀发电子系统工作，高压空气从盐穴内释放出来，和高温导热油在换热器内完成升温，变成高温高压的空气进入透平冲转，然后带动发电机发电，实现热能和势能耦合发电的过程，储热罐中的导热油加热出储气子系统的空气后储存在储冷罐中。

压缩过程在晚上，利用低谷电连续运行 8h，白天停止运行；膨胀过程在白天，运行 5h 后停止运行。储能过程设备年利用小时数为 2660h，发电年利用小时数为 1660h。预计系统年发电量 1 亿 kW·h。

**（3）项目进展**

项目一期工程由中盐、华能和清华按出资比例成立的合资公司——中盐华能储能科技有限公司负责项目运作。累计采购合同约 130 项，金额 41600 万元。在设备和工程服务方面凝聚了能源行业的国家队力量，"三大动力""两大石化""两大电建"均参与了项目建设。项目于 2020 年 8 月正式开工建设，2021 年 8 月实现倒送电，2021 年 9 月成功进行透平发电系统并网试验。截至 2021 年底，项目土建工作已基本完成，透平发电系统、储热换热系统和盐穴储气系统已安装调试完成，并成功完成并网试验，目前正在进行压缩储能系统安装工作。预计于 2022 年 4 月完成系统整组启动，正式实现商业化运行。

**（4）项目意义**

作为国家试验示范项目以及国内首个压缩空气储能商业电站，项目在建设过程中已取得多项科技创新成果。

**一是创建压缩空气储能标准体系。**参与发布 IEC 国际标准 1 项，发布团体标准 2 项，压缩空气储能领域首个国家标准和行业标准立项，还有 2 项团体标准获得立项。

**二是形成压缩空气储能知识产权保障体系。**共计申报 51 项核心专利，其中已授权约 22 项。

**三是培养储能专家人才。**3 名专家 4 人次当选 IEC 可再生能源并网和电力储能技术委员会（SC 8A）注册专家，另有 3 名入选全国电力储能标准化技术委员会。

二期压缩空气储能项目将由华能控股开发。根据初步规划，金坛二期将建设 2×250MW 补燃式压缩空气储能电站，三期将建设 2×400MW 压缩空气储能电站，远景总容量达到1200MW，力争将该项目打造成打造华东地区百万级大型储能基地。金坛地区天然气储气能力也为建设大容量补燃式压缩空气储能电站提供了天然气供应保障。目前二期项目初可研工作已经完成，三方团队对关键技术路线进行了方案设计、热力平衡计算和技术经济性的初步分析，同步开展了主设备研制可行性研究工作，力争形成拥有自主知识产权的规模化压缩空气技术路线，支撑金坛储能二期项目顺利推进。

# 案例 **3** 甘肃网域大规模电池储能国家试验示范项目

**(1) 项目概况**

甘肃是我国重要的能源基地，风光资源丰富。随着风光等波动性、间歇性电源的快速发展，新能源消纳问题突出。为推动电力系统储能新技术应用，提高电力系统灵活性和运行的安全稳定性，促进新能源消纳，探索电网侧、电源侧和用户侧储能应用商业模式，2018 年 11 月，国家能源局批复同意甘肃网域大规模电池储能国家试验示范项目建设。

该项目由中能智慧能源科技（上海）有限公司投资建设，设计规模 182MW/720MW·h，主要采用锂离子电池技术。示范项目建成后，将成为国内最大商业化运营的储能虚拟电厂，对推动我国规模化储能技术发展进步、提升电力系统调峰能力等具有积极促进作用。

**(2) 建设方案**

项目包括电网侧配置储能、电源侧配置储能和用户侧配置储能三类，均单独选址建设。其中，接入电网侧 2 个点（采用 110kV 接入），规模为 120MW/480MW·h，建设地点在瓜州、玉门，2018 年三季度开工建设；接入电源侧 5 个点（采用 110kV 接入），规模为 50MW/200MW·h，建设地点在河西地区（敦煌、嘉峪关、瓜州、武威和金塔等），2019 年开工建设；接入用户侧 1 个点（采用 35kV 接入），规模为 12MW/40MW·h（肃州微电网试点项目），项目总投资 12 亿元。

甘肃网域大规模电池储能国家试验示范项目采用分散布置、集中控制模式。储能管理平台基于云平台，实现不同区域储能电站接入控制，即可以视作由多个储能电站构成的快速响应、调峰、调频虚拟电厂。采用的 10MW 电压源大功率双向储能逆变器是目前最大的储能单元模块（常见为 4MW、2MW 及以下），储能系统全过程效率不低于 83.7%（电池 92%、逆变器 97%、耗损 5.2%）。该项目系统构成如图 A-2 所示。

**(3) 项目进展**

2020 年 8 月 26 日，甘肃网域大规模电池储能国家试验示范项目的子站酒泉中能布隆吉储能电站（60MW/240MW·h）并网，为甘肃电网提供调峰、调频服务。后续将根据电网调峰需要及市场情况继续扩建。

**(4) 项目意义**

甘肃网域大规模电池储能电站试验示范项目不仅在技术路线上具有较高的试验价值，同时在商业模式上也具有示范效应。

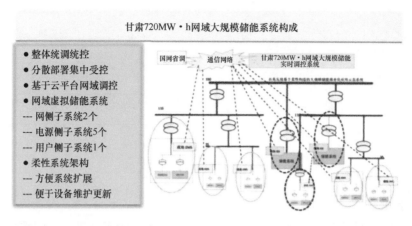

图 A-2　甘肃网域大规模电池储能国家试验示范项目调控系统构成图

1）接入电源侧的储能。储能项目业主与新能源场站签订中长期协议，明确储能项目业主与新能源场站收益分成，电网公司仅与新能源场站结算，不再单独与储能项目业主发生结算关系，储能项目业主的商业运营事宜以储能项目业主与新能源场站签订的中长期储能协议为准。储能设备接入新能源场站上网计量点内部，储能项目业主单独设置计量点，用于储能项目业主与新能源场站内部结算、收益分成。

2）接入用户侧的储能。储能项目业主与用电客户签订中长期储能协议，明确储能项目业主与用电客户收益分成，电网公司仅与用电客户结算，不再单独与储能项目业主发生结算关系，储能项目业主的商业运营事宜以储能项目业主与用电客户签订的中长期储能协议为准。储能设备接入客户计量点内部，储能项目业主单独设置计量点，用于储能项目业主与用电客户内部结算、收益分成。

3）接入电网侧的储能。储能项目业主与有协议的新能源电厂捆绑形成虚拟电厂，由储能项目业主与其接入点以下汇集的多家新能源电厂达成内部补偿协议。具体运营模式如下：

储能项目业主与有协议的新能源电厂形成虚拟电厂，电网公司只与新能源企业发生结算关系，结算上网电量。电网公司不再单独与储能项目业主发生结算关系。储能项目业主与有协议的新能源电厂形成的虚拟电厂，作为一个整体参与省内调峰（频）辅助服务市场。

有协议的新能源电厂上网电量中，储能设备充电电量价格按照储能项目业主与有协议的新能源电厂协议电价执行，放电电量由电网企业与新能源企业结算。储能设备单独设置计量点，用于储能项目业主与有协议的新能源企业内部结算、收益分成等。

充放电损耗电量按照储能并网计量点的充放电电量差值计量，充电网损按储能设施接入地区上年度对应电压等级的线损率计算，充放电转换损耗（约23%）和充电网损（约1.5%）由储能项目业主承担。

# 案例 4　张北国家风光储输示范工程

**（1）项目概况**

张北国家风光储输示范工程是由财政部、科技部、国家能源局及国家电网公司联合推出的"金太阳示范工程"首个重点项目、国家科技支撑计划重大项目、河北省重点产业支持项目以及国家电网公司坚强智能电网建设首批试点工程。为进一步深入发掘风光资源优势互补、集中打捆运行的特色模式，系统优化储能电池的运行控制，扩大电网友好型新能源电站的示范效应，并加强大范围风光互补发电系统并网特性研究，该项目积极探索风光储输与抽水蓄能联合运行控制模式，切实发挥了示范工程在提高电网接纳大规模新能源方面的示范引领作用。2020年该项目被评为国家能源局公布的首批科技创新（储能）试点示范项目。

该项目储能总容量70MW，分两期建设，包括磷酸铁锂电池、液流电池、钛酸锂电池、铅酸电池、超级电容以及梯次利用动力电池等多种储能技术路线的试验应用。国家风光储输示范工程全钒液流储能厂房如图A-3所示。

图 A-3　国家风光储输示范工程全钒液流储能厂房

**（2）建设方案**

国家风光储输示范工程一期建设规模为风电 98.5MW、光伏发电 40MW 和储能 20MW，并配套建设一座 220kV 智能变电站，总投资 33 亿元，全部位于张北县境内。储能电站应用了 14MW 磷酸铁锂电池、2MW 液流电池、1MW 钛酸锂电池、2MW 胶体铅酸电池及少部分超级电容。二期建设规模为风电 400MW（预留 50MW，配置大容量及试验性风机）、光伏 60MW 和储能 50MW，项目总投资 63 亿元。其中储能还包括梯次利用电池 3MW，电站式虚拟同步机 10MW。

**（3）项目进展**

国家风光储输示范工程储能项目一期于 2011 年 12 月 25 日建成投运。截至 2021 年底，二期储能项目中 3MW 梯次利用电池、10MW 电站式虚拟同步机已建成投运，剩余容量仍在建设中。

**（4）项目意义**

一是实现了多类型电化学储能的综合试验示范应用，建成储能电站检测与评价中心。开展了主流技术磷酸铁锂电池、钛酸锂电池、液流电池和铅炭电池等储能系统的试验。通过对大规模电池储能电站系统集中接入、协调控制以及实时快速出力分配，使电池储能电站的整体响应时间小于 900ms，10min 联合发电波动率均小于 5%。截至 2021 年 11 月，先后累计投入削峰填谷近 2000 次，转换输出电能近 3000 万 kW·h。

二是探索适用于大规模新能源并网和与电网协调运行的风光储输运行控制技术。提出新能源与储能联合主动支撑控制策略，实现储能容量最优配置，形成"新能源+储能"推广应用新模式，为新能源场站提供科学、经济的储能系统应用整体解决方案。搭建电池储能系统多层级精细化仿真平台，研究复杂运行工况下的储能单元充放电性能劣化规律，形成了储能电站单体-单元-储能系统-电站多层级精细化建模方法，为后续研究提供便利。针对新能源电站主动支撑、消纳的差异化控制需求，提出满足新能源电站多场景需求（频率偏差、频率变化率、控制精度等）耦合交叉方式下的"风光储一体化"多目标协调控制策略和风储、光储、风光储多场景下混合储能功率分配策略，实现兼顾多场景的优化运行与储能电站能量优化管理，提升高比例新能源高效消纳和主动支撑电网能力。

三是探索新能源场站储能系统黑启动测试。2014 年 10 月 14 日，风光储输示范电站成功完成黑启动试验。该次试验是电站在失去外部电网供电的情况下，通过内部自启动能力的储能部件，向其他发电单元送电，最终实现电站自启动。新能源电站与其他常规电站相比，往往地处偏远，实施"自救"能力有限，一旦外部电网发生故障，将对电站正常安全生产造成极大影响。按照预定路径，在突然失去外部电网供电的情况下，黑启动试验模拟电站通过自有大规模电化学储能电站的反向送电功能，由小至大逐级启动，最终完成电站整体启动。此次试验的成功也为新能源电站提升黑启动能力提供了宝贵经验。

四是开展电池梯次利用试验和评估。梯次利用电池技术立足循环经济、利用电动汽车退役的动力电池，继续应用于电力储能，最后报废回收，以此寻求电力储能需求、成本和环保的平衡点，破解储能成本过高难题。为了进一步挖掘运行潜力，风光储输示范电站着力在储能循环利用上开展动力电池梯次利用，通过研究不同储能工况下梯次利用电池的衰退规律，系统构建考虑模组分散性能的多级串并联储能单元充放电模型，继而分析电池模组外特性关键参数对其健康状态的影响，成功建立梯次利用储能系统评估体系，实现了梯次利用储能单元健康状态离线评估，进一步提高了储能循环利用水平。

五是开展储能虚拟同步机技术试验应用。张北风光储输示范工程也是世界上容量最大的虚拟同步机示范工程，主要改造已有光伏电站、风电场，涉及风机虚拟同步机435.5MW、光伏虚拟同步机 12MW 以及储能虚拟同步机 10MW，使风光电站整体具备火电机组接近的输出外特性。通过对逆变器的控制模拟常规同步发电机的机电暂态特性，能够快速、主动参与电网的有功调频、无功调压，并提供虚拟惯量，提升系统抗扰动能力。同时兼具传统储能系统调峰填谷功能，为有效改善新能源机组并网友好性和稳定性提供了坚强支撑。

# 案例 **5** 江苏镇江百兆瓦储能电站

**（1）项目概况**

江苏是我国经济大省，近年来用电负荷屡创新高，最高用电负荷超过 1 亿 kW，早晚高峰、冬夏高峰供电形势严峻。在能源转型背景下，镇江谏壁电厂 3 台 33 万 kW 火电机组关停，同时丹阳燃机 2 台 44 万 kW 机组未能按计划建成投运，2018 年初步测算，夏季用电高峰，镇江访晋分区存在 22 万 kW 左右的电力缺口，且随着用电负荷的增长，镇江东部电网供电紧张形势短期内将持续存在。

为缓解镇江东部地区 2018 年夏季高峰期间供电紧张压力，考虑电化学储能电站建设周期短、布点灵活的优势，国网江苏电力公司在镇江东部地区（扬中、丹阳和镇江新区）开展了电网侧储能电站建设。项目总规模为 101MW/202MW·h，采用锂离子电池技术。

**（2）建设方案**

江苏镇江百兆瓦储能电站是当时已建成的世界最大规模电网侧储能电站项目，总投资 7.85 亿元。项目共包括 8 处站址，利用退役变电站场地、在运变电站空余场地及租用社会工业用地建设，采用综合性能优良的磷酸铁锂电池技术以及灵活便捷的储能预制舱设计方案，极大地提高了建设效率。电网侧储能电站基本情况见表 A-1。

表 A-1　电网侧储能电站基本情况

| 序号 | 名称 | 地点 | 功率/容量 | 用地 |
|---|---|---|---|---|
| 1 | 大港储能站 | 镇江新区 | 16MW/32MW·h | 110kV 大港变外空余场地 |
| 2 | 五峰山储能站 | 镇江新区 | 24MW/48MW·h | 租用五峰山变外空余场地 |
| 3 | 北山储能站 | 镇江新区 | 16MW/32MW·h | 租用出口加工区空余场地 |
| 4 | 建山储能站 | 丹阳 | 5MW/10MW·h | 110kV 建山变空余场地 |
| 5 | 丹阳储能站 | 丹阳 | 12MW/24MW·h | 220kV 丹阳变外空余场地 |
| 6 | 三跃储能站 | 扬中 | 10MW/20MW·h | 退役 35kV 三跃变空余场地 |
| 7 | 长旺储能站 | 扬中 | 8MW/16MW·h | 退役 35kV 长旺变空余场地 |
| 8 | 新坝储能站 | 扬中 | 10MW/20MW·h | 110kV 新坝变空余场地 |
| 合计 | — | — | 101MW/202MW·h | |

镇江百兆瓦储能电站如图 A-4 所示。项目由国网江苏综合能源服务公司、许继集团和山东电工电气集团作为投资方具体实施。电池供应商包括中天、宁德时代、中航锂电和

合肥国轩等企业，储能变流器、能量管理系统主要由许继、南瑞继保等公司生产。各储能电站建成投运初期，由投资方委托具备运维资质的第三方运维，后期形成储能电站运维的人才和技术储备后，由省综合能源服务公司负责运维。

图 A-4　镇江某储能电站

储能电站全部接入国网江苏电力公司源网荷储友好互动系统，由省调调度管辖。储能资源可以根据电网负荷特性，灵活进行充放电组合，有效提升电网平衡能力，发挥对电网的"补峰填谷"作用。同时，储能资源具有毫秒级快速、稳定和精准的充放电功率调节特性，可提供优于常规燃煤机组的一次调频、AGC 等辅助服务，有效解决新能源出力随机性、间歇性问题。在自然灾害，特别是用电高峰期突发电源或电网紧急事故时，可提供紧急功率支援和应急响应，提升电网运行的安全性和稳定性。

**（3）项目进展**

项目于 2018 年 7 月 18 日实现整体建成投运。

**（4）项目意义**

一是具备灵活充放电能力，发挥"补峰填谷"的调峰作用。根据江苏电网负荷特性，考虑峰平谷时段电价差异，正常时段采用"两充两放"工作模式参与早、晚两峰调节（充电时段夜间 2:00~6:00，午间 12:00~13:00；放电时段早峰 9:00~11:00，晚峰 20:30~21:30），支持基于断面约束的"多充多放"自适应巡航模式。

二是具备快速精准调整频率的能力，在响应速度与调节精度上均远超火电机组的调节性能。经现场实测，10MW 的储能电站可在 1s 内精确完成最多达 20MW 的调频任务，而传统火电机组仅延时就需要 2~3s，储能的调频性能是传统火电的 50~100 倍。

三是具有启动时间短、控制响应快和调节精度高的特点，提升了电网故障应急响应能力。经现场实测，储能电站充放电响应时间约为 370ms，充放电转换时间约为 700ms。通过调整能力将现有电网侧储能电站全部接入大规模源网荷友好互动系统，可提升毫秒级精准负荷，最多达 202MW（充电快速转放电），促进系统向"源网荷储"友好互动升级。

四是具备实现无功补偿功能。采用配变变压器就地无功补偿和变电站集中无功补偿相结合的方式，降低了电网无功损耗。

# 案例 6 福建晋江储能电站试点示范项目

**（1）项目概况**

依托 2016 年宁德时代牵头承担的国家"十三五"重点研发计划智能电网技术与装备重点专项"100MW·h 级新型锂电池规模储能技术开发及应用"项目。2018 年宁德时代与福建省投资开发集团公司全资子公司——福建省闽投配售电有限责任公司、中国电建集团福建省电力勘测设计院有限公司成立合资公司，即晋江闽投电力储能科技有限公司，投资建设福建晋江 100MW·h 级储能电站试点示范项目。2020 年该项目被评为国家能源局公布的首批科技创新（储能）试点示范项目。

**（2）建设方案**

福建晋江 100MW·h 级储能电站试点示范项目位于福建省电力负荷中心晋江市安海镇，占地 16.3 亩，建设规模 30MW/108.8MW·h，以 110kV 接入省电网，总投资 2.6 亿元。项目站区采用半户内布置形式，储能电池、GIS 户内布置，主变压器户外布置，站区竖向采用平坡布置，配套建设 1.8km 110kV 线路送出工程。

该项目由宁德时代负责整个储能系统的系统集成（电池系统+PCS+EMS），电池单体循环寿命可达 12000 次。2020 年 1 月 14 日项目顺利并网，标志着宁德时代承担的国家"十三五"智能电网技术与装备专项"100MW·h 级新型锂电池规模储能技术开发及应用"项目在基础研究和市场应用方面取得了重大突破。具体详见图 A-5。

图 A-5 福建晋江 100MW·h 级储能电站电池室

**（3）项目进展**

项目于 2018 年底开工建设，2020 年 1 月并网调试。

2020 年 5 月 8 日，福建能源监管办为福建投资集团所属晋江闽投电力储能科技有限公司颁发全国首张独立储能电站电力业务许可证（发电类），标志着我国首座电网侧大型锂电储能电站——晋江桐林储能电站获得了接入电力系统的合法身份，也标志着我国大型锂电储能按照国家的能源规划，从"十三五"的示范阶段进入"十四五"大规模商业化运行阶段。

**（4）项目意义**

该项目是当年国内规模最大的电网侧站房式锂电池储能电站，是国内首家非电网企业管理的独立并网大规模储能电站。截至 2021 年 7 月 1 日，电站已安全运行 535 天，总放电量达 68.52G W·h，该项目在研制过程中，突破了大规模锂电储能在寿命、能效、安全、测试和系统集成等方面的关键技术。

一是验证超长寿命电池技术。项目凭借全生命周期锂离子补偿技术，成功研发了超长寿命电池，是业内首款循环寿命达到 12000 次以上的磷酸铁锂电池，远超市场平均3000～6000 次循环寿命的水平。按本地调度指令每天 1.5～2.0 次充放电，服役寿命预计超 20 年。

二是实现百兆瓦时级大规模电池储能电站统一调度与控制。项目创新开发的百兆瓦时级集中式统一调度与控制技术，实现全功率响应时间<200ms（国际>500ms），跟踪误差<2%（国际>3%），为大容量储能电站的推广应用提供优质的储能电站集成、调控方案，推动智能电网大规模储能技术的应用。晋江储能电站实现了智慧负荷管理，保障电网安全、稳定、高效和低成本运行。该电站可为附近 3 个 220kV 重负荷的变电站提供调峰调频服务，平均日调频里程可达 32000MW。

三是该项目还突破了电池系统高一致性模块集成与管理技术和高置信度电池寿命预测技术，大规模电化学储能系统中单元及模块的安全性评测方法、标准等，为大容量锂离子电池高安全规模化发展打下了坚实基础。

案例 **7** 河南电网侧兆瓦级分布式储能电站

**（1）项目概况**

河南电网处于华中电网与华北电网、西北电网相联枢纽位置，是我国的用电大省，也是特高压直流的落点省。随着用电负荷特性的改变，近年来电网负荷峰谷差占最高负荷的比重达到40%，与此同时，河南电网新能源迅速发展，系统调峰、新能源消纳以及安全运行面临巨大挑战。

结合河南电网为例开展仿真计算，结果表明，若天中直流发生单极闭锁，不考虑直流调制、切负荷等稳定措施，维持系统稳定运行则需要约2600MW的储能提供至少6min的短时功率支撑。电池储能具备毫秒级响应的能力，可为天中直流出现单极闭锁时提供快速功率支援，相较于水电、火电等常规调节电源而言，具有较大技术优势。

在此背景下，国网河南电力公司承担了2017年国网公司科技项目《多点布局分布式储能系统在电网的聚合效应研究及应用示范》，研究多点布局分布式储能系统调控和聚合关键技术并进展示范验证，研究分布式电池储能系统商业运营模式创新。为开展相关技术应用示范，项目配套建设了100MW电池储能电站。

河南电网100MW电池储能示范工程总投资约3亿元，平高集团负责投资建设储能示范工程建设，负责开展储能电池、储能变流器设备以及设备维护服务等进行招标，国网河南省电力公司负责电站的接网及运行调度，编制了施工、调试、验收、启动、调控、检修、运维和应急等现场规范和保护配置原则。

**（2）建设方案**

示范工程采用"分布式布置、模块化设计、标准化接入、集中式调控"技术方案。综合考虑变电站负荷特性、峰谷差、最小负荷和新能源接入等因素，在河南洛阳、信阳等9个地区选取16座变电站，利用空余场地和剩余10kV出线间隔，配置21个电池储能单元模块，每个模块容量为4.8MW/4.8MW·h，总规模为100.8MW/100.8MW·h。储能系统采用磷酸铁锂电池，每组模块通过4台1250kV·A双向干式变压器，经10kV电缆分支箱汇集后接入变电站10kV间隔，16座分布式储能电站通过储能监控系统，由省调统一调度。河南分布式储能电站如图A-6所示。

运行方式：分布式储能电站控制响应优先级策略：首先储能监控系统接受电网稳定装置控制，在大电网故障时快速提供紧急功率支持，减少负荷切除；其次接受省调调度，

图 A-6　河南分布式储能电站

作为虚拟电厂，为电网计划检修或电网故障提供功率支撑；最后按照预定策略，根据所在变电站负荷情况，参与局部电网调峰、动态调压和新能源消纳等。

运行方式：结合跨省通道和电网运行特点，利用储能装置一天完成两次充放电。第一次在夜间低谷时段对储能装置充电，在第二天上午高峰时段储能装置放电。第二次在下午平段对储能装置充电，在晚高峰时段储能装置放电。也可根据电网需要进行多次充放电。

**（3）项目进展**

2018 年 6 月 16 日，洛阳黄龙站首套电网侧分布式集装箱电池储能单元一次并网成功，截至 2018 年 6 月 30 日，河南洛阳黄龙、信阳龙山首批两座共 19.2MW/24.8MW·h 电池储能示范工程建成投运，2018 年底完成 100MW 电池储能系统建设投运。

**（4）项目意义**

运营模式创新。项目由河南综合能源服务公司商业化运营，采用"合同能源管理+购售电"模式开展商业运营。经测算，平高集团投资回收期约为 9.2 年。

盈利模式创新。一是开展合同能源管理业务。平高集团与国网河南电力签订合同能源管理服务，为电网提供无功补偿、主变压器节能和线路降损等节能服务，由第三方对节能效益进行评估，国网河南省电力公司与平高集团按比例分享节能效益。二是开展购售电业务。平高集团完成示范工程建设后，委托河南综合能源服务公司开展商业化运营和设备运维工作。河南综合能源服务公司在已有售电市场客户的基础上，利用储能电站开展购售电，储能电站获得的购售电收益归平高集团。

**（1）项目概况**

青海是我国重要新型能源产业基地，是国家清洁能源示范省。截至 2021 年 6 月底，青海风光发电装机容量合计 2464 万 kW，占总装机容量的 61%，是我国新能源装机占比最高的省份。

鲁能海西州多能互补集成优化示范项目由省政府和鲁能集团共同签约打造，是国内首个集风光热储于一体的多能互补、智能调度的 100% 清洁能源综合利用科技创新项目，是国家首批多能互补集成优化示范工程中第一个正式开工建设的项目。项目总装机容量 700MW，其中光伏发电项目 200MW，风电项目 400MW，光热发电项目 50MW 及锂离子储能系统 50MW。整个项目建成后年发电量约 12.625 亿 kW·h，每年可节约标准煤约 40.15 万 t，可有效减少煤炭消耗，降低大气污染。该电池储能电站作为能量型电源，主要用于削峰填谷，实现虚拟同步，促进可再生能源消纳。

**（2）建设方案**

该储能电站由 50 台标准集装箱和 25 台 35kV 箱变组成，每台集装箱由 1MW/2MW·h 的磷酸铁锂电池子单元（包括 2 台 500kW PCS）构成。该储能工程采用高能量转换效率电池储能模块设计技术、大型储能电站的系统集成技术、动力电池高效低成本梯次利用技术和大型储能电站的功率协调控制与能量管理技术，充分利用光热、电储能和热储能的调节作用，可有效降低系统建设成本，提高供电可靠性。该储能项目可为电网运行提供调峰、调频、备用、黑启动和需求响应支撑等多种服务。

相比传统的新能源项目，鲁能海西州多能互补示范工程采用"新能源+"模式，以光伏、光热和风电为主要开发电源，以光热系统、蓄电池储能电站为调节电源，多种电力组合，有效改善风电和光伏不稳定、不可调的缺陷，彻底解决用电高峰期和低谷期电力输出不平衡的问题。鲁能海西州多能互补示范工程不是几种能源形式的简单叠加，而是通过采用新技术和新模式的，使多种能源深度融合。光热电站配置储热装置，在光伏和风力发电低谷期，以热能发电作为重要补充，成为调节电力输出的关键一环。具体如图 A-7 所示。

**（3）项目进展**

鲁能海西州多能互补集成优化示范项目于 2017 年 7 月 25 日正式开工建设；2017 年

图 A-7　鲁能海西州多能互补示范工程储能电站

12 月 29 日，示范工程首批机组成功并网发电；2018 年 12 月 25 日全部并网运行，是国内首个电源侧接入的百兆瓦级集中式电化学储能电站。

**（4）项目意义**

鲁能海西州多能互补示范工程储能项目不仅在技术上实现了创新，在商业模式上也取得了突破。该项目是首批参与青海共享储能的项目，自项目投运至 2020 年 7 月，累计充电电量 2815 万 kW·h，获得调峰费用 1564 万元，单价为 0.56 元/（kW·h）。

2019 年 6 月 9 日 0 时~6 月 24 日 0 时，青海实现连续 15 天全部以水、光、风等清洁能源供电，再次打破全清洁能源连续供电时长的世界纪录。鲁能海西 100MW·h 储能电站作为"绿电 15 日"期间唯一一座参与共享储能市场化交易的电站，在此期间共计放电 50.12 万 kW·h，有效发挥了调频、调峰、平衡输出和缓解新能源发电出力波动等作用。

# 案例 9 山西恒北电厂储能联合火电机组调频

**（1）项目概况**

为建立调频辅助服务分担共享新机制，发挥市场在调频资源配置中的决定性作用，2018年1月1日，山西电力调频辅助服务市场正式启动运行。参与调频的市场主体是满足并网技术标准的可提供辅助服务的独立电源，包括火电机组以及储能与火电机组联合体。

按照调频辅助服务市场运营规则，山西恒北电厂在33万kW火电机组侧配置9MW/4.478MW·h的磷酸铁锂电池储能系统进行联合调频。该储能系统由中安创盈能源科技产业有限公司投资，由深圳市科陆电子科技股份有限公司建设和运维，项目占地约900m²，投资金额约3680万元。

**（2）建设方案**

储能配置方面。储能功率按火电机组装机容量的3%配置，容量按0.5h配置。储能系统包括四大部分，分别为10kV接入的开关、环网箱、中压变流箱、电池箱以及实现与RTU、DCS连接的集控箱。

电厂接口方面。主要包括三个部分：一是储能系统充放电通过环网箱实现，接入10kV厂用电系统；二是储能系统的辅助电源通过集控箱接入380V厂用电系统；三是储能控制系统通过集控箱接入电厂RTU和DCS。储能系统接入电厂示意图如图A-8所示。

控制模式方面。储能联合火电机组调频利用电池储能系统快速、精确响应的特点，辅助火电机组进行ACE控制模式下的出力调整，以提高发电机组的调节性能，同时不给机组本身调节带来扰动。联合调频的过程为：

1）调控中心发送AGC指令到电厂RTU远动终端控制系统。

2）储能主控单元和发电机组DCS接收RTU转发的AGC指令。

3）发电机组按常规流程响应AGC指令。

4）储能主控单元根据AGC指令和机组运行状态信号，控制储能系统自动补偿机组出力偏差。

**（3）项目进展**

该项目于2017年3月开工建设，7月完成储能系统调试和1#机带储能AGC性能试验。

**（4）项目意义**

在电厂经营方面，加装储能系统辅助调频，有利于提升火电机组调频性能指标，增加

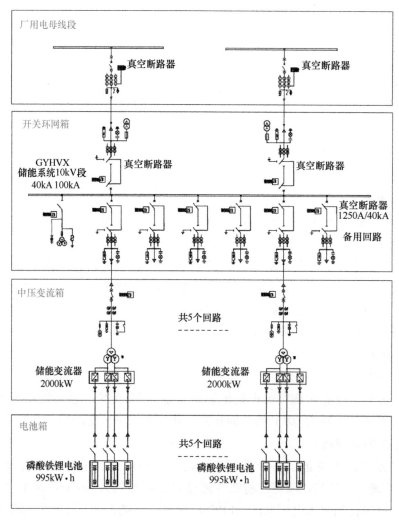

图 A-8　储能系统接入电厂示意图

火电厂在调频市场的收益。通过配置储能，机组调节速率最快可达 36.65MW/min，性能指标最高可达 5.87。自 2017 年 7 月以来，恒北电厂 1#机带储能装置日均性能指标为 5.22，为全网最高，日均收益达到 4 万元，调频收益处于全省前列。

在机组运行方面，加装储能系统辅助调频，有利于减少汽机 DEH 系统阀门调节频次，降低其发生故障几率；减少锅炉燃烧系统扰动，平缓主汽门压力温度变化；稳定燃烧系统，降低脱硫脱硝反应器入口氮氧化物的突变，减少其调整频次和喷氨量，从而提高机组整体运行的平稳性和安全性。

在项目运营方面，储能厂家与电厂按照 8:2 的比例分享调频收益，即储能厂家可获得调频收益的 80%。按照 9MW 储能系统投资约 3500 万测算，约 4 年半即可回收投资成本。试点电厂安装储能系统后，在调频市场中获得的高收益，对于激励火电厂配置储能联合调峰起到了积极推动作用。

# 案例 **10** 江苏无锡新加坡工业园智能配电网储能电站

**（1）项目概况**

通过峰谷价差套利是用户侧储能的主要盈利模式。江苏是我国峰谷价差比较大的省份之一，为用户侧储能的商业化应用提供了良好的市场环境。

2016 年 8 月，南都电源与无锡星洲科苑就利用工商业用户用电峰谷电价差，采用削峰填谷模式为园区用户提供节能方案的投资、运营服务等事宜签订了储能电站合同，拟建设储能电站总规模为 20MW/160MW·h，电池技术为铅炭电池。经测算，该储能系统通过削峰填谷，峰谷价差年收益约为 3645 万元，考虑政府补贴，7～8 年项目可实现盈利。该项目由南都电源负责整体投资，并提供电站的全套技术解决方案、电站建设及运营服务，同时享有其所有权及收益权。

**（2）建设方案**

无锡新加坡工业园智能配电网储能电站坐落在无锡星洲工业园内，储能电站总功率为 20MW，总容量为 160MW·h，占地总面积 12800m²，为当时全球规模最大的用户侧商业化储能电站。储能电站由变压器 10kV 高压侧接入，为园区供电。具体如图 A-9 所示。

图 A-9　无锡新加坡工业园智能配电网储能电站电池柜

**（3）项目进展**

项目于 2018 年 1 月建成。2018 年 2 月 8 日，无锡新区星洲工业园储能项目与无锡供电公司签订并网协议，储能项目正式并网运行。该项目是首个依照江苏省电力公司《客户侧储能系统并网管理规定》并网验收的用户侧储能项目。

**（4）项目意义**

项目成功并网运行为工商业用户配置储能应用破冰，促进用户侧储能快速发展，既缓解了电网调峰压力，又保证了储能用户获得合理的收益，取得了双赢的结果。储能电站投运之后，每天高峰时段可给园区提供2万kW负荷调剂能力，降低了工业园区变电站变压器的负荷率，缓解了工业园区变压器的增容压力。配置储能，为用户提供了智慧高效的能源供应和相关增值服务，实现能源需求侧管理，推动了能源就近清洁生产和就地消纳，提高了能源综合利用效率。

该项目安装了江苏省第一支储能用峰谷分时电价计量电能表，并成为首个接入江苏省电力公司客户侧储能互动调度平台的新型储能项目。该项目也是首个依照《客户侧储能系统并网管理规定》并网验收的项目，有利于促进客户侧储能的发展应用。

2018年2月16~18日，江苏省电力公司与江苏省经信委联合开展了的"填谷"电力需求响应演练。无锡新加坡工业园管委会联合园区20MW储能电站和园区电力用户积极参与，在用电低谷期累计"填进"约18.9万kW负荷，其中储能累计"填入"约9万kW负荷，大规模储能电站中参与电网需求侧响应在全国尚属首次。

# 参 考 文 献

[1] 陈大宇，张粒子，王澍，等. 储能在美国调频市场中的发展及启示 [J]. 电力系统自动化，2013，37（1）：9-13.

[2] 李欣然，黄际元，陈远扬，等. 大规模储能电源参与电网调频研究综述 [J]. 电力系统保护与控制，2016，44（7）：145-153.

[3] 孙冰莹，杨水丽，刘宗歧，等. 国内外兆瓦级储能调频示范应用现状分析与启示 [J]. 电力系统自动化，2017，41（11）：8-16.

[4] 刘冰，张静，李岱昕，等. 储能在发电侧调峰调频服务中的应用现状和前景分析 [J]. 储能科学与技术，2016，5（6）：909-914.

[5] 鲁宗相，李海波，乔颖. 含高比例可再生能源电力系统灵活性规划及挑战 [J]. 电力系统自动化，2016，40（13）：147-157.

[6] 李建林，王上行，袁晓冬，等. 江苏电网侧电池储能电站建设运行的启示 [J]. 电力系统自动化，2018，42（21）：1-9，103.

[7] 杨舒婷，曹哲，时珊珊，等. 考虑不同利益主体的储能电站经济效益分析 [J]. 电网与清洁能源，2015，31（5）：89-93，101.

[8] 陈大宇，张粒子，王立国. 储能调频系统控制策略与投资收益评估研究 [J]. 现代电力，2016，33（1）：80-86.

[9] 陈中飞，荆朝霞，陈达鹏，等. 美国调频辅助服务市场的定价机制分析 [J]. 电力系统自动化，2018，42（12）：1-10.

[10] 陈达鹏，荆朝霞. 美国调频辅助服务市场的调频补偿机制分析 [J]. 电力系统自动化，2017，41（18）：1-9.

[11] 侯孚睿，王秀丽，锁涛，等. 英国电力容量市场设计及对中国电力市场改革的启示 [J]. 电力系统自动化，2015，39（24）：1-7.

[12] Bloomberg N E F. Global energy storage policy review [R]. BloombergNEF，2019.

[13] PJM. Energy & ancillary services market operations [EB/OL]. [2017-11-01]. https：//www. pjm. com/-/media/documents/manuals/m11. ashx.

[14] PJM. Balancing Operations [EB/OL]. [2021-02-27]. https：//www. pjm. com/-/media/documents/manu-als/m12. ashx.

[15] 丁玉龙，来小康，陈海生. 储能技术应用 [M]. 北京：化学工业出版社，2019.

[16] 中关村储能产业技术联盟. CNESA 储能研究 [EB/OL]. [2020-12-01]. http：//www. esresearch. com. cn/.

[17] 叶泽. 电价理论与方法 [M]. 北京：中国电力出版社，2014.

[18] 周博，宋明刚，黄佳伟，等. 应对区域供电线路故障的多功能复合储能优化配置方法 [J]. 电力系统自动化，2019，43（8）：25-33.

[19] 中关村储能产业技术联盟. 储能产业研究白皮书 2021 [R]. 中国能源研究会储能专委会，中关村储能产业技术联盟，2021.

[20] 中关村储能产业技术联盟. 储能产业发展蓝皮书 [R]. 中国能源研究会储能专委会，中关村储能产业技术联盟，2019.